自主可控平台软件编程技术

李永刚　等编著

国防工业出版社

·北京·

内容简介

本书系统归纳了平台软件自主可控方面的编程技术，重点介绍以麒麟操作系统为代表的国产操作系统平台下的软件编程技术，主要内容包括文件编程、进程编程、进程同步控制、线程操作、网络编程、内核编程、Qt 图形界面开发等涉及操作系统基本功能的编程技术。

本书没有介绍编程语言、面向对象等编程知识，要求读者有一定的 C/C++ 语言编程基础。本书可作为软件开发技术人员的培训教材或参考书。

图书在版编目（CIP）数据

自主可控平台软件编程技术/李永刚等编著. —北京：国防工业出版社，2023.8
ISBN 978-7-118-13016-4

Ⅰ. ①自… Ⅱ. ①李… Ⅲ. ①软件工具–程序设计
Ⅳ. ①TP311.561

中国国家版本馆 CIP 数据核字（2023）第 132151 号

※

国防工业出版社 出版发行
（北京市海淀区紫竹院南路 23 号　邮政编码 100048）
三河市众誉天成印务有限公司印刷
新华书店经售

*

开本 710×1000　1/16　印张 24¾　字数 438 千字
2023 年 8 月第 1 版第 1 次印刷　印数 1—3000 册　定价 112.00 元

（本书如有印装错误，我社负责调换）

国防书店：(010) 88540777　　书店传真：(010) 88540776
发行业务：(010) 88540717　　发行传真：(010) 88540762

《自主可控平台软件编程技术》编委会

主　任　李永刚

副主任　汪　毅　伊瑞海　李　瑞　胡上成

成　员　张　龙　张煜昕　郭力兵　饶爱水
　　　　　毛　文　胡　健　顾晓霞　苏春梅
　　　　　刘海兵　侯亚威　周大尉　吴关鹏
　　　　　裴澍炜　杜　鹏　李清梅　杨海民

序

国际形势日趋严峻，大国之间的竞争已由传统领域的竞争，逐步转向科技领域的竞争，在此时代背景下，"自主可控"肩负着重要的使命。实现核心软硬件自主可控，是从根本上解决信息安全的主要途径。要坚持以自主可控技术替代外国技术，逐步构建自主生态系统，走自主创新道路，最终实现网络和信息核心技术、关键基础设施和重要领域信息系统及数据的安全可控。

软件自主可控技术就是依靠自身研发设计，全面掌握产品核心技术，实现软件的自主研发、生产、升级、维护的全程可控。简单地说，就是核心软件全都国产化，自己开发、自己制造、不受制于人。尤其在大国竞争背景下，美国频频砍下软件断供的屠刀，首先是华为的 EDA 软件被断供，紧接着哈尔滨工业大学、国防科技大学等理工类院校的 MATLAB 软件也被美国"断供"，随后在线 UI 设计软件 Figma 也宣布向华为、大疆、海康威视等企业以及大量的科研单位断供。刀刀见血，这是科学和产业双脱钩的前哨战。为了应对这种威胁，我们除了发展和支持国产软件之外，并没有其他的道路可以选择。这是一条困难的道路，但同样也是一条充满希望的道路。等到国产软件取得全面突破之后，往日的"断供"也将成为我们迈向新时代的勋章。基础软件国产自主可控的呼声一浪高过一浪，国产软件系统的发展已成为所有不敢忘国忧的知识分子与有家国情怀的技术人员的共识。

多年以来，麒麟操作系统多次在地面及海上科学测控重大任务中应用部署，实现了"零失误"系统服务。目前，麒麟操作系统已经全面应用于中国上万家的金融、能源、交通、制造行业客户，有力地支撑着国产信息化和现代化事业的发展。基于麒麟系统的软件编程正是目前自主软件开发的核心工作，因此，对于软件开发人员来说，如何快速学习掌握自主可控平台软件编程技术显得至关重要。

本书针对软件开发人员基于自主可控平台的软件编程需求，重点介绍以麒麟系统为代表的国产操作系统平台下的软件编程技术，帮助更多的软件开发人员参与其中，让开发者感受到国产软件平台带来的改革，帮助开发者创造更大的价值，生产出更安全可控的软件产品，共同建设好自主可控生态。

前 言

信息安全是当前国家综合国力的重要保障，现阶段我国政府部门、军队、重要信息系统还存在大面积使用进口软件的情况，有重大安全隐患。软件自主可控是国家信息化建设的核心要求，为此，国产麒麟系统得到了开发与应用，基于麒麟操作系统进行软件编程是软件自主可控的关键环节，在信息安全方面的意义重大。

本书在编写过程中，坚持"需求推动、原型同步，结合实际、力求管用"的思想，在装备软件开发过程中，同步进行相关章节的编写，来源于实践、服务于设计。每一段示例代码都力求实际编译通过、运行正确；装备软件设计实现中的一些例程，吸收进本书中，丰富了本书的内容，增强了实用性。

本书主要分为 5 个部分。第一部分是自主可控系统介绍，重点介绍麒麟操作系统和编程环境；第二部分是文件进程线程编程，分 5 个章节编写，主要介绍文件编程和管理，进程创建和管理，进程间通信，进程同步控制，线程编程和同步等方面的内容；第三部分是网络和操作系统内核编程，分 2 个章节编写，主要介绍网络编程技术和操作系统内核编程技术；第四部分是 Qt 编程，主要介绍 Qt 图形界面编程技术；第五部分是综合示例和附录，介绍了一个用 Qt 开发的应用程序具体实现，以及常用命令行工具、帮助手册、出错信息和系统调用等内容。本书总共约 30 万字，实用代码将近 10000 行，力求深入浅出，实用有效。

在本书撰写过程中，特别要感谢麒麟软件有限公司孔金珠高级副总经理为本书作序，同时要感谢张龙、张煜昕、郭力兵、饶爱水、毛文、胡健、顾晓霞、苏春梅、刘海兵、侯亚威、周大尉、吴关鹏、裴澍炜、杜鹏、李清梅、杨海民等同志为本书所作的大量文字处理工作，使作者能有更多的时间专心从事写作。

由于作者水平有限，编程技术更新飞速，不妥之处在所难免，敬请读者批评指正。

目 录

第1章 自主可控平台介绍 ··· 1
  1.1 概述 ··· 1
    1.1.1 自主可控的定义 ·· 2
    1.1.2 我国的自主可控体系发展现状 ······························ 4
    1.1.3 本书的主要内容 ·· 5
  1.2 国产操作系统 ·· 5
    1.2.1 国产操作系统简介 ·· 5
    1.2.2 麒麟操作系统 ··· 8
  1.3 麒麟操作系统编程基本介绍 ···································· 12
    1.3.1 第一个程序 ·· 12
    1.3.2 Makefile ·· 13
    1.3.3 系统调用和库函数 ·· 18
    1.3.4 文本编辑工具 ··· 22
    1.3.5 编译调试工具 ··· 24
    1.3.6 集成开发环境 ··· 25
    1.3.7 Hello World ·· 26

第2章 文件编程 ··· 29
  2.1 文件编程的基础知识 ··· 29
    2.1.1 文件类型 ··· 29
    2.1.2 文件权限 ··· 31
    2.1.3 错误处理 ··· 31
  2.2 底层 I/O ·· 34
    2.2.1 打开和关闭文件 ··· 34
    2.2.2 读写文件 ··· 38
    2.2.3 其他操作 ··· 42
  2.3 标准 I/O ·· 43

2.3.1 读写文件 ………………………………………………… 43
  2.3.2 格式化输入/输出 …………………………………………… 48
 2.4 文件及目录管理 …………………………………………………… 49
  2.4.1 文件管理函数 ………………………………………………… 49
  2.4.2 目录管理函数 ………………………………………………… 52

第3章 进程 …………………………………………………………………… 55
 3.1 概述 ………………………………………………………………… 55
  3.1.1 程序、进程与进程资源 ……………………………………… 56
  3.1.2 进程的状态及转换 …………………………………………… 57
  3.1.3 进程的属性 …………………………………………………… 57
 3.2 进程的创建和管理 ………………………………………………… 61
  3.2.1 进程创建 ……………………………………………………… 61
  3.2.2 进程等待 ……………………………………………………… 62
  3.2.3 进程终止和资源回收 ………………………………………… 63
 3.3 守护进程 …………………………………………………………… 66
  3.3.1 守护进程的特点及应用 ……………………………………… 67
  3.3.2 守护进程的输出信息 ………………………………………… 68
  3.3.3 守护进程的应用实例 ………………………………………… 70

第4章 进程间通信 …………………………………………………………… 73
 4.1 概述 ………………………………………………………………… 73
 4.2 管道 ………………………………………………………………… 73
  4.2.1 匿名管道 ……………………………………………………… 74
  4.2.2 有名管道 ……………………………………………………… 76
 4.3 消息队列 …………………………………………………………… 84
  4.3.1 消息队列的创建 ……………………………………………… 84
  4.3.2 消息队列的控制与管理 ……………………………………… 86
  4.3.3 消息队列的读写 ……………………………………………… 88
  4.3.4 消息队列 IPC 实例 …………………………………………… 90
 4.4 共享内存 …………………………………………………………… 95
  4.4.1 共享内存的原理 ……………………………………………… 95
  4.4.2 共享内存的创建与管理 ……………………………………… 97
  4.4.3 共享内存 IPC 实例 …………………………………………… 99

第 5 章 进程同步控制 ······ 104

5.1 概述 ······ 104
5.2 信号 ······ 104
5.2.1 信号原理 ······ 104
5.2.2 信号处理函数 ······ 105
5.2.3 信号发送函数 ······ 109
5.2.4 信号集和信号集操作函数 ······ 115
5.3 信号量及其原理 ······ 118
5.3.1 信号量的创建 ······ 119
5.3.2 信号量的控制 ······ 121
5.3.3 利用信号量实现进程同步 ······ 121

第 6 章 多线程编程 ······ 126

6.1 概述 ······ 126
6.2 线程的基本概念 ······ 126
6.2.1 多线程编程的意义 ······ 127
6.2.2 多线程编程标准与线程库 ······ 127
6.3 线程的基本操作 ······ 127
6.3.1 线程创建 ······ 127
6.3.2 线程运行 ······ 129
6.3.3 线程取消 ······ 134
6.3.4 线程终止 ······ 135
6.3.5 线程私有数据 ······ 138
6.3.6 线程属性 ······ 141
6.3.7 线程的其他函数介绍 ······ 145
6.4 线程同步 ······ 148
6.4.1 互斥锁 ······ 148
6.4.2 条件变量（cond）······ 151
6.4.3 信号灯 ······ 161
6.4.4 异步信号 ······ 165
6.4.5 其他同步方式 ······ 166

第 7 章 网络程序设计 ······ 167

7.1 概述 ······ 167

7.2 网络编程基础 ·· 167
    7.2.1 OSI 模型 ··· 167
    7.2.2 TCP/IP 网络体系结构简介 ··· 168
    7.2.3 客户/服务器模型 ··· 169
7.3 网络编程函数介绍 ·· 170
    7.3.1 连接函数 ··· 171
    7.3.2 读写函数 ··· 173
    7.3.3 信息函数 ··· 174
    7.3.4 其他函数 ··· 176
7.4 基于 TCP 协议的网络程序 ··· 178
    7.4.1 简单的 TCP 网络程序 ·· 180
    7.4.2 错误处理与读写控制 ··· 188
    7.4.3 客户端交互式请求 ··· 193
    7.4.4 并发处理多个请求 ··· 198
7.5 基于 UDP 协议的网络程序 ··· 204
7.6 服务器模型 ·· 210
    7.6.1 循环服务器 ·· 210
    7.6.2 并发服务器 ·· 211

第 8 章 操作系统核心编程介绍 ·· 213

8.1 概述 ··· 213
8.2 时间相关操作 ··· 213
    8.2.1 常用时间操作 ··· 213
    8.2.2 定时器 ·· 224
8.3 计算机的运行状态 ··· 228
    8.3.1 CPU 负载 ··· 228
    8.3.2 内存管理 ··· 231
    8.3.3 磁盘空间管理 ··· 237
8.4 内核信息 ··· 245
    8.4.1 /proc 文件系统 ·· 245
    8.4.2 获取内核运行信息 ··· 247
    8.4.3 内核运行参数的优化 ··· 254

第 9 章 Qt 图形界面开发 ··· 261

9.1 概述 ··· 261

9.1.1 什么是 Qt ……………………………………………………… 261
9.1.2 Qt 的产品 ……………………………………………………… 262
9.2 Qt 编程基础 …………………………………………………………… 263
9.2.1 开始 Qt 编程 …………………………………………………… 263
9.2.2 QtCreater 集成开发环境 ……………………………………… 267
9.2.3 使用 QtDesigner 进行 GUI 设计 …………………………… 267
9.2.4 QtGUI 设计基本流程 ………………………………………… 270
9.3 Qt 核心机制与原理 ………………………………………………… 275
9.3.1 Qt 对标准 C++的扩展 ……………………………………… 275
9.3.2 信号和槽 ……………………………………………………… 276
9.3.3 元对象系统 …………………………………………………… 281
9.3.4 Qt 的事件模型 ………………………………………………… 283
9.4 Qt 对话框应用程序 ………………………………………………… 286
9.4.1 QDialog 类 …………………………………………………… 286
9.4.2 子类化 QDialog ……………………………………………… 287
9.4.3 常见内建（builtin）对话框的使用 ………………………… 295
9.4.4 模态对话框与非模态对话框 ………………………………… 305
9.5 Qt 主窗口应用程序 ………………………………………………… 306
9.5.1 主窗口框架 …………………………………………………… 306
9.5.2 创建主窗口的方法和流程 …………………………………… 308
9.5.3 代码创建主窗口 ……………………………………………… 309
9.5.4 中心窗口部件 ………………………………………………… 319

第 10 章 综合例程 …………………………………………………………… 321

10.1 概述 ………………………………………………………………… 321
10.2 程序设计思想 ……………………………………………………… 321
10.2.1 系统结构 …………………………………………………… 321
10.2.2 界面设计 …………………………………………………… 322
10.3 设计说明 …………………………………………………………… 323
10.3.1 main 函数 …………………………………………………… 323
10.3.2 主窗口 ……………………………………………………… 323
10.3.3 网收线程 …………………………………………………… 327
10.3.4 曲线 ………………………………………………………… 331
10.3.5 星下点控件 ………………………………………………… 335

XIII

附录 A 命令行工具 351

- A.1 系统信息 351
- A.2 文件和目录 352
- A.3 文件搜索 353
- A.4 挂载文件系统 353
- A.5 磁盘操作 354
- A.6 用户和群组 354
- A.7 文件权限 355
- A.8 打包和压缩文件 355
- A.9 RPM 安装包 356
- A.10 文本处理 357
- A.11 网络设置 358
- A.12 更全面的列表 358

附录 B 获取帮助文档 365

- B.1 使用 man 手册页 365
- B.2 使用 helhelp 命令 367
- B.3 whereis 命令 367

附录 C 出错信息诊断 368

- C.1 文件系统 368
- C.2 Networking（网络）......369
- C.3 Software（软件）......369

附录 D 系统调用 371

- D.1 进程控制 371
- D.2 文件系统控制 372
- D.3 系统控制 374
- D.4 内存管理 376
- D.5 网络管理 376
- D.6 socket 控制 377
- D.7 用户管理 378
- D.8 进程间通信 378

参考文献 380

第1章 自主可控平台介绍

1.1 概　　述

2013年美国"棱镜门"事件爆发，使得美国政府及合作企业假以国家安全为由、在全球范围内展开的网络攻击、信息窃听围猎行为得以败露，在全球范围内引发了网络空间安全军备竞争。随着全球信息化进程的推进及全球网络犯罪行为的蔓延，政府、企业和个人都表现出对信息安全的极大关注，信息安全上升到经济安全、社会安全和国家安全层面，美国、欧盟、俄罗斯、日本、中国等主要国家或组织持续加强信息安全软硬件和安全服务的投资。

信息安全已经成为全球关注焦点，网络攻防实力备受重视。各国政府都在加强网络监管，企业在信息安全体系建设上的投资不断增加，加强数据安全和隐私保护并提升IT基础设施防御能力成为全球信息安全产品的主导。

美国政府发布了《关于提升关键基础设施网络安全的决定》，与私营部门合作建立"网络安全框架"，实现网络攻击与威胁的信息共享，从而降低针对关键基础设施的网络安全风险。

欧盟为确保数字经济安全发展，也在推行"网络安全战略"。其《网络安全战略》的根本战略目的在于构建一个"公开、自由和安全"的网络空间，就如何预防和应对网络中断和袭击提出全面规划，以确保数字经济安全发展。战略明确了各利益相关方的权利和责任，从国家、欧盟和国际3个层面，明确了各利益相关方在维护网络安全过程中的角色。

日本也由信息安全保障防护转向网络安全威胁防御。日本国家信息安全中心（National Information Security Center，NISC）发布的《网络安全战略》，其宗旨就是创建"领先、弹性、活力的网络空间"，实现"网络安全立国"。该战略明确了日本网络安全战略目标、基本原则和网络安全参与各方及职责。首次采用了"网络安全"的概念，标志着日本对安全威胁认识的整体转变。

网络空间已成为国家继陆、海、空、天四个疆域之后的第五疆域，与其他疆域一样，网络空间也需体现国家主权，保障网络空间安全也就是保障国家主权。自主可控是保障网络安全、信息安全的前提。能自主可控意味着信息安全容易治理，产品和服务一般不存在恶意后门并可以不断改进或修补漏洞；反之，不能自主可控就意味着具有"他控性"，就会受制于人，其后果是，信息安全难以治理、产品和服务一般存在恶意后门并难以不断改进或修补漏洞。

目前，全球信息安全产业的竞争已经超越传统产业的范畴，加快信息安全产业发展是国家信息安全保障体系建设工作的一项重要任务，是保证信息化建设健康发展的基本要求；采用自主可控的信息安全产品和服务是产业发展的关键。

我国对信息安全保障的重视程度已经达到前所未有的高度。2013年1月12日，我国成立了国家安全委员会。与此同时，中国一些企业纷纷投入自主创新研发，以保证自身的信息安全。

1.1.1 自主可控的定义

自主可控是我国信息化建设的关键环节，是保护信息安全的重要目标之一，在信息安全方面意义重大。

倪光南院士对"自主可控"从四个方面进行了全面阐述，可以帮助我们更准确地理解"自主可控"的概念和重要性。

1. 知识产权自主可控

在当前的国际竞争格局下，知识产权自主可控十分重要，做不到这一点就一定会受制于人。如果所有知识产权都能自己掌握，当然最好，但实际上不一定能做到，这时，如果部分知识产权能完全买断，或能买到有足够自主权的授权，也能达到自主可控。然而，如果只能买到自主权不够充分的授权，如某项授权在权利的使用期限、使用方式等方面具有明显的限制，就不能达到知识产权自主可控。目前国家一些计划对所支持的项目，要求首先通过知识产权风险评估，才能给予立项，这种做法是正确的、必要的。标准的自主可控可归入这一范畴。

2. 技术能力自主可控

技术能力自主可控，意味着要有足够规模的、能真正掌握该技术的科技队伍。技术能力可以分为一般技术能力、产业化能力、产业链能力和产业生态系统能力等。产业化的自主可控要求使技术不能停留在样品或试验阶段，而应能转化为大规模的产品和服务。产业链的自主可控要求在实现产业化的基础上，围绕产品和服务构建一个比较完整的产业链，以便不受产业链上下游的制约，具备足够的竞争力。产业生态系统的自主可控要求能营造一个支撑该产业链的生态系统。

3. 发展自主可控

有了知识产权和技术能力的自主可控，一般是能自主发展的，但这里再特别强调一下发展的自主可控，也是必要的。因为我们不但要看到现在，还要着眼于今后相当长的时期，对相关技术和产业而言，都能不受制约地发展。有一个例子可以说明长期发展的重要性。众所周知，前些年我国通过投资、收购等，曾经拥有了阴极射线管（CRT）电视机产业完整的知识产权和构建整个生态系统的技术能力。但是，外国跨国公司一旦将 CRT 的技术都卖给中国后，它们立即转向了液晶显示器（LCD）平板电视，使中国的 CRT 电视机产业变成淘汰产业。信息领域技术和市场变化迅速，要防止出现类似事件。因此，如果某项技术在短期内效益较好，但从长期看做不到自主可控，是不可取的。只顾眼前利益，有可能会在以后造成更大的被动。

4. 满足"国产"资质

一般来说，"国产"产品和服务容易符合自主可控要求，因此实行国产替代对于达到自主可控是完全必要的。不过现在对于"国产"还没有统一的界定标准。某些观点显然是不合适的。例如：有人说，只要公司在中国注册、交税，就是"中国公司"，它的产品和服务就是"国产"。但实际上几乎所有世界 500 强企业都在中国注册了公司，难道它们都变成了中国公司了吗？也有人说，"本国产品是指在中国境内生产，且国内生产成本比例超过 50% 的最终产品"，甚至还给出了按材料成本计算的公式。显然，这样的"标准"只适合粗放型产品，完全不适用于高技术领域。美国国会在 1933 年通过的《购买美国产品法》可以给我们一个启示，该法案要求联邦政府采购要买本国产品，即在美国生产的、增值达到 50% 以上的产品，进口件组装的不算本国产品。看来，美国采用上述"增值"准则来界定"国产"是比较合理的。

现在人们大多是根据产品和服务提供者资本构成的"资质"进行界定，包括内资（国有、混合所有制、民营）、中外合资、外资等，如果是内资资质，则认为其提供的产品和服务是"国产"的。由于历史原因，中国网络公司很多是外资控股，为了改变资质，有的引入了"实际控制人"概念，有人将这类企业称为"VIE"，对此，业界仍在讨论中。

实践表明，光考察资质是不够的，为了防止出现"假国产"，建议对产品和服务实行"增值"评估，即仿照美国的做法，评估其在中国境内的增值是否超过 50%。如某项产品和服务在中国的增值很小，意味着它实际是从国外进口的，达不到自主可控要求。这样，可以防止进口硬件通过"贴牌"或"组装"变成"国产"，防止进口软件和服务通过由国产系统集成商将它们集成在国产解决方案中，变成"国产"软件和服务。

1.1.2 我国的自主可控体系发展现状

经过多年的努力，我国的自主可控体系得到了长足的发展。

实现 IT 系统的自主可控是一个全产业链的长期行为，上至法律法规、标准，下至具体的 IT 产品或服务，需要产业链上的各个单位、企业、机构甚至消费者共同参与才能实现。我国 IT 系统自主可控的发展现状可以从以下 6 个方面说明：

（1）IT 基础设施自主可控。IT 基础设施自主可控包括安全芯片、安全主机、安全存储、安全终端、安全网络设备等。涉及我国众多 IT 硬件企业，如联想、浪潮、华为、锐捷网络、龙芯中科、新岸线、江南计算所等。IT 基础设施自主可控是实现真正自主可控、保障信息安全的基础，目前国产计算机芯片的研发和市场力量相对薄弱。

（2）平台软件自主可控。平台软件自主可控包括安全操作系统、安全数据库、安全中间件等，涉及的产品有麒麟操作系统、普华操作系统、神舟通用数据库、南大通用数据库、人大金仓数据库、达梦数据库数据库、东方通中间件、金蝶中间件中间件、神州泰岳（ITSM）、华胜天成（ITSM）、北塔软件（ITSM）等。目前国产平台软件虽然可部分替代国外产品，在技术、产品稳定性和市场占有率方面仍存在较大差距。

（3）信息安全自主可控。信息安全自主可控包括防火墙/VPN、IDS/IPS、UTM、信息加密/身份认证市场、终端安全管理、安全管理平台（SOC）、操作系统安全加固产品、内容安全管理等多种软硬件产品，涉及企业众多，如启明星辰、网神、东软、天融信、北信源、卫士通、明朝万达、中软华泰等。目前国产信息安全产品可基本替代国外同类产品。

（4）关键行业应用软件自主可控。我国各关键行业应用软件市场都有大批企业涉足，如金融行业的高伟达、南天信息等，社保行业的东软、久远银海等，税务行业的航天信息等，电力行业的国电南瑞等，工业软件领域的和利时、四方继保、中望龙腾、数码大方等，企业管理软件领域的用友、金蝶等。通用的企业管理软件也集中了诸多国产企业，如用友、东软、浪潮、金蝶等。目前我国各关键行业应用软件国产产品可基本替代国外同类产品，而工业软件领域的 CAE 软件是最为薄弱的环节，目前仅有少数研究机构和高校拥有内部使用版本（个别企业有小众产品），距离产业化还有较大距离。

（5）专业 IT 服务自主可控。专业 IT 服务自主可控包括系统集成、实施运维、安全审计、IT 咨询等。该领域吸引了大批本土企业涉足其中，既有神州数码、华胜天成这样的大型集团公司，也有十几个人团队形成的小微企业。

(6)体系可控和安全。体系可控和安全包括政策、法律法规、标准的制定,等级保护、认证评测等也是体系安全的重要组成。对于实现 IT 系统自主可控具有高屋建瓴的纲领作用。

1.1.3 本书的主要内容

本书主要内容是平台软件自主可控方面的编程技术介绍。重点介绍以麒麟操作系统为代表的国产操作系统平台下的软件编程技术,主要内容有文件系统、进程管理、线程操作、网络编程、内核编程、Qt 编程等涉及操作系统基本功能的编程技术。本书没有介绍编程语言、面向对象等编程基础知识,要求读者有一定的 C/C++语言编程基础。

1.2 国产操作系统

1.2.1 国产操作系统简介

国外主要计算机操作系统(如 Windows 操作系统)因其系统封闭性,可能存在用户所不知道的后门程序,更是屡屡受到病毒和木马的袭击,给我国的国家信息安全带来了严峻的威胁。出于国家安全战略的需要,计算机操作系统平台国产化势在必行。

操作系统的发展不是一朝一夕完成的,需要有很深的技术积累,现在大家耳熟能详的操作系统都不是从零开始,而是站在巨人的肩膀上,如安卓基于 Linux、iOS 基于 FreeBSD,而 Linux、FreeBSD 追根溯源都是源自 UNIX,即使是微软的 NT 内核也和 UNIX 有着千丝万缕的联系。同样,国产操作系统也不可能从零开始,而是应当走学习、吸收、发展的道路。

说到国产操作系统,必须提到著名的 Linux 操作系统。Linux 是一套免费使用和自由传播的类 UNIX 操作系统,是一个基于 POSIX 的多用户、多任务、支持多线程和多 CPU 的操作系统。它能运行主要的类 UNIX 工具软件、应用程序和网络协议。它支持 32 位和 64 位硬件。Linux 继承了 UNIX 以网络为核心的设计思想,是一个性能稳定的多用户网络操作系统。

Linux 是开源的,用户可以通过正常途径免费获得,并可以在遵循相关许可证协议要求下任意修改其源代码。正是由于这一点,来自全世界的无数程序员参与了 Linux 的修改、编写工作,程序员可以根据自己的兴趣和灵感对其进行改变,这让 Linux 吸收了无数程序员的精华,不断壮大。Linux 的开源特点,保证了其从机制上不存在技术壁垒,从而消除了隐藏后门的可能。同时,由于各类开源社区的持续活跃，各国的系统程序员对其内核代码实现、运行机理都十分清楚，系统对病毒和木马的入侵有着快速的反应能力，具备先天的免疫力，系统的安全性和可靠性都很好。

正因为如此，国产操作系统大多是以 Linux 内核为基础二次开发的操作系统，在具备好的安全性和稳定性的前提下，对核心代码进行适应性修改，从而拥有自己的核心技术。

目前，国产操作系统的发展势头迅猛，下面简要介绍较为常用的几个国产计算机操作系统。

1. 麒麟操作系统

麒麟操作系统是国防科技大学计算机学院在 Linux 操作系统基础之上，设计并实现具有自主核心技术的、可支持多种微处理器和多种计算机体系结构的，以及具有高性能、高可用与高安全性的，并与 Linux 应用二进制兼容的操作系统产品。

目前较为成熟的版本是麒麟操作系统，根据不同的用途还分为服务器版和桌面版。其主要特点有：新研国产微处理器支持、增强的安全性和可靠性技术、完善的中文支持、国产办公软件支持、良好的操作界面。

本书主要内容就是介绍如何在麒麟操作系统下进行软件编程。

2. 红旗操作系统

红旗操作系统是中国一款比较早的系统，以前由中国科学院主办，现在被五甲万京收购；曾经是中国市场占有量最大的、较成熟的 Linux 操作系统，是国产制造最出名的操作系统；在经历了动荡之后现在已经趋于稳定，最新版本是 v8.0。

红旗操作系统主要特点是：完善的中文支持、与 Windows 相似的用户界面、界面友好的内核级实时检测防火墙。

3. 优麒麟操作系统

优麒麟操作系统（Ubuntu Kylin）是由中国 CCN（Canonical、CSIP、NUDT）联合实验室支持和主导的开源项目，其宗旨是采用平台国际化与应用本地化融合的设计理念，通过定制本地化的桌面用户环境以及开发满足广大中文用户特定需求的应用软件来提供细腻的中文用户体验，做更有中国特色的操作系统。优麒麟以 Ubuntu 为参考，得到来自 Debian、Ubuntu、LUPA 及各地 Linux 用户组等国内外众多社区爱好者的广泛参与和热情支持。

其主要特点有：完善的中文支持、农历（中国传统历法）查询、中国天气查询、WPS 办公软件、强大的图形布局功能、丰富的网络资源以及自有的开源社区。

4. Deepin 操作系统

Deepin 是由武汉深之度科技有限公司开发的 Linux 发行版，专注于使用者对日常办公、学习、生活和娱乐的操作体验的极致，适合笔记本、桌面计算机和一体机。它包含了大量常用的应用程序，包括网页浏览器、幻灯片演示、文档编辑、电子表格、娱乐、声音和图片处理软件，即时通信软件等。Deepin 是中国最活跃的 Linux 发行版之一，系统稳定、高效。

Deepin 拥有自主设计的特色软件：深度软件中心、深度截图、深度音乐播放器和深度影音，全部使用自主的 DeepinUI，其中有深度桌面环境、DeepinTalk（深谈）等。

Deepin 的主要特点有：学习吸收了 iOS、Windows 8、Android、Gnome3 优点的新的桌面环境、完善的中文化支持、简化的安装流程、简单的控制中心。

5. 中科方德操作系统

方德桌面操作系统基于 Linux 基础，性能优异、易于安装配置，提供美观、易用的桌面环境，适用于台式机、笔记本、上网本、云终端、一体机等终端产品，可广泛地应用于政府、军队和金融、医疗、电信、教育等行业及个人用户，为客户提供稳定、易用的桌面系统平台产品，满足客户的学习、办公、上网、开发应用及娱乐等使用需求。

主要特点有：易用的桌面环境、良好的中文支持、全面安全措施实现安全分层防护方案、兼容国内外主流硬件架构、兼容国际主流 CPU 架构和国产 CPU 架构。

6. SPG 思普操作系统

SPG 思普操作系统（简称 SPGnux），是一款由中国软件公司开发的 Linux 操作系统。SPGnux 操作系统有桌面版和服务器版两种，它将办公、娱乐、通信等开源软件一同封装到办公系统中，实现通过桌面办公系统的一次安装满足用户办公、娱乐、网络通信的各类应用需求。

SPG 思普操作系统的主要特点有：优化内存管理，采用新的安全技术避免了操作系统宕机；支持多文件系统格式，解决了异构系统间文件兼容与交换的问题；多语言界面支持，支持中、英、阿拉伯（古兰经版）文语言界面；灾难自动恢复功能；部分兼容 Windows 应用软件的运行；源代码开放，安全性高、健壮性好。

7. StartOS 起点操作系统

StartOS 是一款免费、快速、安全、稳定、扩展性强的 Linux 操作系统，由东莞瓦力网络科技有限公司发行，其前身是广东雨林木风计算机科技有限公司。雨林木风（ylmf）OS 开发组所研发的 ylmf os，符合国人的使用习惯，预装常用的精品软件。

StartOS 操作系统具有运行速度快、安全稳定、界面美观、操作简洁明快等特点。

上面介绍的几种国产操作系统都是国内科研机构及厂商基于 Linux 研发的操作系统。值得一提的是，Linux 内核由全世界程序员共同维护，本身就是比较先进的内核，因此，如果推翻 Linux 内核，重写新内核，既是对资源的极大浪费，也没有必要。从这个角度来说，国产操作系统的研发重点不是如何给 Linux 更换桌面，而应当是加强对开源代码的审核力度，发现可能存在的漏洞和风险，对内核进行修改和加固。例如，为提升安全性或适配龙芯、飞腾、申威等国产 CPU 开发某个内核模块，并向开源社区提交后被采纳，加入到最新版本的 Linux 内核中。目前，已经有不少国人以这种方式实现了对 Linux 内核的参与开发。

虽然国产操作系统目前还不够成熟，软件生态也比较匮乏，但国产操作系统的发展壮大，离不开每个国人的支持，这种支持可以是精神上的支持，也可以是情感上的包容，更现实的支持是使用国产操作系统，为国产操作系统的生态发展做出努力。

1.2.2 麒麟操作系统

麒麟操作系统的前身是国防科技大学计算机学院自 20 世纪 80 年代以来围绕"银河"高性能计算机开发的操作系统。

在"核高基"国家科技重大软件专项的资助下，麒麟操作系统 V3 初步完成了由科研成果向产业成果的转换，形成了麒麟操作系统 V3 服务器版、麒麟操作系统 V3 桌面版两种产品形态，逐步集成"智能化系统备份恢复""一体化多机部署""多级安全策略"和成熟的"双机、多机热备解决方案"，并在整机一级配合完成多套军用国产化基础软硬件平台解决方案，为大量军事应用向国产化平台迁移准备好基础环境和开发技术支持。随着国家战略的发展需要，麒麟操作系统 V3 重点突破了新研国产微处理器支持、基于国产微处理器的军用计算机整机支持、基于国产微处理器的 JAVA 运行环境研制和性能优化、军用终端图形性能优化、军用数据中心资源部署和性能优化、面向军事应用的系统安全增强和可靠性增强等关键技术，形成了具有高安全性、可定制性、易部署性、易用性的自主可控军用增强型操作系统服务器版和桌面版。

1.2.2.1 版本介绍

麒麟操作系统 V3 服务器版面向军队综合电子信息系统以及金融、电力等重大行业服务器应用需求，突破高安全性、高可用性、多核、虚拟化、网络化等关键技术，支持数据中心、大规模集群平台上的部署，提供虚拟化、集群作业管理功能，适配联想、浪潮、华为、曙光等国内主要厂商服务器，支持达梦、金仓、神通等主要国产数据库和中创、金蝶等国产中间件，适用于安全数据库服务器、安全邮件服务器、安全Web服务器以及数据中心和云计算平台。麒麟操作系统V3服务器版包括面向商用CPU平台的x86版、PowerPC版和面向国产CPU的飞腾版、龙芯版、申威版。

麒麟操作系统V3桌面版面向办公、开发等桌面应用，突破图形加速显示、友好人机交互、低功耗、高可信等关键技术，具有广泛的软硬件兼容和方便的操作界面，支持金山、永中、中标等国产办公套件，支持常见桌面应用，能有效防御病毒、木马和黑客攻击，适用于办公电脑、业务终端等。麒麟操作系统V3桌面版包括面向商用CPU平台的x86版和面向国产CPU的飞腾版、龙芯版和申威版。

1.2.2.2 系统特点

麒麟操作系统V3采用兼容Linux操作系统的技术路线，以Linux系统为基础，在安全、高可用、高可靠、强实时等方面进行了自主研发，研发成果以"增强包"形式作为系统的有机组成部分。

1. 高兼容性

麒麟操作系统V3符合LSB4.0、POSIX系列标准，并兼容Linux目标代码，可支持国内外主流硬件设备，支持Linux平台上的大型应用软件，如图形环境、Oracle数据库服务等。

1）硬件兼容性

麒麟操作系统V3支持以x86、x86-64、PPC、SPARC为代表的国际主流CPU和国产CPU（龙芯、飞腾、申威）体系结构，支持国际主流品牌的板卡及多种设备，包括主板、显示卡、网卡、显示器、鼠标、键盘、调制解调器、声卡、SCSI设备、磁带机、CDROM等，还有最新的USB、IEEE1394设备，RAID和ATA接口，千兆万兆以太网卡和Infiniband高速网络硬件设备等，支持国际主流品牌（IBM、HP、SUN、NEC、DELL）和主要国产品牌（联想、华为、浪潮、宝德、网众、曙光）的服务器和工作站。

2）软件兼容性

麒麟操作系统V3支持网络、功能服务器、数据库服务器、文件、办公软件、多媒体等典型应用，支持包括系统管理工具、命令解释器、文件管理程序、办公应用程序、网络应用软件、开发调试工具、多媒体应用程序等大量应用软件。

麒麟操作系统V3支持Qt、Eclipse、Netbeans、Kdevelop、Jbuilder等集成

开发环境。

麒麟操作系统 V3 支持 C、C++、Fortran、Java、Perl、Tcl、Erlang、PHP、Python 等跨平台开发语言。

3）国产基础软件支持情况

国产基础软件方面，麒麟操作系统 V3 较好地兼容国产中间件（金蝶、东方通、中创等）、国产数据库管理系统（武汉达梦、人大金仓、神舟通用等）、国产办公软件（金山 WPS、中标普华 Office、永中 Office 等）。

2. 高安全性

在安全性方面，麒麟操作系统 V3 是目前国内安全等级最高的操作系统，通过国家和军队权威部门最高安全等级测评，安全功能达到了第四级结构化保护级和军 B+级。麒麟操作系统 V3 基于军用密码实现了多种内核安全增强机制，尤其是结构化保护级安全内核和实体一体化的强制访问控制机制，打破了国外对我国高安全等级操作系统设计技术的封锁，为应用安全和网络安全提供了有效的防护手段。

系统可针对用户需求，为特定应用场景提供包括安装控制、执行控制、外设访问控制、网络安全和存储安全在内的整体安全解决方案。

3. 高可用性

在可靠性方面，通过软硬件协同设计，实现了故障的快速检测、隔离和恢复，是国内首个通过国际 CGL 5.0 认证的操作系统，符合国际高可用服务联盟的 SAF-HPI 和 SAF-AIS 高可用规范。

单节点故障管理：基于自主研发的故障管理框架（FMA），提供故障预警、故障发现、故障诊断、故障隔离和故障恢复功能。

多机冗余备份：基于单节点故障管理能力和冗余心跳、数据镜像、虚拟 IP、服务监控等技术，提供集群环境下的网络冗余、数据同步和服务备份。

基于虚拟机的高可用：提供灵活且可扩展的虚拟化方案，通过虚拟机迁移功能为用户提供应用级的热备方案。

4. 强实时性

在实时性方面，麒麟操作系统 V3 创新地提出了基于资源预约的两级混合任务调度算法，既支持通用事务处理任务，也支持实时任务，实时处理能力相比开源 Linux 产品大幅提升。

中断延迟优化：基于中断线程化、SLEEP 自旋锁和 CPU 隔离技术，提高中断响应和中断处理的实时性。

调度延迟优化：支持 FIFO（队列）和 RR（轮转）方式的实时任务调度算法，支持 CFS（完全公平调度）非实时调度算法，通过优化等待列表、

SLEEP 自旋锁、PI MUTEX 等技术提升任务调度实时性。

实时接口：支持 CPU 亲和性、中断亲和性编程和操作接口，提供实时性监测、调试、调优工具，帮助提高特定应用的响应实时性。

5. 高可定制性

麒麟操作系统 V3 可以根据应用需求提供深度的系统裁剪和定制支持，按用户需求进行功能、性能和部署管理方面的个性化定制。

功能定制：支持系统功能按需裁剪，提供对文件系统、桌面环境、运行库环境以及内核功能集合的裁剪定制能力。

性能定制：支持系统性能按需优化调整，提供对计算、存储、网络通信及图形显示等多方面的性能优化能力。

部署定制：支持系统部署方式的按需定制，提供无值守、多机集群、备份恢复等多种部署形态，并允许对系统安装流程做按需配置改造。

6. 操作环境友好性

麒麟操作系统 V3 采用了国际主流的 GNOME 作为默认的桌面环境，提供了图形化的网络配置管理工具、安全配置管理工具、服务配置管理工具等，为用户系统基本功能和服务的配置方面带来了极大的方便；支持 telnet、ssh 等远程控制服务，可远程访问目标服务器，并且支持远程登录桌面 VNC、Xmanager 等远程图形连接工具，支持 gftp、xftp、sftp 等远程图形化文件传输工具，可以让用户方便地配置、管理、调试目标系统，分析系统运行状态。

系统运行和性能监视与故障诊断及恢复功能：内置 top、ps、df、iostat、netstat、vmstat 等轻量级系统运行和性能监测工具，支持性能无损的系统运行状况采样，对处理器、内存、磁盘、网络使用情况进行监控；内置图形化系统监控器软件，支持系统运行和性能监测，帮助用户对处理器、内存、磁盘资源利用情况的进行直观监控；提供系统日志功能，帮助用户分析故障原因；提供了基于图形化磁盘管理工具，能够诊断磁盘坏道，分析磁盘使用情况等；集成 ABRT 的 BUG 自动报告工具，能够详细记录用户使用过程中出现的问题。

多路实时图形处理能力：提供符合 OpenGL 标准图形库，能实现高性能的三维图形功能，可以支持图形工作站多路实时图形处理。麒麟操作系统 V3 能够很好地支持主流的 NV 和 ATI 高性能图形卡，支持 VGA、DVI、HDMI、DisplayPort 显示接口，支持多路显示输出，支持高分辨率和大屏幕显示。

系统管理命令：麒麟操作系统 V3 命令符合 POSIX.1-2008 和 LSB 4.0 标准，与 RedHat 企业级 Linux、Novell SUSE 等主流 Linux 发行版本一致。

1.3 麒麟操作系统编程基本介绍

本节介绍在麒麟操作系统 V3 下进行 C 语言编程所需要的基础知识，包括源程序编译、Makefile 的编写、系统调用与库函数、文本编辑器、编译和调试、集成开发环境等内容。

1.3.1 第一个程序

在麒麟操作系统 V3 下 C 语言源程序需要用 GNU 的 gcc 编译器来编译。操作系统已经集成了 gcc 编译器。

这是第一个程序 hello.c。

源程序 hello.c

```
int main( int argc,char * * argv)
{
    printf("HelloKyLin/n");
}
```

要编译这个程序，需要在命令行下执行：

gcc -o hello hello.c

gcc 编译器就会生成一个 hello 的可执行文件。执行 ./hello 就可以看到程序的输出结果了，如图 1-1 所示。

图 1-1 hello.c 的编译和执行

命令行中，gcc 就是编译器，用它来编译源程序，-o hello 选项表示要求编译器输出的可执行文件名为 hello，而 hello.c 是源程序文件。

gcc 编译器有许多选项，一般只要知道其中几个就够了。

-o 选项表示要求输出的可执行文件名。

-c 选项表示只要求编译器输出目标代码，而不必要输出可执行文件。

-g 选项表示要求编译器在编译的时候在目标文件提供调试信息，便于以后的调试。

知道了这三个选项，就可以编译一些简单的源程序了。更多选项，可以查看 gcc 的帮助文档。

1.3.2 Makefile

为了介绍 Makefile，首先来看一下例程 example1-1。

源程序一，main.c，代码如下：

源程序 example1-1a （main.c）

```
/* main.c */
#include "mytool1.h"
#include "mytool2.h"
int main(int argc,char * * argv)
{
    mytool1_print("hello");
    mytool2_print("hello");
}
```

源程序二，mytool1.h，代码如下：

源程序 example1-1b （mytool1.h）

```
/* mytool1.h */
#ifndef_MYTOOL_1_H
#define_MYTOOL_1_H
    void mytool1_print(char * print_str);
#endif
```

源程序三，mytool1.c，代码如下：

源程序 example1-1c （mytool1.c）

```
/* mytool1.c */
#include "mytool1.h"
void mytool1_print(char * print_str)
```

```
    printf("This is mytool1 print %s/n",print_str);
}
```

源程序四,mytool2.h,代码如下:

源程序 example1-1d （mytool2.h）

```
/* mytool2.h */
#ifndef_MYTOOL_2_H
#define_MYTOOL_2_H
    void mytool2_print(char * print_str);
#endif
```

源程序五,mytool2.c,代码如下:

源程序 example1-1f （mytool2.c）

```
/* mytool2.c */
#include "mytool2.h"
void mytool2_print(char * print_str)
{
    printf("This is mytool2 print %s/n",print_str);
}
```

以上这几段程序用 gcc 来编译,顺序如下:

```
gcc -c main.c
gcc -c mytool1.c
gcc -c mytool2.c
gcc -o main main.o mytool1.o mytool2.o
```

这样就产生了可执行的程序 main。运行结果如图 1-2 所示。

假如修改了其中的一个文件 mytool1.c,就需要重新输入上面所有的 gcc 命令。对于上面这个例子来说,并不复杂,但如果一个程序由上百个甚至更多的源程序组成的时候,每一次修改后的编译都需要输入所有的 gcc 命令就不可行了,必须用批处理的方式才能完成编译工作。但如果用普通的 shell 方式,无法声明源程序文件之间的依赖和关联关系。为解决这一问题,操作系统提供了一个工具来完成批处理编译工作,这个工具就是 make。在执行 make 之前,需要先编写一个非常重要的文件——Makefile。

对于上面那段程序来说,可能的一个 Makefile 文件如下:

```
    studio@localhost:~/OSProc/chapter01/example1-1
文件(F) 编辑(E) 查看(V) 搜索(S) 终端(T) 帮助(H)
[studio@localhost example1-1]$ gcc -c main.c
[studio@localhost example1-1]$ gcc -c mytool1.c
mytool1.c: 在函数 'mytool1_print' 中：
mytool1.c:5: 警告：隐式声明与内建函数 'printf' 不兼容
[studio@localhost example1-1]$ gcc -c mytool2.c
mytool2.c: 在函数 'mytool2_print' 中：
mytool2.c:5: 警告：隐式声明与内建函数 'printf' 不兼容
[studio@localhost example1-1]$ gcc -o main main.o mytool1.o mytool2.o
[studio@localhost example1-1]$ ./main
This is mytool1 print hello
This is mytool2 print hello
[studio@localhost example1-1]$
```

图 1-2　example1-1 的编译和执行

源程序 example1-1g　（Makefile 文件）

\#下面就是这个程序的 Makefile 文件

main：main. o mytool1. o mytool2. o

　　gcc -o main main. o mytool1. o mytool2. o

main. o：main. c mytool1. h mytool2. h

　　gcc -c main. c

mytool1. o：mytool1. c mytool1. h

　　gcc -c mytool1. c

mytool2. o：mytool2. c mytool2. h

　　gcc -c mytool2. c

有了这个 Makefile 文件，对源程序文件中的任何修改，只要执行 make 命令，编译器都只会去编译和修改文件有关的文件，如图 1-3 所示。

那么 Makefile 是如何编写的呢？

在 Makefile 中，用#开始的行都是注释行。Makefile 中最重要的是描述文件依赖关系的说明。一般格式如下：

target：components

TAB rule

第一行表示的是依赖关系。第二行是规则。对上面的那个 Makefile 文件来说，第二行 main：main. o mytool1. o mytool2. o 表示目标（target） main 的依赖对象（components）是 main.o mytool1.o mytool2.o，当依赖的对象在目标修改后修改的话，就要去执行规则行所指定的命令。例如，修改了文件 mytool1.h，根据依赖关系，make 时会执行第 4 行 gcc -c main.c，生成新的 main.o，再执行第 4 行 gcc -c mytool1.c，生成新的 mytool1.o，再执行第 2 行 gcc -o main main.o mytool1.o mytool2.o，生成最终的可执行文件 main。

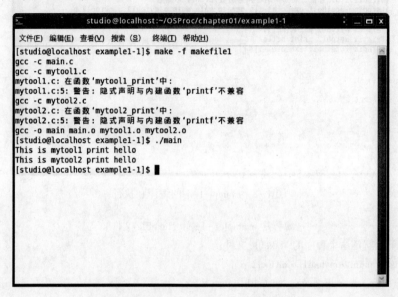

图 1-3 example1-1 makefile 文件的运行结果

Makefile 有三个非常有用的变量，分别是 $@，$^，$<，代表的意义分别是：$@—目标文件；$^—所有的依赖文件；$<—第一个依赖文件。

如果使用上面三个变量，可以简化 Makefile 文件为：

源程序 example1-1g （简化后的 Makefile 文件）

#这是简化后的 Makefile
main:main.o mytool1.o mytool2.o
    gcc -o $@ $^
main.o:main.c mytool1.h mytool2.h
    gcc -c $<
mytool1.o:mytool1.c mytool1.h
    gcc -c $<
mytool2.o:mytool2.c mytool2.h
    gcc -c $<

简化后的 Makefile 简洁了许多，运行结果如图 1-4 所示。

图1-4　example1-1简化后的makefile文件运行结果

不过还可以更简洁。

Makefile有一个默认规则：

.c.o:

gcc -c$<

这个规则表示所有的.o文件都是依赖于相应的.c文件。例如，mytool.o依赖于mytool.c。这样上面的Makefile还可以再简化为：

#这是再一次简化后的Makefile

main：main.o mytool1.o mytool2.o

gcc -o$@ $^

.c.o:

gcc -c$<

源程序example1-1h　（再一次简化后的Makefile文件）

#这是再一次简化后的Makefile

main：main.o mytool1.o mytool2.o

　　gcc -o$@ $^

.c.o:

　　gcc -c$<

再一次简化后的Makefile的运行结果如图1-5所示。

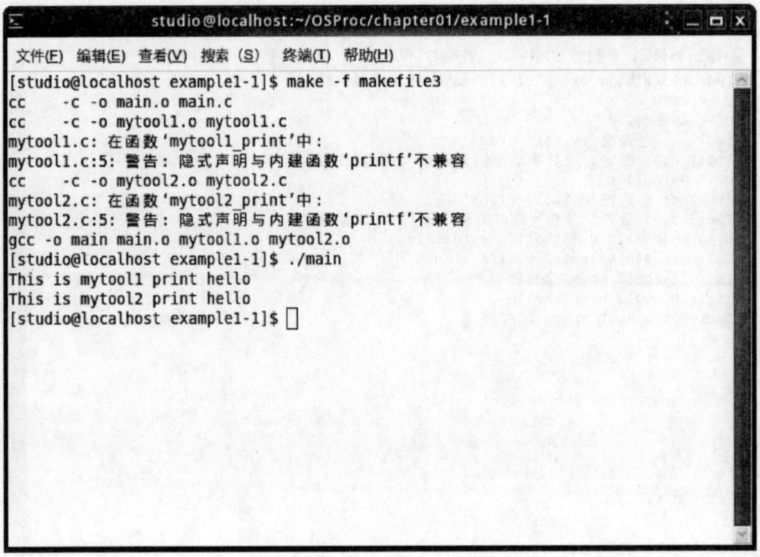

图 1-5　example1-1 的再次精简后的 makefile 文件运行结果

1.3.3　系统调用和库函数

系统调用是操作系统内核提供的一套编程接口，是常用的核内外交互机制。而库函数调用则面向的是应用开发，相当于应用程序的 API。

操作系统的主要功能是为管理硬件资源和应用程序开发人员提供良好的环境来使应用程序具有更好的兼容性。为了达到这个目的，操作系统内核提供一系列具备预定功能的内核函数，通过一组称为系统调用（System Call）的接口呈现给用户。系统调用把应用程序的请求传给内核，调用相应的的内核函数完成所需的处理，将处理结果返回给应用程序。

库函数（Library Function）是把函数放到运行库里供别人使用的一种方式。该方式是把一些常用的函数编译成二进制形态，以运行库的组织方式放到一个库文件里，供不同的应用程序调用。

系统调用和库函数的主要区别在于提供的功能层次不同，系统调用面向操作系统内核的功能访问，而库函数则面向应用程序的开发。一般来说，不同的操作系统提供的系统调用是不一样的，但不同操作系统的库函数可以做到提供相同的调用接口，函数名及参数表都可以保持一致，而底层实现不同，这样就为不同操作系统的应用程序在源代码层次提供了相互兼容的可能性。

1. 系统调用

麒麟操作系统提供的系统调用按照用途可分为以下 8 个类别。

（1）进程控制。进程控制的系统调用主要包括进程的创建、执行、终止、优先级、调度、运行环境设置等方面的内容。

（2）文件系统控制。文件系统控制的系统调用主要包括文件读写操作、文件管理操作等方面的内容。

（3）系统控制。系统控制系统的调用主要包括对端口、时钟、系统资源等内容的访问和控制方面的内容。

（4）内存管理。内存管理的系统调用主要功能是对系统内存的使用和管理。

（5）网络管理。网络管理的系统调用主要功能是提供对主机网络参数的访问和控制。

（6）socket 控制。socket 控制的系统调用主要功能是提供主机网络通信 socket 协议的实现功能。

（7）用户管理。用户管理的系统调用主要功能是对主机用户进行管理。

（8）进程间通信。进程间通信的系统调用主要功能是提供主机多个运行进程之间的访问控制，包括信号、消息、管道、信号量、共享内存等方面的控制操作。

2. 库函数

麒麟操作系统提供了 C 函数库（Linux 系统中最常用的库函数，libc 或 glibc 的通称），主要包括字符测试函数、数据转换函数、内存配置函数、时间函数、字符串处理函数、数学计算函数、用户和组函数、数据加密函数、数据结构函数、随机数函数、初级 I/O 函数、标准 I/O 函数、进程及流程控制、格式化输入输出函数、文件及目录函数、信号函数、错误处理函数、管道相关函数、Soket 相关函数、进程通信 IPC 函数、记录函数、环境变量函数、正则表达式、动态函数等。这些函数涵盖了应用程序最常用的编程接口。

在任何编程环境中，库文件都是一些预先编译好的函数的集合，这些函数以二进制代码形式存储在库文件中。用户要使用这些函数，只需要包含这些库文件即可。一般来说，要从库文件获得相应的函数有以下两种办法。

（1）在编译时将库中相应函数的二进制映像代码直接复制到当前编译的程序中，当前程序在运行时独立运行。这种库即静态库，在麒麟操作系统中，以 .a 为后缀的为静态库，如 libtest.a。

（2）在编译时只引用库中相应函数的二进制映像代码的入口位置（即不直接复制），该程序在运行时从共享库文件中读出该函数代码（这需要首先将共享库加载到内存中），从而间接引用，这种库即共享库，在麒麟操作系统中，以 libxxx.so（或 libxxx.so.m.n，其中 m、n 为版本号）为格式命名。

3. 应用程序与库函数的连接

那么如何将应用程序与特定的库连接运行呢？看一下 example1-2 的 temp.c。

源程序 example1-2 （temp.c）

```
/* temp.c */
#include <math.h>;
int main(int argc, char ** argv)
{
    double value;
    value = 2.0;
    printf("Value:%f/n", log(value));
}
```

这个程序相当简单，计算并输出 2 的自然对数。但是当用 gcc -o temp temp.c 编译时会出现错误，如图 1-6 所示。

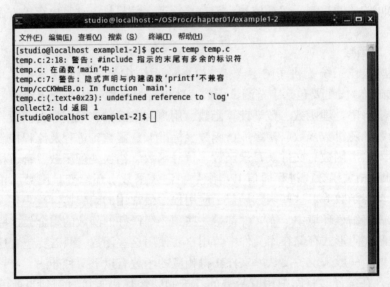

图 1-6 example1-2 的编译错误

出现这个错误是因为编译器找不到 log 的具体实现。虽然包括了正确的头文件 math.h，但是我们在编译的时候还是要连接确定的库。在麒麟操作系统下，使用数学函数必须和数学库连接。为此在 gcc 命令行中要加入 -lm 选项：gcc -o temp temp.c -lm。这样才能够正确的编译。

程序运行结果如图 1-7 所示。

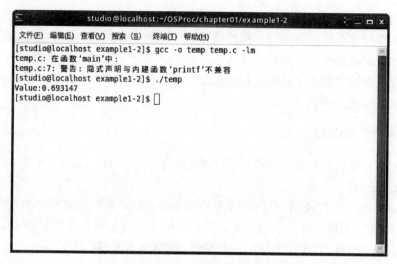

图 1-7　example1-2 的正确编译和运行

那么上一节中的程序中，用到了 printf 函数，为什么不需要这一选项呢？这是因为 gcc 会自动去连接一些常用库（如前述 libc 库），而不需要用-l 去指定，printf 即在其中。

在进行软件开发时，只要使用库函数，就需要库文件。有一些专用的库安装在指定的路径中，这时候需要为 gcc 的 -L 选项指定路径。例如，有一个库在 /home/mysys/mylib 下，这样编译时需要指定 -L/home/mysys/mylib。标准库一般是在默认路径中，无须指定路径。

麒麟操作系统中库文件存放的路径如表 1-1 所列。

表 1-1　库文件存放的路径

序　号	路　　径	存放库函数内容
1	/lib	系统必备共享库
2	/usr/lib	标准共享库和静态库
3	/usr/local/lib	本地函数库

头文件路径如表 1-2 所列。

表 1-2　头文件存放的路径

序　号	路　　径	存放头文件内容
1	/usr/include	//系统头文件
2	/usr/local/include	//本地头文件

用户也可以自己编写库函数，制作库文件。有些用户自己编写的共享库不一定会存放于上述的路径中，麒麟操作系统提供一个文件/etc/ld.so.conf来说明共享库的搜索位置。系统命令 ldconfig 提供了共享库的路径管理操作接口，一般在更新了共享库之后要运行该命令。系统还提供了 ldd 命令，用来查看可执行文件所使用的共享库。

1.3.4 文本编辑工具

本节介绍麒麟操作系统自带的文本编辑工具：gedit、vim 和 Qt Creator。

1. gedit

gedit 是一个 GNOME 桌面环境下的文本编辑器，界面如图 1-8 所示。它使用 GTK+编写而成，有良好的语法高亮，对中文支持很好，支持包括 GB 2312、GBK、GB 18030、UTF-8 等多种字符编码。麒麟操作系统集成了 gedit。

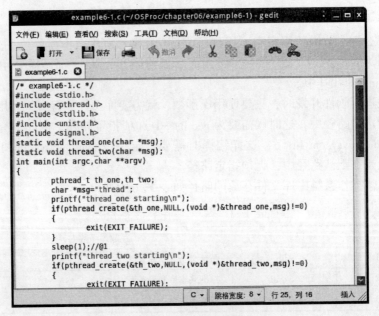

图 1-8 gedit 界面

gedit 能够支持多种文件类型的彩色编码语句，会根据不同的语言高亮显现关键字和标识符，快捷键与一般的集成编辑环境兼容，很适合编写应用程序源代码。

2. vim

vim 是从 vi 发展出来的一种文本编辑器，适合熟练的程序员使用，界面如

图 1-9 所示。其针对源程序代码的代码补全、编译及错误跳转等方便编程的功能特别丰富，在程序员中被广泛使用，与 Emacs 并列成为类 UNIX 系统用户最喜欢的文本编辑器。

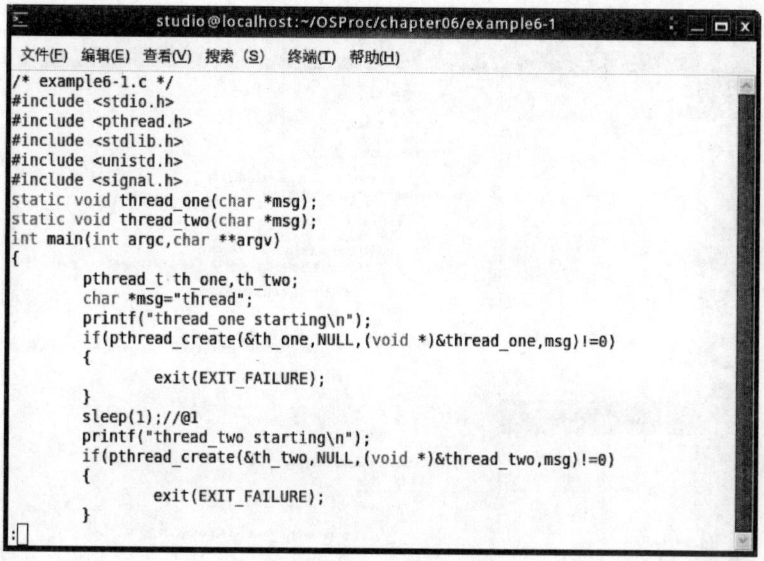

图 1-9　vim 界面

vim 提供了多窗口、多缓冲、多 Tab 编辑功能，提供了动态补全、多种语法高亮、编程自动缩排、文件崩溃恢复、文件比较、文件合并等特色功能，甚至提供了多任务、异步 IO。

vim 强大的编辑能力中很大部分来自于其普通模式命令。用户学习了各种各样的文本间移动/跳转的命令和其他的普通模式编辑命令，并且能够灵活组合使用的话，能够比那些没有该模式的编辑器更加高效地进行文本编辑。然而正是因为 vim 的普通模式命令的设计思路，使用户，特别是习惯了 Visual Studio、Word 等编辑软件的用户，刚开始使用时会感到无法适应，但随着对各种命令模式的学习和熟练掌握，vim 的编辑效率会大大提高，尤其对于编程而言。

3. Qt Creator

Qt Creator 是跨平台的 Qt 集成开发环境，界面如图 1-10 所示。此 IDE 能够跨平台运行，支持的系统包括 Linux（32 位及 64 位）、Mac OS X 以及 Windows。麒麟操作系统 V3 集成了 Qt Creator。

Qt Creator 的 C++ 代码编辑器功能强大，可快速编写代码。其具备语法标识和代码完成功能、输入时进行静态代码检验、提示样式、上下文相关的帮助、代码折叠、括号匹配、括号选择模式等高级编辑功能，即使不将其作为集成开发环境（IDE）使用，仅使用 Qt Creator 来编写代码，也是一个不错的选择。

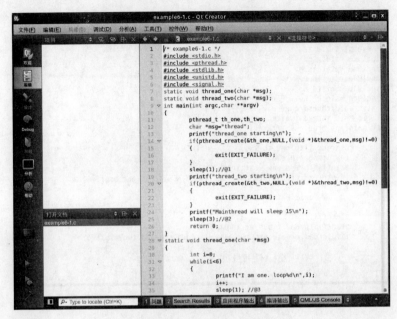

图 1-10　Qt Creator 界面

1.3.5　编译调试工具

1. 编译工具

一般来说，在麒麟操作系统下使用的编译器是 GNU 的 gcc，对于较为复杂的程序工程，采用 Makefile 编译控制脚本文件调用 gcc 进行编译和连接。关于 gcc 的使用和 Makefile 文件的编制可参考 1.3.1 节的相关内容。

麒麟操作系统自带的集成开发环境 Qt Creator 内置有编译器支持，不需要 Makefile 和 gcc 进行编译。

2. 程序调试

在编写程序的过程中，调试环节必不可少。

最常用的调试软件是 gdb。在 gcc 编译的时候加入 -g 选项就可以将调试信息编译到代码中，从而可以使用 gdb 进行调试。关于 gdb 的使用可以查看 gdb 的帮助文件。更一般的方法是以在程序当中输出中间变量值的方式来调试程序。

麒麟操作系统自带的集成开发环境 Qt Creator 内置有调试器支持，可以在调试窗口直接查看调试信息的输出。

1.3.6 集成开发环境

集成开发环境集成了编辑、编译和调试等多项功能。本节主要介绍麒麟操作系统自带的集成开发环境 Eclipse 和 Qt Creator。

1. Eclipse

Eclipse 是一个开放源代码的、基于 Java 的可扩展开发平台，其集成开发环境如图 1-11 所示。就其本身而言，它只是一个框架和一组服务，通过插件构建开发环境。Eclipse 附带了一个标准的插件集，包括 Java 开发工具。

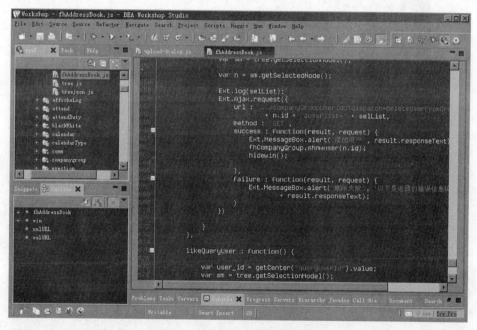

图 1-11　Eclipse 集成开发环境

尽管 Eclipse 是使用 Java 语言开发的，但它的用途并不限于 Java 语言，如支持 C/C++、COBOL、PHP、Android 等编程语言的插件已经可用。Eclipse 框架还可用来作为与软件开发无关的其他应用程序类型的基础，如内容管理系统。

2. Qt Creator

Qt Creator 不仅仅是一个文本编辑器，它更是一个跨平台的 Qt 集成开发环境，其集成开发环境如图 1-12 所示。Qt Creator 包括项目生成向导、高级的

C++ 代码编辑器、浏览文件及类的工具、集成了 Qt Designer、Qt Assistant、Qt Linguist、图形化的 GDB 调试前端、集成 qmake 构建工具等。Qt Creator 可以大大提高 Qt 开发人员的工作效率。

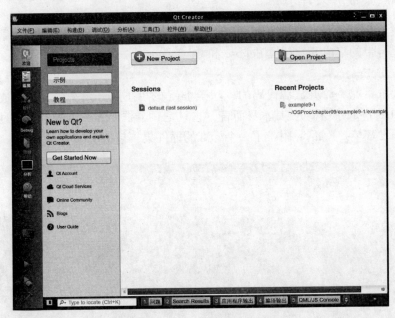

图 1-12 Qt Creator 集成开发环境

Qt Creator 除了提供源代码编辑、工程管理、编译连接、运行调试功能之外，还集成了 Qt 专属的功能，如信号与槽（Signals & Slots）图示调试器，对 Qt 类结构可一目了然。还集成了 Qt Designer 可视化布局和格式构建器，只需单击一下就可生成和运行 Qt 项目。

1.3.7 Hello World

按照惯例，在第 1 章最后一小节介绍第一个程序，著名的 HelloWorld。使用 gcc 开发的 HelloWorld 代码在 1.3.1 节中已经给出了，用 Qt Creator 开发的编程过程如下。

1. 创建新的工程

选择 Application→Qt Widgets Application，如图 1-13 所示。

设置工程文件夹，一路默认设置，出现图 1-14 的界面。

2. 编辑界面

在图 1-14 中，单击界面文件，进入 Qt Designer 界面，在界面中添加

"Hello Qt!"的 Label 控件，如图 1-15 所示。

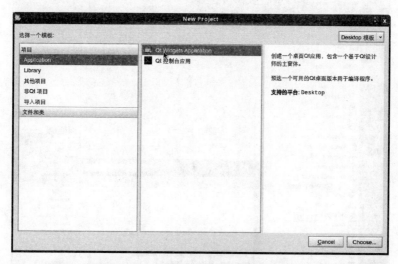

图 1-13　用 Qt Creator 创建新的工程

图 1-14　工程编辑界面（mainwindow.cpp）

3. 编译运行

在图 1-15 中，选择菜单构建，构建可执行文件成功后，选择调试菜单，运行。程序运行结果如图 1-16 所示。

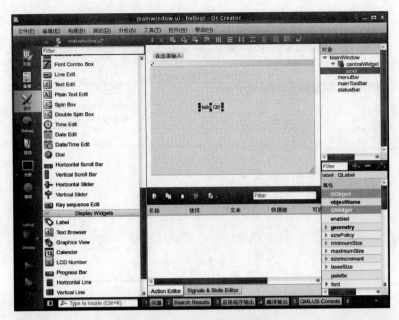

图 1-15 Qt Designer 界面编辑

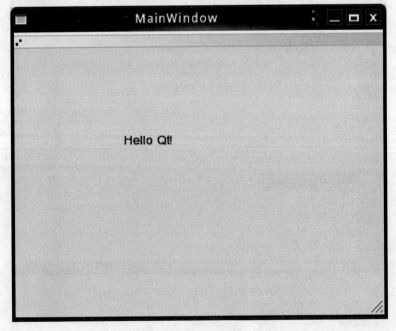

图 1-16 Hello Qt! 运行结果

第 2 章 文件编程

当应用程序需要读写配置文件、保存业务数据、浏览目录等工作时，一般要用到文件编程。文件编程包括两项基本内容：对文件的读写和对文件的管理。本章首先介绍文件编程所涉及的基础知识，包括麒麟操作系统中文件的类型、读写权限、常用出错信息处理方式等；其次介绍两种不同的文件读写方式，底层 I/O、标准 I/O；最后介绍对文件和目录进行管理的编程方法。

2.1 文件编程的基础知识

2.1.1 文件类型

ls 命令是麒麟用户最先接触的系统命令，使用带-l 选项的 ls 命令，可以查看文件的详细信息，如图 2-1 所示。

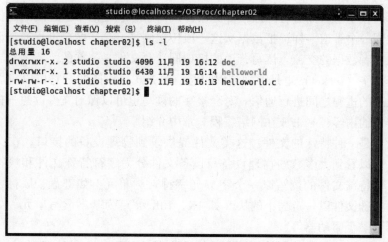

图 2-1　ls 命令输出

每一行第一个字母，如图中的'd'或者'-'即表示文件类型，然后是权限、文件数量、属主、属组、文件大小、修改时间、具体文件名。麒麟下有

4种基本的文件类型：普通文件、链接文件、目录文件和特殊文件。

1. 普通文件

在 ls 命令输出中，普通文件以 '-' 为标识符。普通文件即存储在磁盘上的文件，如文本文档、源程序、数据库文件、可执行程序等。普通文件是多数应用开发所要处理的对象。

2. 链接文件

链接文件以 'l' 为标识符。类似 Windows 下的快捷方式，符号链接是一种指向文件的指针，它包含了到达另一个文件的路径，如常见的动态库文件，使用符号链接有助于保持库的一致性。多数处理文件的调用都是处理链接所指向的真实文件，而不是针对链接文件本身。

3. 目录文件

目录文件以 'd' 为标识符，目录类似于 Windows 下的文件夹，在目录中可以创建文件和子目录。不同在于目录也是作为文件存放的，目录文件中包含了在本目录下存放的文件列表。处理目录需要使用特殊的编程接口，本章在最后一节会单独讲解。

4. 特殊文件

特殊文件包括管道、套接字和设备文件。其中，管道以 'p' 为标识符，套接字以 's' 为标识符，块设备文件以 'b' 为标识符，字符设备文件以 'c' 为标识符。

管道在本书后面进程间通信部分会详细讲解，它是两个进程之间通信的媒介，如同一个管道一样，把数据从这一段传送到另一端，两个进程通过读写管道实现二者数据的交流，读写管道的接口同读写文件是一样的。

套接字（socket）也是一种进程间通信的方式，不同的是它可以应用于不同主机上的进程之间进行通信。对套接字的读写也可以像对文件读写一样。关于套接字的内容，本书放在网络编程一章中介绍。

设备是一种特殊的文件，这类文件提供了到物理设备的接口。在/dev 目录下，可以看到大多数的物理设备。设备文件分为字符特殊文件和块特殊文件，字符特殊文件的读写以一个字节（字符）为单元，如键盘、鼠标、打印机；块特殊文件以一定大小的块（如 1K、10K 等）为基本读写单元，如光盘驱动器、磁盘驱动器等。

麒麟几乎将一切软硬件都抽象地视为文件，从而使大量的资源，如内存、磁盘空间、进程间通信、网络通信、控制台、串口、伪终端、打印端口、声卡、鼠标甚至其他运行着的进程都具有了统一的编程接口。

2.1.2 文件权限

Linux 的文件属主有三类：文件拥有者、同组用户和其他人，用字符表示是 u（user）、g（group）、o（other）；对文件的操作权限有三种：读、写、执行，用字符表示是 r（read）、w（write）、x（execute）。例如，输入命令：'ls -l helloworld' 查看第 1 章中所编写的 helloworld 文件，可以看到的结果如图 2-2 所示。

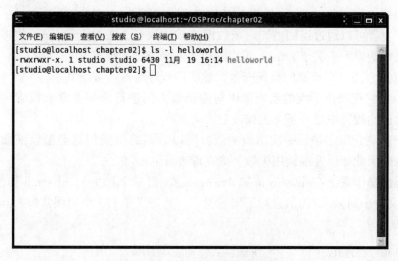

图 2-2　helloworld 文件的属性

它的含义是：

(1) 对于文件拥有者 u：权限为 rwx，即可读、可写、可执行。
(2) 对于同组用户 g：权限为 rwx，即可读、可写、可执行。
(3) 对于其他用户 o：权限为 r-x，即可读，不可写，可执行。

权限也可以用八进制掩码表示，每一位对应以上一种权限，如 4（二进制 100）表示可读，2（二进制 010）表示可写，1（二进制 001）表示可执行，7（二进制 111）表示可读、可写、可执行等，因此 helloworld 文件的权限也可表示为 775（u 7、g 7、o 5），用数字表示权限更为简洁。只有身份和权限对应起来，才能执行相应的操作。在编程中如果要对目录或文件进行操作，当权限不够时，会发生错误。

2.1.3 错误处理

出错信息处理是程序开发和调试中常用的方法。在文件相关编程中，常见的错误有文件不存在、权限不够、文件重名等。通过查看出错信息，可以很快定位原因。出错处理不仅应用于文件编程，还可应用于所有编程场合，包括后面所讲的进程编程、网络编程等。

出错信息处理实际上是对一个名为 errno 的全局变量进行设置和查看。不论使用标准 C 还是底层库函数，在调用出错时，往往会返回一个负值，同时将全局变量 errno 设置为代表了特定信息的一个值。例如，打开文件所用的 open 函数，如果成功执行则返回一个非负的文件描述符；若此文件不存在，则返回-1，同时将 errno 设置为 ENOENT，即"No such file or directory"。

开发者可以通过返回值知道函数没有成功执行，通过查看 errno 值进一步得知失败的原因。关于 errno，可以从以下几个方面去理解它：

（1）它是一个整型的全局变量，被应用程序所有函数所共享。

（2）它在操作系统的系统调用与库函数之间进行全局共享和设置，开发人员自己的代码中最好不要去修改它。

（3）它记录了最后一次出错的值，所以后面的出错信息会覆盖前面的出错信息，因此如果发现调用失败，应立即查看 errno 值。

麒麟操作系统在/usr/include/asm-generic/目录下的 errno-base.h 以及 errno.h 文件中对 errno 的值进行了宏定义，一共定义了 133 个错误常数，其定义形式如：

```
#define  EPERM   1    /* Operation not permitted  */
#define  ENOENT  2    /* No such file or directory */
#define  ESRCH   3    /* No such process          */
```

程序员不可能记住每一个宏定义所表示的含义，因此 C 标准库提供了两个辅助函数 strerror 和 perror，负责将 error 的值转换成容易理解的字符串。这两个函数的原形以及所在头文件为：

```
#include <string.h>
char * strerror( int errno );
#include <stdio.h>
void perror( const char * msg );
```

范例 example2-1 示范了如何用这两个函数获得出错信息。

源程序 example2-1 （example2-1.c）

```
/* example2-1.c：使用 strerror 和 perror 函数将错误号转换为提示语句 */
#include <stdio.h>
#include <string.h>
```

```c
#include <errno.h>          //出错信息处理需要包含以上头文件
#include <sys/types.h>
#include <sys/stat.h>
#include <fcntl.h>          //open、close 函数需要包含以上头文件
int main()
{
    int fd;
    char path[] = "./noexist.txt";        //注:此文件是不存在的
    extern int errno;                     //使用全局变量 errn
    fd = open(path, O_WRONLY);            //关于 open、close 参看 2.1 节
    if(fd == -1)
    {
        printf("can not open file %s. \n", path);
        printf("errno: %d. \n", errno);
        //用 strerror 来显示信息
        printf("open failed: %s. \n", strerror(errno));
        //用 perror 来显示信息(效果是一样的)
        perror("open failed");
        return -1;
    }
    return 0;
}
```

example2-1 的编译运行结果如图 2-3 所示。

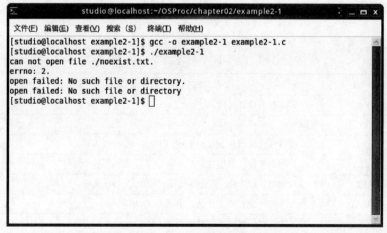

图 2-3　example2-1 编译运行结果

推荐使用 perror 来显示出错信息，因为 perror 不需要显式地使用全局变量 errno，它实际上对 strerror 的工作进行了封装。perror 的参数是一个字符串，可以作为前缀，指示具体是哪一个程序、哪一个函数发生了错误。

2.2 底层 I/O

本节介绍的函数都是来自系统调用，因为更接近底层，可以直接访问内核所提供的丰富服务，因此称为底层 I/O。底层 I/O 符合 POSIX 规范，因此也称为 POSIX I/O，用这些函数编写的代码不需修改即可在类 UNIX 系统（包括麒麟）上编译运行。Windows 上也有类似接口的函数实现。

2.2.1 打开和关闭文件

1. 打开文件

打开文件使用的系统调用有 open 和 creat（不是 create），使用它们需要包含头文件 <sys/types.h>、<sys/stat.> 和 <fcntl.h>。定义为：

int open(const char * pathname, int flags);
int open(const char * pathname, int flags, mode_t mode);
int creat(const char * pathname, int flags, mode_t mode);

其中最为常用的是 open 的第一种形式。参数 pathname 指定文件名（可以包括完整路径），flags 指定了访问该文件的形式，mode 则表示在创建文件时设置的权限。

flags 可以设置多个值，以按位"或"（'|'）组合，常用标志如表 2-1 所列。

表 2-1 打开文件时的常见标志位

标志	说明（注：前三个标志互斥，不可组合）
O_RDONLY	以只读方式打开文件
O_WRONLY	以只写方式打开文件
O_RDWR	以读写方式（既读又写）打开文件
O_CREAT	若文件不存在，则创建它
O_EXCL	与 O_CREAT 联用，若文件已存在则强制 open 失败
O_APPEND	将文件指针设置到文件的结束处（追加写）
O_TRUNC	若文件存在，将其长度截至为 0（清空写）
O_SYNC	在数据被物理地写入磁盘后文件操作才返回

关于其他标志位及参数 mode 的含义，请参考相关 man 手册。

编程时推荐使用 open，因为：①调用 open 时设置 O_CREAT 标志则和创建文件效果一样；②即使要使用参数 mode，open 的第二种形式也等价于 creat；③creat 有拼写错误，程序员容易用错。

open 和 creat 成功则返回一个文件描述符（file description，fd），失败返回 -1 并设置 errno 变量的值。fd 是一个整数，它是一个索引值，作用类似于 Windows 中的句柄（Handle），用来指向对应的文件。例如，每个进程都会打开三个文件：标准输入、标准输出和标准错误输出，这三个文件的 fd 分别是 0、1 和 2，宏定义是 STDIN_FILENO、STDOUT_FILENO 和 STDERR_FILENO。所有的底层 I/O 操作都是基于文件描述符的。

下面的例子首先用只写方式 O_WRONLY 去打开一个不存在的文件，结果是打开失败；然后在参数中加入了 O_CREAT，即若不存在则创建，再次尝试，结果是打开成功。

范例 example2-2：使用 open 打开文件。

源程序 example2-2　（example2-2.c）

```c
/* example2-2.c:利用 open 打开文件 */
#include <stdio.h>
#include <unistd.h>
#include <errno.h>
#include <sys/types.h>
#include <sys/stat.h>
#include <fcntl.h>
int main()
{
    int fd1, fd2;
    char path[] = "./noexist.txt";
    fd1 = open(path, O_WRONLY);
    if(fd1 == -1)
        perror("first time, open failed");
    else
        printf("first time, open file %s successfully.\n", path);
    fd2 = open(path, O_WRONLY|O_CREAT);
    if(fd2 == -1)
        perror("second time, open failed");
    else
```

```
        printf("second time, open file %s successfully. \n", path);
    return 0;
}
```

example2-2 编译运行结果如图 2-4 所示。

图 2-4　example2-2 编译运行结果

2. 关闭文件

尽管进程退出时会关闭它所使用的文件，但好的编程习惯是在使用完一个文件之后，显式地调用 close 去关闭它。close 的原型是：

#include <unistd. h>

int close(int fd);

fd 即 open 所返回的文件描述符。

范例 example2-3 尝试打开 hello. txt 文件，如果不存在则创建它，然后将 fd 打印出来，最后关闭该文件。

源程序 example2-3　（example2-3. c）

```
/* example2-3.c: open 和 close 的调用 */
#include <stdio. h>
#include <unistd. h>
#include <errno. h>
#include <sys/types. h>
```

```c
#include <sys/stat.h>
#include <fcntl.h>
int main()
{
    int fd;
    char path[] = "./hello.txt";
    fd = open(path, O_WRONLY|O_CREAT);
    if(fd == -1)
        perror("open failed");
    else
    {
        printf("open file %s OK. \n", path);
        printf("fd = %d. \n", fd);
    }
    if(close(fd) == -1)
        perror("close failed");
    else
        printf("close file %s OK. \n", path);
    return 0;
}
```

example2-3 编译运行结果如图 2-5 所示。

图 2-5　example2-3 编译运行结果

检查 close 的返回值在某些场合下是必须的,因为:①在网络文件系统(如 NFS)中,close 一个远程文件可能因为网络延迟而失败;②很多操作系统有写后缓冲的功能,即 write 调用返回后,操作系统可能会等一个更方便的时候(cpu 空闲)才执行真正的写磁盘操作,如果写磁盘操作发生了错误,这个错误不会在 write 返回时报告,但肯定会在 close 时报告,因此在 close 时检查返回值可以避免这种数据丢失。

2.2.2 读写文件

1. 读写文件

读写文件所使用的系统调用分别为:

```
#include <unistd.h>
ssize_t read(int fd, const void * buf, size_t count);
ssize_t write(int fd, const void * buf, size_t count);
```

参数 fd 为已打开的文件描述符,buf 指定要读进/写入的数据缓冲区,count 指定要读出/写入的字节数。注意:读写是以字节(Byte)为单位的。如果正常执行,则返回实际读出/写入的字节数;如果 read 遇到 EOF(end of file,文件末尾),read 会返回 0;如果执行失败,二者都返回-1,并设置 errno。

范例 example2-4 创建并打开一个文件 myfile.txt,向其中写入"Hello World",而后关闭它,然后再打开这个文件,并将其中的字符串读出。

源程序 example2-4 (example2-4.c)

```c
/* example2-4.c:write 和 read 调用 */
#include <stdio.h>
#include <unistd.h>
#include <errno.h>
#include <sys/types.h>
#include <sys/stat.h>
#include <fcntl.h>
#include <string.h>
int main()
{
    int fd, count;
    char path[] = "./myfile.txt";
    char buf1[] = "Hello World\0";
```

```
    char buf2[20];
    fd = open(path, O_WRONLY|O_CREAT,S_IRUSR|S_IWUSR);
    if(fd < 0)
        perror("open failed");
    count = write(fd, buf1, strlen(buf1));
    if(count < 0)
        perror("write failed");
    printf("write %d Bytes into file %s: %s. \n", count, path, buf1);
    close(fd);
    fd = open(path, O_RDONLY);
    if(fd < 0)
        perror("open failed");
    count = read(fd, buf2, 20);
    if(count < 0)
        perror("read failed");
    printf("read %d Bytes from file %s: %s. \n", count, path, buf2);
    close(fd);
    return 0;
}
```

example2-4 编译运行结果如图 2-6 所示。

图 2-6　example2-4 编译运行结果

注意到在 example2-4 中，在写之后先关闭了文件，而后再打开一次，然后才去读，为什么要这么做呢？一是因为操作系统使用了写后缓冲机制，一次 write 调用后，数据并没有立即写入磁盘（因此在 write 后立即读的话，可能读不到），在而后某个时间才真正写入，但关闭文件时，一定会写入的；二是因为有读写位置移动的问题。

2. 数据同步到磁盘

如果不想用写后缓冲，而是想实现立即写入，则需要下面这两个函数。

#include <unistd.h>
int fsync(int fd)；
int sync(void)；

fsync 是针对某个文件的，它的作用是扫描所有对该文件的 write 操作，将数据同步到磁盘；sync 是针对当前进程的，它将本进程所有已打开文件的 write 数据同步到磁盘。

3. 读写位置移动

用 open 打开文件时，默认读写位置在文件开头，如果加了 O_APPEND 选项，则会移到文件尾。当 read 或 write 时，读写位置会随之向后移动。如果要人为调整，则需要用到 lseek 函数。

#include <sys/types.h>
#include <unistd.h>
off_t lseek(int fd, off_t offset, int whence)；

参数 fd 为文件描述符；offset 表示移动位置偏移量，以字节为单位；whence 是参考位置，取以下三个常量之一：

SEEK_SET：文件开头；
SEEK_CUR：当前位置；
SEEK_END：文件末尾。

当 whence 取后两个值时，offset 允许取负值，表示向前移动，如 lseek(fd, -5, SEEK_END) 表示将读写位置移到文件末尾前面 5 个字节处。

函数执行成功时，会返回调整后的文件位置，即距离文件开头多少个字节，失败则返回-1 并设置 errno。

example2-5 对 example2-4 进行了改写，利用 fsync 和 lseek，实现了写后立即读的功能。为简化程序，省略了对其返回值的判断。

第 2 章 文件编程

源程序 example2-5 （example2-5.c）

```c
/* example2_5.c: fsync 和 lseek 的使用 */
#include <stdio.h>
#include <unistd.h>
#include <errno.h>
#include <sys/types.h>
#include <sys/stat.h>
#include <fcntl.h>
#include <string.h>
int main()
{
    int fd, count;
    char path[] = "./myfile.txt";
    char buf1[] = "Hello World\0";
    char buf2[20];
    fd = open(path, O_RDWR|O_CREAT, S_IRUSR|S_IWUSR);    //打开文件
    if(fd < 0)
        perror("open failed");
    count = write(fd, buf1, strlen(buf1));
    if(count < 0)
        perror("write failed");
    printf("write %d Bytes into file %s: %s.\n", count, path, buf1);
    fsync(fd);                   //数据同步写入磁盘
    lseek(fd, 0, SEEK_SET);      //读写位置移动到文件头
    printf("fd = %d\n", fd);
    count = read(fd, buf2, 20);
    if(count < 0)
        perror("read failed");
    printf("read %d Bytes from file %s: %s.\n", count, path, buf2);
    close(fd);
    return 0;
}
```

example2-5 编译运行结果如图 2-7 所示。

它的输出结果同 example2_4 是完全一致的。

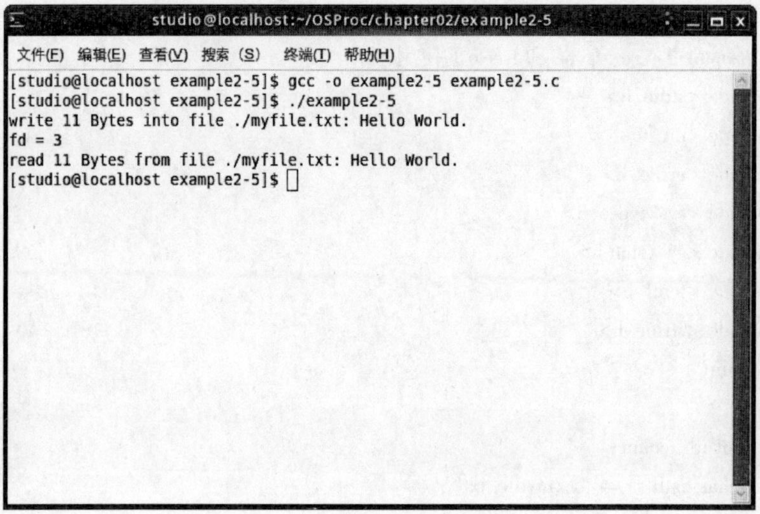

```
studio@localhost:~/OSProc/chapter02/example2-5
文件(F) 编辑(E) 查看(V) 搜索(S) 终端(T) 帮助(H)
[studio@localhost example2-5]$ gcc -o example2-5 example2-5.c
[studio@localhost example2-5]$ ./example2-5
write 11 Bytes into file ./myfile.txt: Hello World.
fd = 3
read 11 Bytes from file ./myfile.txt: Hello World.
[studio@localhost example2-5]$
```

图 2-7　example2-5 编译运行结果

2.2.3　其他操作

1. 文件锁定

如果读者对互斥和同步的概念有所了解的话，会容易理解文件锁定。文件锁定是为了防止多个进程对一个文件并发读写所引起的混乱，可以使用 flock 或者 fcntl 实现，前者对整个文件进行锁定，后者可对文件的某一块进行锁定。

```
#include <sys/file.h>
int flock( int fd, int operation);
#include <unistd.h>
#include <fcntl.h>
int fcntl( int fd, int cmd);
int fcntl( int fd, int cmd, long arg);
int fcntl( int fd, int cmd, struct flock * lock);
```

这两个函数在使用时需要注意的细节很多，开发人员请参阅相关手册，本书不再一一举例。使用文件锁定，主要需注意以下事项。

文件锁的使用流程是：先申请锁，再打开、读写、关闭文件，最后释放锁，不要在打开之后再申请锁。

文件锁定是自愿的，假如进程 1 锁定了文件，进程 2 打开文件前先申请锁，则不可得，须等待，而它如果直接打开文件，则不受任何影响，所以说文件锁适合有协作关系的进程。

文件锁有共享锁和互斥锁之分，可以满足多进程并发读、互斥写的要求，使用时请区分应用场合。

2. 复制文件描述符

dup 和 dup2 函数可以用于对文件描述符进行复制，它们的原型为：

#include <unistd.h>
int dup(int oldfd);
int dup2(int oldfd, int newfd);

dup 返回新的文件描述符（没使用的文件描述符的最小值），dup2 则可以指定新的文件描述符为 newfd。新老 fd 之间共享文件的读写位置、标志和锁。

这两个函数通常用来重新打开或者重定向一个文件描述符，如将向标准输出设备发送的信息重定向到一个日志文件中。

3. 复杂 I/O 调用

更为复杂的底层 I/O 系统调用还有 select 和 ioctl。select 调用启用了 I/O 多路转接功能，即可同时从多个文件描述符中读取数据，或者同时向多个文件描述符中写入数据。ioctl 可设置或检索文件的多个参数，并对文件进行多种操作，ioctl 常跟终端或者硬件打交道，一般用于驱动程序等底层开发，欲深入了解，请参阅相关手册。

2.3 标准 I/O

与底层 I/O 不同，标准 I/O 是 C 标准库中的库函数，它们封装了底层实现，更方便使用。大多数 C 程序员对<stdio.h>应当非常熟悉，其中定义的函数就是标准 I/O 函数。标准 I/O 符合 ANSI 规范，因此也称为 ANSI I/O，使用它们编写的代码可以方便地在麒麟和 Windows 之间移植。

2.3.1 读写文件

标准 I/O 对底层 I/O 做了一些增强，减少了系统调用的开销，增加了面向行读写的函数。标准 I/O 提供了完善的打开、关闭、读写文件等一系列功能，读者在熟悉底层 I/O 的基础上，会很容易理解并使用标准 I/O 函数。表 2-2 列出了常用的标准 I/O 函数。

底层 I/O 主要使用文件描述符 fd 作为参数，标准 I/O 则主要基于文件流指针，即一个 FILE 结构体指针。典型的，标准输入、标准输出和标准错误输出的指针分别是 stdin、stdout 和 stderr。

很多应用软件在启动时，需要首先读配置文件，从而获得一些启动参数。标准 I/O 的流机制为此提供了方便，它允许以结构体为单位写入和读出文件内容。

表 2-2　标准 I/O 所提供的文件操作函数

函数形式	功　　能
FILE * fopen(const char * path, const char * mode)	打开文件
int fclose(FILE * stream)	关闭文件
size_t fread(void * ptr, size_t size, size_t nmemb, FILE * stream)	读取文件
int fgetc(FILE * stream)(getc、getchar 作用同)	读取一个字符
int fgets(char * s, int size, FILE * stream)(gets 作用同)	读取一个字符串（读出一行）
size_t fwrite(void * ptr, size_t size, size_t nmemb, FILE * stream)	写入文件
int fputc(int c, FILE * stream)(putc、putchar 作用同)	写入一个字符
int fputs(const char * s, FILE * stream)(puts 作用同)	写入一个字符串（写入一行）
int fflush(FILE * stream)	同步数据到磁盘
int setvbuf(FILE * stream, char * buf, int mode, size_t size)	文件流缓冲区控制
int fseek(FILE * stream, long offset, int whence)	移动读写位置
int fsetpos(FILE * stream, fpos_t * pos)	设置读写位置
int fgetpos(FILE * stream, fpos_t * pos)	取得读写位置
void rewind(FILE * stream)	移动读写位置到文件头
int feof(FILE * stream)	检查是否到了文件尾
FILE * tmpfile(void)	新建一个临时文件
int remove(const char * pathname)	删除文件
int rename(congest char * old, const char * new)	对文件改名

下面通过一个实例来示范标准 I/O。示例 example2-6 演示了读写配置文件的例子，它包括三个源文件：typedef.h 定义了配置信息，包括通信地址、端口、数据库名；admin.c 负责向配置文件中写入信息；app.c 则读出这些配置信息。

example2-6 源程序由三段代码组成：

源程序 example2-6a　（typedef.h）
/ * typedef.h:定义了配置信息结构体 * /
struct cfgInfo
{

```c
    char ip[20];
    int port;
    char database[20];
};
```

源程序 example2-6b （admin.c）

```c
/* admin.c 向/root/config.ini 中写入配置信息 */
#include "typedef.h"
#include <stdio.h>
#include <stdlib.h>
#include <string.h>
int main()
{
    FILE * stream;
    struct cfgInfo info;
    char pathname[] = "./config.ini";
    strcpy(info.ip, "192.168.0.1");
    info.port = 8319;
    strcpy(info.database, "mysql_test");
    stream = fopen(pathname, "w");
    if(stream == NULL)
        perror("fopen failed");
    if(fwrite(&info, sizeof(struct cfgInfo), 1, stream) < 1)
    {
        perror("fwrite failed");
        fclose(stream);
        return -1;
    }
    printf("fwrite done. ip=%s, port=%d, database=%s.\n", info.ip, info.port, info.database);
    fclose(stream);
    return 0;
}
```

源程序 example2-6c （app.c）

```c
/* app.c 从/root/config.ini 中读出配置信息 */
#include "typedef.h"
#include <stdio.h>
```

```c
#include <stdlib.h>
#include <string.h>
int main()
{
    FILE * stream;
    struct cfgInfo info;
    char pathname[] = "./config.ini";
    stream = fopen(pathname, "r");
    if(stream == NULL)
        perror("fopen failed");
    if(fread(&info, sizeof(struct cfgInfo), 1, stream) < 1)
    {
        perror("fread failed");
        fclose(stream);
        return -1;
    }
    printf("fread done. ip=%s, port=%d, database=%s.\n", info.ip, info.port, info.database);
    fclose(stream);
    return 0;
}
```

首先对 admin.c 编译，执行 admin，编译和运行结果如图 2-8 所示。

图 2-8　example2-6 中 admin 的编译运行结果

然后对 app.c 编译，执行 app，编译和运行结果如图 2-9 所示。

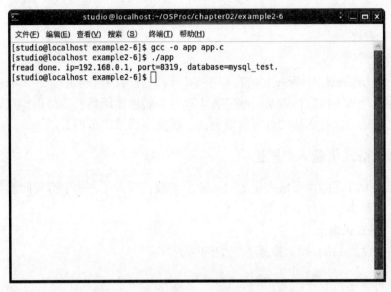

图 2-9　example2-6 中 app 的编译运行结果

实际上，如果打开 config.ini 来看，范例 example2-6 生成的配置文件可读性并不好，如图 2-10 所示。

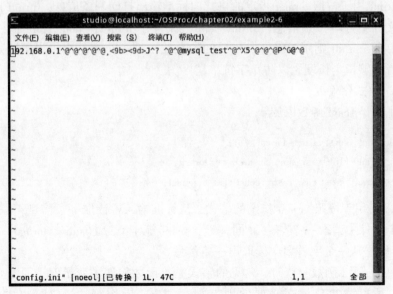

图 2-10　example2-6 中 config.ini 的内容

直接阅读难以理解，不如一行一行地写成：

Broadcast IP:192.168.0.1
Port:8319
Database:mysql_test

以助于理解，也便于管理人员直接手动修改配置文件。利用表 2-2 中列出的标准 I/O 行读写函数，以及一些字符串查找、转换的函数，是可以实现逐行读取配置信息的，有兴趣的读者可以尝试，这里不再给出范例。

2.3.2 格式化输入/输出

标准 I/O 还提供了格式化的输入输出函数，很多是在初学编程时就接触到的，相信很多读者并不陌生。

1. 格式化输出

主要就是 printf 函数家族，它们的原型为：

int printf(const char * format,…);
int fprintf(FILE * stream, const char * format, …);
int sprintf(char * str, const char * format, …);
int snprintf(char * str, size_t size, const char * format,…);

printf 用于按照 format 指定的格式向标准输出打印一条信息；fprintf 用于向一个文件中打印一条信息（printf 实际上就等于 fprintf(stdout, format, …)）；sprintf 和 snprintf 则用于将格式化后的信息输出到一个字符串中，不同之处在于后者能够指定长度，以防止字符串越界。

2. 格式化输入

主要是 scanf 函数家族：

int scanf(const char * format,…);
int fscanf(FILE * stream, const char * format, …);
int sscanf(const char * str, const char * format,…);

scanf 用于按照 format 指定的格式，从标准输入中读取一条信息；fscanf 是从一个文件中读取一条信息（同样地，scanf 等于 fscanf(stdin, format, …)）；sscanf 则是从一个字符串中读取出一条信息。

使用 scanf 函数家族时，常见的错误是给函数传递了变量值，而不是变量地址，所以请勿忘记在必要的地方加上"&"操作符，如"scanf("%d", &integer)"。

2.4 文件及目录管理

文件管理不仅包括对文件的增、删、改，也包括对文件属性（如权限、属主、大小、时间信息等）的管理。本节着重介绍后者，在一些黑客程序或者安全管理类软件中，这些功能时常会用到。

在 2.3.1 节可以看到，标准 I/O 提供了三个简单的文件管理函数：tmpfile、remove 和 rename，具有新建、删除和改名文件的功能。除此之外，麒麟的系统调用提供了更多丰富的功能，在麒麟安全规则允许的范围内，应用程序可以对文件及目录添加更多操控。

2.4.1 文件管理函数

1. 文件权限管理

access 函数可以用来查看一个文件是否具有参数 mode 所指定的权限：

```
#include <unistd.h>
int access(const char * pathname, int mode);
```

如果要修改文件权限，可以用以下函数：

```
#include <sys/types.h>
#include <sys/stat.h>
int chmod(const char * pathname, mode_t mode);
int fchmod(int fd, mode_t mode);
```

二者将 pathname 或者文件描述符 fd 指向的文件权限改为由 mode 所指定的权限。成功则返回 0，失败返回-1，并设置 errno 值（后面介绍的函数全部都是这样）。需要注意的是，能够对文件权限做出更改的用户身份必须是文件所有者，或者是 root 用户。

2. 文件属主管理

```
#include <unistd.h>
#include <sys/types.h>
int chown( const char * pathname, uid_t owner, gid_t group);
int fchown( int fd, uid_t owner, gid_t group);
```

二者将指定文件的所有者变为 owner，文件组变为 group。只有特权用户才能够对文件所有者属性做出更改，文件所有者只能将文件组设为该所有者所属的组。

3. 改变文件大小

#include <unistd. h>
int truncate(const char * pathname, off_t length) ;
int ftruncate(int fd, off_t length) ;

二者将指定的文件大小改为由参数 length 所指定的大小。如果原来文件比 length 大，则超出部分会被删去；如果原文件比 length 小，则文件会扩大。

读者可能已经注意到：这类函数都有两种形式，其中一种以 f 开头，用文件描述符 fd 做参数；另一类不带 f，以文件名作参数。

4. 改变文件时间

#include <sys/types. h>
#include <utime. h>
int utime(const char * pathname, struct utimbuf * buf) ;
int utimes(char * pathname, struct timeval * tvp) ;

这两个函数将文件的存取时间、更改时间修改为参数 buf 或者 tvp 所指定的时间，buf 和 tvp 均为结构体，含有两个时间信息，如果设其为 NULL，则文件的存取时间和更改时间全部会设为当前时间。

5. 文件状态查看

stat 和 fstat 函数可以详细地查看上面提到的所有属性。

#include <unistd. h>
#include <sys/stat. h>
int stat(const char * pathname, struct stat * buf) ;
int fstat(int fd, struct stat * buf) ;

这两个函数可以查看指定文件的所有属性，甚至包括其在文件系统中的 i-node 号、设备标号、I/O 缓冲区大小等，属性值保存在由 buf 指定的结构体中。

下面通过一个范例演示这些函数的使用。首先在麒麟下以普通用户登录，使用命令 touch 新建一个文件 test. txt，再观察其属性，如图 2-11 所示。

然后使用范例 example2-7 程序去修改这些属性。

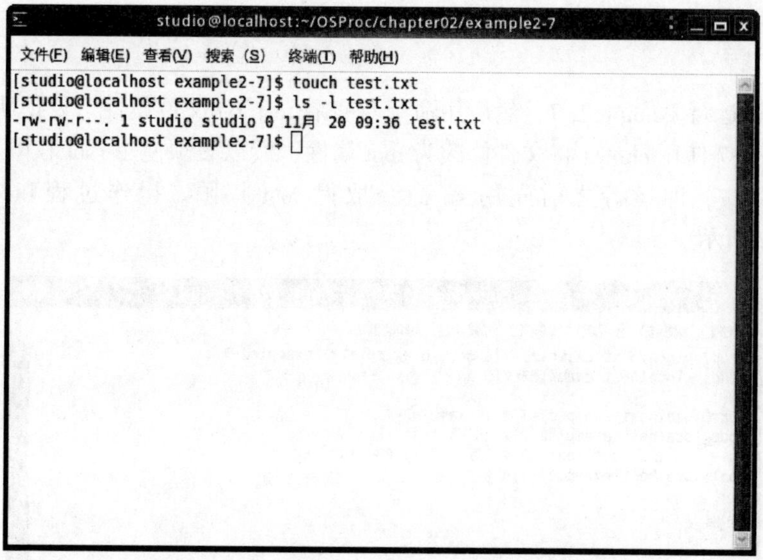

```
studio@localhost:~/OSProc/chapter02/example2-7
文件(F) 编辑(E) 查看(V) 搜索(S) 终端(T) 帮助(H)
[studio@localhost example2-7]$ touch test.txt
[studio@localhost example2-7]$ ls -l test.txt
-rw-rw-r--. 1 studio studio 0 11月 20 09:36 test.txt
[studio@localhost example2-7]$
```

图 2-11 新建 test.txt 文件并查看其初始属性

源程序 example2-7 (example2-7.c)

```c
/ * example2_7.c :chmod、truncate、utime、chown 对文件属性管理 */
#include <unistd.h>
#include <sys/stat.h>
#include <sys/types.h>
#include <utime.h>
int main( )
{
    char path[ ] = "/home/studio/OSProc/chapter02/example2-7/test.txt";
    //将其权限改为文件属主可读写,其他人无权限
    if( chmod(path, S_IRUSR|S_IWUSR) < 0)
        perror("chmod failed");
    //将其大小改为 1KB
    if( truncate(path, 1024) < 0)
        perror("truncate failed");
    //将其存取、更改时间改为当前
    if( utime(path, NULL) < 0)
        perror("utime failed");
    //最后将其属主改为 root
    if( chown(path, 0, 0) < 0)         // root 的 UID 和 GID 均为 0
        perror("chown failed");
```

```
        return 0;
}
```

编译运行 example2-7，然后用命令 ls 查看 test.txt 文件属性。要说明的是，example2-7 使用 chown 将文件修改为 root 属性，所以必须使用 root 权限来执行 example2-7，即运行之前先用 su 命令取得 root 权限。操作过程和结果如图 2-12 所示。

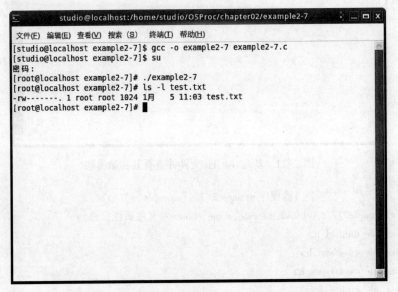

图 2-12　example2-7 编译运行及文件属性变化结果

可以看到文件的权限、属性、大小、时间等信息均发生了变化。

2.4.2　目录管理函数

目录也是文件，或者称为目录文件，它实际上只是包含了目录下保存的文件名列表的一个简单文件，但对目录文件的读写需要使用特殊的编程接口。

1. 创建和删除目录

mkdir 函数用来创建目录，rmdir 用来删除目录。

```
#include <unistd.h>
#include <fcntl.h>
int mkdir( const char * pathname, mode_t mode);
int rmdir( const char * pathname);
```

函数 mkdir 会以 mode 权限来创建由 pathname 指定的目录，rmdir 则删除一个指定目录。需要注意的是，rmdir 只能删除空目录，若该目录下有内容，则删除失败。

2. 读取目录内容

读取目录的流程同读写文件相似，用到以下几个函数：

#include <dirent.h>
DIR * opendir(const char * pathname);
struct dirent * readdir(DIR * dir);
int closedir(DIR * dir);
void seekdir(DIR * dir, off_t offset);
int rewinddir(DIR * dir);

其中 opendir 用以打开一个目录文件，返回一个指向 DIR 流的指针；readdir 函数依靠这个指针去读取目录内容；closedir 关闭这个目录文件；seekdir 用来移动读取位置，rewinddir 则把读取位置重新移动到目录文件头。

readdir 函数只能一次读取一条记录，并用 dirent 结构体返回，下次读取时则读下一条记录，一条记录可能是该目录下的子目录或者文件。

范例 example2-8 读取目录内容，它将目录/home/studio/OSProc/chapter02/example2-8 下的内容一一读取出来。

源程序 example2-8 (example2-8.c)

```
/* example2-8.c */
#include <stdio.h>
#include <sys/types.h>
#include <dirent.h>
int main()
{
    DIR * dir;
    struct dirent * drt;
    int i;
    dir = opendir("/home/studio/OSProc/chapter02/example2-8");
    if(dir == NULL)
    {
        perror("opendir failed.");
        return -1;
    }
    while((drt = readdir(dir)) != NULL)
        printf("filename or directory : %s\n", drt->d_name);
```

```
    closedir(dir);
    return 0;
}
```

编译运行结果如图 2-13 所示。

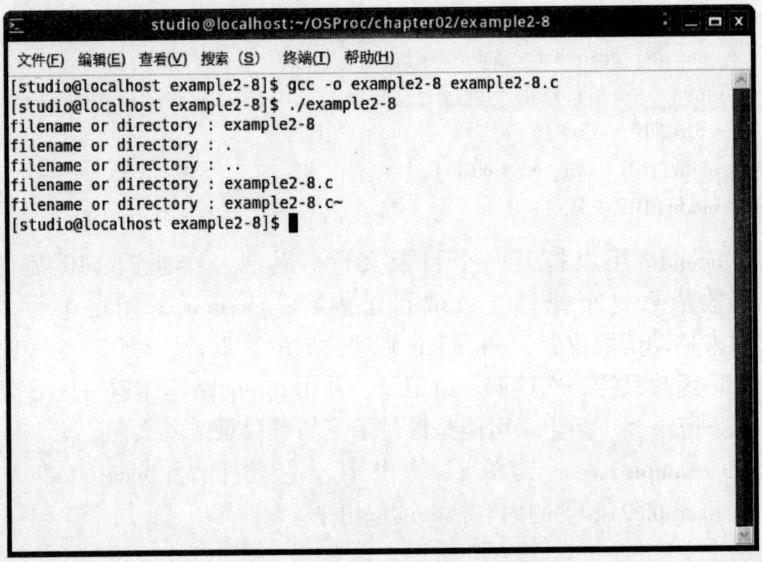

图 2-13　example2-8 编译运行结果

类似 example2-8 范例，同样可以实现类似"ls"或者"dir"这样命令的功能。这里就不做示例了。

3. 查看和修改工作目录

```
#include <unistd.h>
char * getcwd( char * buf, size_t size);
int chdir( const char * pathname);
```

getcwd 可以找到当前工作目录，并把绝对路径名复制进 buf 中；chdir 则把工作目录转移到由 pathname 指定的目录中。

第 3 章 进 程

麒麟操作系统 V3 是多用户、多任务操作系统,这种并发效果是基于"进程"实现的。进程是应用程序在内存中的基本执行单元,同时也是系统资源分配的基本单位。麒麟操作系统 V3 下几乎所有的用户管理、资源分配等操作都是通过相应的进程控制来实现的。理解和掌握进程的相关知识对于应用程序的设计有着重要的意义。

本章主要知识点:
(1)进程的概念,包括进程的概念和主要属性。
(2)进程的管理,包括进程的创建和管理。
(3)守护进程,包括守护进程的特性并编写实例。

通过本章的学习,读者可以掌握麒麟操作系统 V3 中进程的基本知识和相关操作函数,能够编写多进程的应用程序。

3.1 概 述

进程是指操作系统中被加载到内存中的、正在运行的应用程序实例,是多任务系统出现后,为了描述系统内部出现的动态情况和各任务的活动规律引进的一个概念。

进程的概念主要有两点:第一,进程是一个实体。每一个进程都有它自己的地址空间,存储处理器执行的代码、数据和进程管理信息。第二,进程是一个"执行中的程序"。程序,也就是可执行文件,是一个没有生命的实体,只有操作系统将它提交给 CPU 执行时,它才能成为一个活动的实体,我们称其为进程。

从用户的角度来看,进程是应用程序的一个执行过程。从操作系统内核的角度来看,进程代表的是操作系统分配的内存、CPU 时间片等资源的基本单位,是为程序提供的运行环境。

麒麟操作系统 V3 各个进程运行在其各自的地址空间之中,具有独立的权限与职责,即使系统中某个进程崩溃,也不会影响其他进程。进程之间必须通过"进程间通信机制"(IPC)才能发生联系。

进程在其生命周期内会使用系统中的各种资源。它利用系统中的 CPU 来执行指令；在物理内存中存放指令和数据；使用文件系统提供的功能打开并使用文件，同时直接或者间接地使用物理设备。麒麟的内核必须跟踪每个进程和相应的系统资源，以便在进程之间实现资源的公平分配。

3.1.1 程序、进程与进程资源

进程主要由程序、数据以及进程控制块三个部分组成，下面分别介绍。

1. 程序

程序是描述进程功能的可执行机器指令，它通常作为一个静态文件存储在计算机系统的硬盘等存储设备之中。

2. 数据

数据是进程的操作对象，同一段程序在不同数据集上的执行过程是不同的进程。

3. 进程控制块

进程控制块（Process Control Block，PCB）是操作系统中用来描述和控制进程的一种数据结构，它是进程存在的唯一标志。进程控制块随着进程的创建而产生，随着进程的完成而撤销。它主要包括进程的标识符（Process Identifier，PID）、父进程的标识符（Parent PID，PPID）、启动进程的用户（User ID，UID）和所归属的组（Group ID，GID）、进程当前的状态、进程的优先级以及进程的资源占用情况等。

PID 和 PPID 都是非零正整数，其中 PID 唯一地标识一个进程。一个进程创建的新进程称为它的子进程（Child Process），创建子进程的进程称为父进程。一般来说，当父进程终止时，子进程也随之而终止。但如果是子进程终止，父进程并不一定终止。

进程资源由两部分组成：内核空间进程资源以及用户空间进程资源。

内核空间进程资源即 PCB 相关的信息，包括进程控制块本身、打开的文件表项、当前目录、当前终端信息、线程基本信息、可访问内存地址空间、PID、PPID、UID 等。也就是说，内核通过 PCB 可以访问到该进程所有的资源。这些资源只能通过系统调用才能访问。这一资源在当前进程退出时，只能由另一进程来回收。

用户空间进程资源主要是指映射到进程中的内存空间，实质就是进程的代码段、数据段、堆、栈，以及可以共享访问的库的内存空间。这些资源进程可以直接访问。这些资源在进程退出时主动释放。在进程运行时，可以通过文件/proc/{pid}/maps 来查看可以访问的地址空间。

3.1.2 进程的状态及转换

虽然麒麟操作系统 V3 是一个多用户、多任务的操作系统，但对于单 CPU 系统来说，在某一时刻，只能有一个进程处于运行状态，其他进程都处于其他状态，等待包括 CPU 在内的系统资源，各个进程根据调度算法在这些状态之间不停地切换。

在麒麟的内核中，用户进程处于以下几种状态之一：就绪状态、等待状态、停止状态和僵死状态。

（1）就绪状态（TASK_RUNNING）：正处于就绪或处于运行状态。就绪状态是指进程申请到了除 CPU 外其他的所有需要的资源。

（2）等待状态：处于该状态的进程正在等待某个事件或资源。麒麟将等待进程分为两种：可中断的等待状态（TASK_INTERRUPTIBLE）和不可中断的等待状态（TASK_UNINTERRUPTIBLE）。处于可中断等待状态的进程可以被信号唤醒，收到信号之后，进程就从等待状态进入就绪状态，并加入到运行队列中，等待系统调度；而处于不可中断等待状态的进程一般是由于关键资源不能满足而等待，在该资源未满足时唤醒运行该进程，可能会导致运行失败。这种进程在任何情况下都不可中断其等待状态。

（3）停止状态（TASK_STOP）：进程被外部程序暂停（如收到 SIGSTOP 信号），等再次允许时继续执行（如收到 SIGCONT 信号）。例如，正在调试的进程就处于该状态。因此，处于这一状态的进程可以被唤醒。

（4）僵死状态（TASK_ZOMBIE）：进程资源用户空间被释放，但内核中的进程 PCB（task_struct 数据结构）并没有释放，等待父进程回收。

用户进程之间的状态转换关系如图 3-1 所示。

麒麟操作系统 V3 中，当前的所有进程都在以上状态中不停切换。至于什么时候由哪一个进程占用 CPU，则由系统的调度程序决定，调度程序所依据的算法称为调度算法。

3.1.3 进程的属性

每个进程在内核中都有 PCB 来维护进程相关的信息，麒麟操作系统 V3 内核的进程控制块是 task_struct 结构体。task_struct 结构体包含了一个进程的所有信息，可以通过函数来获取这些信息。task_struct 结构体主要包含以下信息。

（1）进程号 PID。系统中每个进程有唯一的 id，用 pid_t 类型表示，其实就是一个非负整数。

（2）进程的状态。有就绪、等待、停止、僵死等状态。

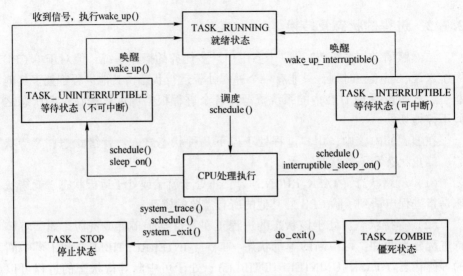

图 3-1　用户进程状态转换图

(3) 进程切换时需要保存和恢复的一些 CPU 寄存器。
(4) 描述虚拟地址空间的信息。
(5) 描述控制终端的信息。
(6) 当前工作目录。
(7) umask 掩码。
(8) 文件描述符表，包含很多指向 file 结构体的指针。
(9) 和信号相关的信息。
(10) 用户 id 和组 id。
(11) 控制终端、session 和进程组。
(12) 进程可以使用的资源上限。

进程信息是通过相关的函数调用来获取的。与进程本身相关的属性包括进程号（PID）、父进程号（PPID）、进程组号（PGID）。进程最基本的属性就是它的 PID 和 PPID，PID 和 PPID 都是非零正整数，一个 PID 唯一地标识一个进程。

1. 进程号 PID

进程号是系统维护的唯一标识一个进程的正整数，并无法在用户层修改。在麒麟操作系统 V3 中，系统的第一个进程为 init 进程，init 进程是内核自举后第一个启动的进程。init 引导系统、启动守护进程并且运行必要的程序。init 进程是所有进程的父进程，它的 PID 为 1，其他进程的 PID 依次增加。

在应用编程中，调用 getpid 函数可以获得当前进程的 PID，其函数原型如下：

```
#include <sys/types.h>
#include <unistd.h>
pid_t getpid(void);
```

2. 父进程号 PPID

任何进程（除 init 进程）都是由另一个进程创建，该进程被称为创建进程的父进程，被创建进程称为子进程。父进程的 PID 即为子进程的 PPID。用户可以通过调用 getppid 函数来获得当前进程的 PPID。其函数原型如下：

```
#include <sys/types.h>
#include <unistd.h>
pid_t getppid(void);
```

3. 进程组号（Process Group ID，PGID）

进程组是一个或多个进程的集合，它们与同一作业关联，可以接收来自同一终端的各种信号。进程组的编号是进程组号（PGID）。在麒麟中，每个进程除了拥有自己的进程号（PID）之外，还拥有进程组号。每个进程组都有唯一的 PGID，PGID 可以在用户层修改。

用户可以通过调用 getpgid 函数来获得指定进程的 PGID。其函数原型如下：

```
#include <unistd.h>
pid_t getpgid(pid_t pid);
```

此函数参数 pid 为要获得进程组号（PGID）的进程号（PID），如果为 0 则表示获取当前进程的 PGID。如果执行成功则返回当前进程的进程组 PGID，如果执行失败则返回-1，错误原因存储在 errno 中。

另外，getpgrp 函数也可以用来获取当前进程的进程组号。其函数原型如下：

```
#include <unistd.h>
pid_t getpgrp(void);
```

每个进程组都可以有一个组长进程，组长进程的进程组号等于其进程号。但组长进程可以先退出，即只要在某个进程组中有一个进程存在，则该进程组就存在，与组长进程是否终止无关。进程组的最后一个进程可以终止，或者转移到另一个进程组。

将某个进程加到某个进程组的系统调用 setpgid 函数，其函数原型如下：

```
#include <unistd. h>
int setpgid( pid_t pid, pid_t pgid);
```

其第一个参数为需要修改 PGID 进程的 PID，第二个参数为新的进程 PGID，如果这两个参数相等，则由 pid 指定的进程变成进程组长；如果 pid 为 0，则修改当前进程的 PGID；如果 pgid 为 0，则由 pid 指定的进程的 PID 将用于进程组号 PGID。

一个进程只能为自己或子进程设置进程组号 PGID，在它的子进程调用了 exec 函数后，就不能改变该进程的进程组号了。

麒麟操作系统 V3 是权限有严格控制的操作系统，某个进程拥有真实用户号（RUID）、真实用户组（RGID）、有效用户号（EUID）、有效用户组号（EGID）等信息。在讲到进程的用户时，需要将文件的拥有者与拥有者组加以区别。

程序 example3-1.c 来演示如何获取进程信息。

源程序 example3-1 （example3-1.c）

```
/* example3-1.c */
#include <stdlib. h>
#include <stdio. h>
#include <unistd. h>
int main( )
{
    printf("PID = %d \n", getpid( ));
    printf("PPID = %d \n", getppid( ));
    exit(0);
}
```

编译并运行 example3-1 的程序，结果如图 3-2 所示。

可以看出，这次运行，example3-1 的进程 ID 是 3018，example3-1 的父进程 ID 是 2996。

4. 进程优先级

```
#include <sys/time. h>
#include <sys/resource. h>
int getpriority( int which, int who);
```

getpriority 函数的功能是获得进程、进程组以及用户的进程运行优先级。函数有两个参数：which 和 who，参数 which 的取值为 PRIO_PROCESS、PRIO_

PGRP 和 PRIO_USER；参数 who 根据参数 which 的值确定其具体含义，分别对应于 PID、PGID 或 UID。函数执行成功则返回当前进程的优先级，其值间于 −20~20 之间，值越小所代表的优先级越高。如果函数执行出错则返回−1，错误原因存在变量 errno 之中。

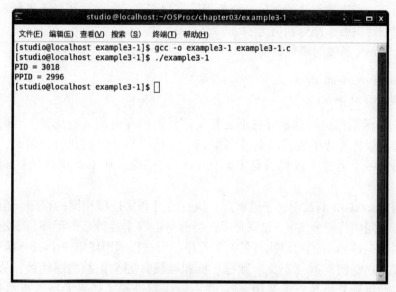

图 3-2　example3-1 编译运行结果

3.2　进程的创建和管理

常见的进程管理方式包括创建进程、获取进程信息、设置进程属性、执行新代码、退出进程和跟踪进程等。

3.2.1　进程创建

麒麟操作系统 V3 中，用于新进程创建的函数主要有 4 个：fork 函数、vfork 函数、system 函数以及 popen 函数。

1. fork 函数的函数原型

#include <unistd.h>
pid_t fork(void);

fork 函数复制当前进程的内容，产生一个新的进程，调用 fork 函数的进程就是父进程，所产生的新进程是子进程。子进程会继承父进程的一切特性，但是它拥有自己的数据段。也就是说，尽管子进程改变了所属的变量，但不会影响到父进程的变量值。

如果子进程创建成功，父子进程都将继续执行 fork 函数之后的语句。fork 函数在父进程中的返回值为创建的子进程的进程标识符 PID，而在子进程的返回值为零，程序常用该返回值来判断当前进程究竟是父进程还是子进程。如果子进程创建失败，则返回值为-1。

2. vfork 函数的函数原型

#include <unistd.h>
pid_t vfork(void);

vfork 函数创建新进程时并不复制父进程的内存空间，而是父、子进程共享。父进程将等待子进程结束或调用 exec（见后）才继续执行，因此，vfork 函数通常用于创建子进程后马上调用 exec 的情况，比 fork 函数的性能提高很多。

用 fork/vfork 函数创建子进程后，执行的是和父进程相同的程序（但有可能执行不同的代码分支），如果希望在当前子进程中运行新的程序，子进程往往要调用一种 exec 函数以执行另一个程序。当进程调用任何一个 exec 函数时，该进程用户空间资源（正文、数据、堆和堆栈）完全由新程序代替，从新程序的启动例程开始执行。调用 exec 并不创建新进程，如果无特殊指示代码，进程内核信息基本不做修改，所以调用 exec 前后该进程的 id 并未改变。共有 6 种以 exec 开头的函数，统称 exec 函数，函数原型分别如下：

#include <unistd.h>
int execl(const char *path, const char *arg, ...);
int execlp(const char *file, const char *arg, ...);
int execle(const char *path, const char *arg, ..., char *const envp[]);
int execv(const char *path, char *const argv[]);
int execvp(const char *file, char *const argv[]);
int execve(const char *path, char *const argv[], char *const envp[]);

这些函数如果调用成功则加载新的程序从启动代码开始执行，不再返回，如果调用出错则返回-1，所以 exec 函数只有出错的返回值而没有成功的返回值。事实上，只有 execve 函数是真正的系统调用，其他 5 个函数最终都调用 execve 函数。

3.2.2 进程等待

当一个进程终止时，会关闭所有文件描述符，释放在用户空间分配的内存，但它的进程控制块（PCB）还保留着，内核在其中保存了一些信息：如果是正常终止则保存着退出状态，如果是异常终止则保存着导致该进程终止的信号是哪个。这个进程的父进程可以调用 wait 函数或 waitpid 函数获取这些信息，然后彻底清除掉这个进程。

如果一个进程已经终止，但是它的父进程尚未调用 wait 函数或 waitpid 函数对它进行清理，这时的进程状态称为僵尸（zombie）进程。任何进程在刚终止时都是僵尸进程，正常情况下，僵尸进程都立刻被父进程清理了。如果一个父进程终止，而它的子进程还存在（这些子进程或者仍在运行，或者已经是僵尸进程了），则这些子进程的父进程改为 init 进程（第一号进程，它会定期清理僵尸进程）。僵尸进程是不能用 kill 命令清除掉的，因为 kill 命令只是用来终止进程的，而僵尸进程已经终止了。

wait 和 waitpid 函数的函数原型如下：

#include <sys/types.h>
#include <sys/wait.h>
pid_t wait(int * status);
pid_t waitpid(pid_t pid, int * status, int options);
int waitid(idtype_t idtype, id_t id, siginfo_t * infop, int options);

若调用成功则返回清理掉的子进程 id，若调用出错则返回-1。

如果父进程的所有子进程都还在运行，调用 wait 函数将使父进程阻塞，而调用 waitpid 函数时如果在 options 参数中指定 WNOHANG，可以使父进程在没有子进程退出时不阻塞而立即返回 0。wait 函数等待第一个终止的子进程，而 waitpid 函数可以通过 pid 参数指定等待哪一个子进程。waitid 函数则通过 idtype 和 id 等参数为子进程的状态转换提供了更为精确的控制，通过指定 idtype 为 P_PID、P_PGID 和 P_ALL 来控制等待那些子进程。

可见，调用 wait 函数、waitpid 函数和 waitid 函数不仅可以获得子进程的终止信息，还可以使父进程阻塞等待子进程终止，起到进程间同步的作用。如果参数 status 不是空指针，则子进程的终止信息通过这个参数传出，如果只是为了同步而不关心子进程的终止信息，可以将 status 参数指定为 NULL。

3.2.3　进程终止和资源回收

进程的终止主要有以下几种方式。

（1）在 main 函数中执行 return 语句。

（2）调用 exit 函数。其操作包括调用各终止处理程序，然后关闭所有标准 I/O 流等。

(3) 调用_exit 函数。此函数由 exit 调用。

(4) 调用 abort 函数。它产生 SIGABRT 信号，所以是一种异常终止的特例。

(5) 收到能导致进程终止的信号。进程本身（如调用 abort 函数）、其他进程和内核都能产生传送到某一进程的信号。例如，进程越出其地址空间访问存储单元，或者除以 0，内核就会向该进程发送相应的信号。

前三种方式为正常终止，后两种方式为异常终止。无论哪种方式，进程终止时都将执行内核的同一段代码，关闭打开的文件，释放占用的系统资源等，只是后两种终止方式会导致部分程序代码不会正常执行。

一般情况下，我们都希望进程终止时能够通知其父进程它是如何终止的。实现这一点的方法是将终止状态作为参数传递出来，在任一种情况下，父进程都可以通过 wait 或 waitpid 函数来取得进程的终止状态。

_exit 函数和 exit 函数都可以用来终止一个进程，但它们之间是有一定差别的。_exit 函数定义在头文件 stdlib.h 之中，其函数原型如下。

#include <unistd.h>
void_exit(int status);

_exit 函数的作用比较简单，它直接使进程停止运行，清除其使用的内存空间，并注销其在内核中的各种数据结构。

exit 函数定义在头文件 stdlib.h 之中，其函数原型如下。

#include <stdlib.h>
void exit(int status);

exit 函数是在_exit 函数的基础上进行了一些包装，在调用_exit 函数终止进程之前，它还会执行检查文件打开情况，清理 I/O 缓冲等操作，如把文件缓冲区中的内容写回文件。

麒麟下的标准输入输出函数（如 printf、fread 和 fwrite 函数等）的一个重要特征是，对应每一个打开的文件，在内存中都有一片缓冲区。每次进行读操作时，会多读出若干条记录，这样下次读文件时就可以直接从缓冲区中读取。同样，进行写操作时，也仅是写入内存中的缓冲区，等到满足一定条件，如达到了一定数量或是遇到换行符、文件结束符等特殊字符，再将缓冲区的内容一次性写入文件。

通过这种方式可以大大提高文件的读写速度，但在进程终止时带来了一定的问题。例如，如果有一些数据已经写入了缓冲区，但因为还没有满足特定的条件，所以还没有保存到文件中，此时进程终止就有可能导致数据丢失。

示例 example3-2 演示了终止进程的几种方式。

程序 example3-2a.c 演示使用 _exit 函数直接终止进程，缓冲区中的数据将会丢失。

源程序　example3-2a.c

```
/* example3-2a.c */
#include <stdlib.h>
#include <stdio.h>
#include <unistd.h>
int main()
{
    printf("Hello Kylin! \n");
    printf("ABC ");
    _exit(0);
}
```

编译并运行 example3-2a，结果如图 3-3 所示。

图 3-3　example3-2a 编译运行结果

可以看到，缓冲区中的"ABC"由于没有换行符，最终没有输出到终端。为了让终端得到完整输出，就不能用 _exit 函数来直接终止进程，必须使用 exit 函数。

将程序 example3-2a.c 中的 _exit 函数换成 exit 函数得到程序 example3-

2b.c。使用 exit 函数终止进程,会将缓冲区中的数据全部输出到屏幕。

源程序　example3-2b.c

```
/*example3-2b.c*/
#include <stdlib.h>
#include <stdio.h>
#include <unistd.h>
int main()
{
    printf("Hello Kylin! \n");
    printf("ABC ");
    exit(0);
}
```

编译并运行 example3-2b.c,结果如图 3-4 所示。

图 3-4　example3-2b 编译运行结果

可以看出,"ABC"得到了完整的输出。

3.3　守护进程

守护进程(daemon)是一种运行在后台,独立于所有终端控制之外(不在任何终端上输入输出)的特殊进程。守护进程通常在系统引导时启动,在系统关闭时终止，它周期性地执行某种任务或等待处理某些发生的事件。

麒麟操作系统 V3 中有很多的守护进程，大多数的服务器都是通过守护进程的方式实现的，如 Web 服务器的 httpd 等。同时，守护进程还完成系统中的许多其他任务，如打印守护进程 cups 等。

守护进程多是以超级用户（UID 为 0）的优先级运行的，它们的父进程都为 init 进程。由于守护进程没有控制终端，所以执行"ps axj"命令行时，输出结果中的终端名称（TTY）为问号。

一般情况下，麒麟的守护进程可以通过以下方式启动。

（1）在系统启动时由启动脚本启动，这些启动脚本通常放在/etc/rc.d 目录下。

（2）利用 inetd 超级服务器启动，如 telnet 等。

（3）由 cron 命令定时启动。

（4）在终端用 nohup 命令启动。

3.3.1 守护进程的特点及应用

守护进程除了后台运行、自身的运行环境以及启动方式等一些特殊性外，与普通进程基本没有什么区别。因此，如果编写守护进程，一般是把普通进程按照守护进程的特性进行改进。下面详细介绍具体的实现过程。

1. 将子进程放入后台运行

这是创建守护进程的第一步。在进程中调用 fork 函数创建子进程，然后终止父进程，使子进程进入后台运行。

在麒麟操作系统中，父进程先于子进程退出会使子进程成为孤儿进程，而当系统发现孤儿进程时，就会自动由 init 进程（PID 为 1）收养它。这样，原来的子进程就会变成 init 进程的子进程。

2. 在子进程中创建新会话

会话过程是一个或多个进程组的集合。通常情况下，一个会话过程开始于用户的登录，终止于用户的退出，在此期间用户运行的所有进程都属于这个会话过程。会话过程中的进程组共享一个控制终端，这个控制终端通常也是创建进程的登录终端。

创建守护进程的第一步是调用 fork 函数，然后终止父进程。此时子进程的进程组、会话过程以及控制终端等都是从父进程继承下来的，虽然父进程退出了，但这些信息并没有改变，因此，子进程不是真正意义上的独立。实现独立功能的一种方式是调用 setsid 函数，创建一个新的会话过程，并与原来的进程组、会话过程等脱离。

setsid 函数的函数原型如下。

#include <unistd.h>

pid_t setsid(void)

setsid 函数成功返回后，子进程将成为一个新的进程组和会话过程的组长进程，同时与原来的进程组和会话过程脱离。新创建的会话过程默认没有控制终端，子进程也就同时摆脱了原来控制终端的控制。

3. 更改当前工作目录

使用 fork 函数产生的子进程将继承父进程的当前工作目录。当进程没有结束时，其工作目录是不能被卸载的。为了防止此问题发生，守护进程一般会使用 chdir 函数将其工作目录更改到根目录下。

4. 关闭打开的文件描述符

守护进程从创建它的父进程那里继承了打开的文件描述符，但这些被打开的文件可能永远都不会被守护进程读写，如果不关闭，将会浪费大量系统资源。同时，它也可能会造成某些文件系统无法卸载，以及引起其他一些无法预料的错误。

此外，子进程创建新会话之后，守护进程已经摆脱了原终端的控制。从终端输入的字符不会到达守护进程，守护进程中使用 printf 函数输出的字符也不会显示在终端上。所以，文件描述符 0、1 和 2 的 3 个文件，即标准输入文件、标准输出文件和标准错误输出文件，已经失去了存在的价值，也应该被关闭。如果想保留标准输入、标准输出和标准错误输出，需要使用 dup 系列函数将这三者进行重定向。

5. 设置守护进程的文件权限创建掩码

许多情况下，守护进程会创建一些临时文件。出于安全性的考虑，往往不希望这些文件被别的用户查看，此时可以使用 umask 函数修改创建文件的掩码的取值，以满足守护进程的要求。

3.3.2 守护进程的输出信息

守护进程没有控制终端，需要提供专门的途径来处理从系统中获得的各种信息，因为既不能简单地写入标准输出之中，也不能要求每一个守护进程将各自的信息写入一个单独的文件之中，这样不利于系统的管理与维护。在麒麟操作系统中，提供了一个 syslog 守护进程，任何进程都可以通过 syslog 函数来记录各种事件。

syslog 函数的函数原型如下：

```
#include <syslog.h>
void syslog(int priority, const char *format, ...);
```

参数 priority 标识要写入信息的等级和用途；参数 format 为一个格式字符串，用来指定信息的输出格式。

程序 example3-3 演示了如何使用 syslog 函数来记录守护进程的相关事件。此程序示例代码如下：

源程序　example3-3.c

```c
/* example3-3.c */
#include <sys/types.h>
#include <stdlib.h>
#include <stdio.h>
#include <unistd.h>
#include <signal.h>
#include <syslog.h>
#include <time.h>
#define MAXFILE 1024
int main()
{
    pid_t pid;
    int i;
    time_t now;
    time(&now);
    pid = fork();
    if (pid < 0)
    {
        perror("fork");
        exit(1);
    }
    if (pid>0)
        exit(0);
    setsid();
    for(i=0; i<MAXFILE; i++)
        close(i);
    chdir("/");
    umask(0);
    signal(SIGCHLD, SIG_IGN);
```

```
    syslog(LOG_USER|LOG_INFO, "Current time: %s", ctime(&now));
    sleep(1);
}
```

编译运行 example3-3，查看/var/log/messages 文件，结果如图 3-5 所示。注意，由于写入 message 文件需要管理员权限，所以编译生成的可执行文件需要用 su 命令获取管理员权限后才能执行。

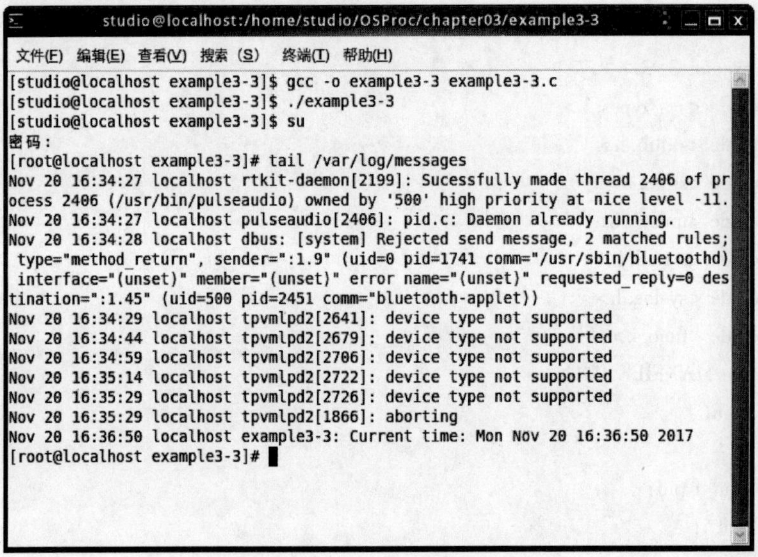

图 3-5　example3-3 编译运行结果

可以看到，系统的当前时间"Mon Nov 20 16:36:50 2017"被写入到/var/log/messages 文件之中。

3.3.3　守护进程的应用实例

示例 example3-4 是一个创建守护进程的应用，按照上述守护进程创建方式创建该进程，在此进程中，还使用了输出日志的函数。此程序示例代码如下：

源程序　example3-4.c

```c
/* example3-4.c */
#include <unistd.h>
#include <signal.h>
#include <fcntl.h>
```

```c
#include <sys/syslog.h>
#include <sys/param.h>
#include <sys/types.h>
#include <sys/stat.h>
#include <stdio.h>
#include <stdlib.h>

int init_daemon(const char * pname, int facility)
{
    int pid;
    int i;
    signal(SIGTTOU, SIG_IGN); //处理可能的终端信号
    signal(SIGTTIN, SIG_IGN);
    signal(SIGTSTP, SIG_IGN);
    signal(SIGHUP, SIG_IGN);
    if (pid = fork()) //创建子进程,父进程退出
    {
        syslog(LOG_INFO, "创建子进程,父进程退出,success\n");
        exit(EXIT_SUCCESS);
    }
    else if (pid < 0)
    {
        syslog(LOG_INFO, "fork error!!!!!!!! \n");
        perror("fork");
        exit(EXIT_FAILURE);
    }
    setsid(); //设置新会话组长,新进程组长,脱离终端
    if(pid = fork()) //创建新进程,子进程不能再申请终端
    {
        syslog(LOG_INFO, "创建新进程,子进程不能再申请终端,success\n");
        exit(EXIT_SUCCESS);
    }
    else if (pid < 0)
    {
        syslog(LOG_INFO, "fork error * * * * * * * * * * * *\n");
        perror("fork");
        exit(EXIT_FAILURE);
```

```
    }
    for(i=0; i< NOFILE; ++i)//关闭父进程打开的文件描述符
        close(i);
    open("/dev/null", O_RDONLY);//对标准输入输出全部重定向到/dev/null
    open("/dev/null", O_RDWR);//先前关闭了所有的文件描述符,新开的值为0,
1,2
    chdir("/tmp");//修改主目录
    umask(0);//重新设置文件掩码
    signal(SIGCHLD, SIG_IGN);//处理子进程退出
    openlog(pname, LOG_PID, facility);//与守护进程建立联系,加上进程号,文件名
    return;
}

int main(int argc, char * argv[])
{
    FILE * fp;
    time_t ticks;
    syslog(LOG_INFO, "before init_daemon\n");
    init_daemon(argv[0], LOG_KERN);//执行守护进程函数
    syslog(LOG_INFO, "after init_daemon\n");
    while (1)
    {
        sleep(1);
        ticks=time(NULL);//读取当前时间
        syslog(LOG_INFO, "%s", asctime(localtime(&ticks)));//写日志信息
    }
}
```

以下是此程序 example3-4 的编译运行结果:

```
$tail /var/log/messages
May 20 18:50:11 localhost ./example3-4[31323]:before init_daemon
May 20 18:50:11 localhost ./example3-4[31323]:after init_daemon
May 20 18:50:11 localhost ./example3-4[31323]: Fri May 20 18:50:11 2016
May 20 18:50:12 localhost ./example3-4[31323]: Fri May 20 18:50:12 2016
May 20 18:50:13 localhost ./example3-4[31323]: Fri May 20 18:50:13 2016
```

第4章 进程间通信

4.1 概　　述

第3章提到，由于进程空间相互独立，进程间必须通过特殊的进程间通信的方式来进行资源共享和信息交换。麒麟操作系统V3中进程间通信（Inter Process Communication，IPC）的方法有很多种，本章介绍几种主要的方法，并对每种通信方法给出详细的实例。

本章主要知识点：

（1）管道，包括匿名管道和命名管道的创建和使用方法。
（2）消息队列，包括消息队列创建、控制和读写方法。
（3）共享内存，包括共享内存创建和读写方法。

通过本章的学习，读者可以基本掌握麒麟操作系统V3下同主机进程间数据交互机制的各种方法，能够实现多个进程之间的资源共享和信息交换。

4.2 管　　道

管道是用来进行进程间通信的一块内核缓冲区，它按照先进先出的方式进行数据传输。管道的两端都是进程，进程从一端往管道里写数据，其他进程就可以从另一端将数据读出，进而实现进程间通信的功能。

对于两端的进程而言，管道被看作一个文件，只是该文件不属于某种文件系统，仅存在于内存之中。进程对管道的操作与对文件的操作类似，通过文件描述符调用read函数和write函数等函数来完成，进程通常不知道它正在读或写的实际上是一个管道。

管道的两端一般使用两个文件描述符来表示，两端的任务是固定的，以避免混乱：其中一端只进行读操作，称为管道的读端；另一端只进行写操作，简称为管道的写端。如果进程试图从一个管道的写端读取数据，或向一个管道的读端写入数据都会导致错误。

管道是一种进程间简单、有效的通信方式，但也存在一些局限性。管道的读和写是半双工的，数据只能向一个方向流动，进行双方通信时，就需要建立两个管道；管道中传送的是无格式的字节流，这就要求进行通信的双方必须实现约定数据的格式，如多少字节算作一个消息等；如果一个管道有多个读进程，写进程不能发送数据到指定的读进程，同样，如果有多个写进程，也没有方法来判别是它们中的哪一个发送的数据。

管道可以分为匿名管道和命名管道两种，匿名管道比命名管道占用更少的系统资源，但其功能不如命名管道强大。下面分别介绍它们的创建和使用方法，并给出相应的实例。

4.2.1 匿名管道

匿名管道只能用于有亲缘关系的进程，如父进程和子进程，以及兄弟进程之间的通信。

1. 匿名管道的创建

使用 pipe 函数可以创建一个匿名管道，其函数原型如下：

#include <unistd.h>
int pipe(int pipefd[2]);

参数 pipefd 为整数数组名，管道创建成功后，系统为管道分配的两个文件描述符将通过这个数据返回到用户进程之中，其中 pipefd[0] 为管道的读端，pipefd[1] 为管道的写端。

2. 匿名管道的读写

对管道进行读写操作时，可以使用一般文件的 I/O 函数。从管道中读取数据时，如果管道的写端关闭，则认为已经读到文件的末尾，read 函数返回读出的字节数为 0；管道的写端存在时，如果请求的字节数大于 PIPE_BUF，则 read 函数返回管道中现有数据的字节数，否则返回请求的字节数。

向管道写入数据时，系统不会保证写入的原子性。只要管道中有空闲区域，写进程就会向管道中写入数据，如果读进程不读走管道中的数据，写操作就会一直阻塞。如果管道的读端被关闭，写进程将会收到内核传来的 SIGPIPE 信号，此时写进程可以选择处理该信号，也可以忽略该信号，默认情况下是终止进程。

3. 匿名管道实例

下面用范例 example4-1 来说明匿名管道的创建与读写方法。

源程序　example4-1.c

```c
/* example4-1.c */
#include <stdlib.h>
#include <stdio.h>
#include <unistd.h>
#include <fcntl.h>
#include <sys/wait.h>
#define BUFSIZE 256
int main()
{
    pid_t pid;
    int pipefd[2];
    int status;
    char buf[BUFSIZE] = "Hello World! \n";
    if (pipe(pipefd) < 0)
    {
        perror("pipe");
        exit(1);
    }
    pid = fork();
    if (pid < 0)
    {
        perror("fork");
        exit(1);
    }
    if (pid == 0)                              //子进程
    {
        close(pipefd[0]);                      //关闭管道读端
        write(pipefd[1], buf, sizeof(buf));    //向管道中写入数据
    }
    else
    {
        close(pipefd[1]);                      //关闭管道的写端
        read(pipefd[0], buf, sizeof(buf));     //从管道中读取数据
        printf("Received message from child process:\n%s", buf);
        if (pid != wait(&status))              //等待子进程结束
        {
```

```
            perror("wait");
            exit(1);
        }
    }
    return 0;
}
```

编译运行 example4-1，结果如图 4-1 所示。

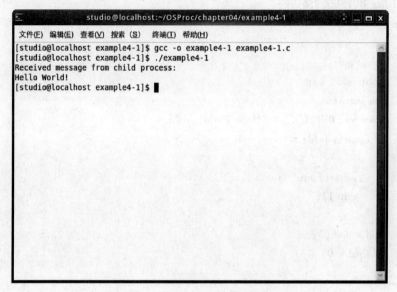

图 4-1　example4-1 编译运行结果

程序 example4-1 使用匿名管道实现了子进程与父进程之间的通信。这里需要注意的是：向管道中写入数据时，必须关闭管道的读端，同样，从管道中读取数据时，必须关闭管道的写端，以免混乱。

4.2.2　有名管道

在实际应用中，进程间的通信往往发生在无亲缘关系的进程之间。在这种情况下，如果使用管道进行通信，就必须使用命名管道，也称为 FIFO（First In First Out）文件。与匿名管道不同，命名管道在文件系统中是可见的，创建时需要指定具体的路径和文件名，创建后可以使用 ls 命令来查看。

1. 命名管道的创建

创建命名管道与创建普通文件类似，其函数原型如下。

```
#include <sys/types.h>
#include <sys/stat.h>
int mkfifo(const char * pathname, mode_t mode);
```

参数 pathname 为要创建的命名管道的全路径,参数 mode 为访问权限,与 open 函数中的 mode 类似。如果要创建的命名管道已经存在,mkfifo 函数会返回 EEXIST 错误码,这时直接调用打开 FIFO 的函数就可以了。

2. 命名管道的删除

删除指定的命名管道可以使用 unlink 函数,其函数原型如下。

```
#include <unistd.h>
int unlink(const char * pathname);
```

unlink 函数的使用比较简单,参数 pathname 为要删除的命名管道的全路径。

3. 命名管道的打开

与匿名管道不同,在对命名管道进行读写操作之前,需要调用 open 函数打开命名管道。如果进程是为读取数据而打开命名管道,同时已有相应进程为写入数据而打开该命名管道,则打开操作会成功返回;否则,如果打开操作设置了阻塞标识,进程会阻塞直到有相应进程为写入数据而打开该命名管道。同样,如果进程是为写入数据而打开命名管道,同时已有相应进程为读取数据而打开该命名管道,则打开操作会成功返回;否则,如果打开操作设置了阻塞标志,进程会阻塞直到相应进程为读取数据而打开该命名管道。

4. 命名管道的读写

从命名管道中读取数据时,对于设置了阻塞标识的读操作,如果当前命名管道中没有数据,而且没有进程为写入数据而打开该命名管道,read 函数会一直阻塞,直到有新的数据写入。对于没有设置阻塞标识的读操作,read 函数的返回值为-1,同时将 errno 设置为 EAGAIN,提醒用户以后再试。

向命名管道中写入数据时,对于设置了阻塞标识的写操作,如果要写入的字节数不大于 PIPE_BUF,系统会保证写入的原子性。此时如果管道中的空闲区域不足以容纳要写入的数据,write 函数会阻塞,直到管道中有足够的空闲区域,才开始进行一次性写操作。如果要写入的字节数大于 PIPE_BUF,系统将不再保证写入的原子性。此时管道中一旦有空闲区域,写进程就会试图向管道中写入数据,写入所有的数据后返回。

对于没有设置阻塞标志的写操作,如果要写入的字节数不大于 PIPE_BUF,系统会保证写入的原子性。此时如果管道中的空闲区域能够容纳要写入的数据，write 函数写入数据后会成功返回；如果管道中的空闲区域不足以容纳要写入的数据，则返回-1，同时将 errno 设置为 EAGAIN，提醒用户以后再试。如果要写入的字节数大于 PIPE_BUF，系统将不再保证写入的原子性，写满管道中的空闲区域后即返回。

范例 example4-2，示例两个非亲缘关系的进程，通过命名管道来实现它们之间的通信。范例由 2 个程序组成，分别是 example4-2a 和 example4-2b。

example4-2a 主要完成命名管道的创建和消息的发送，是服务端，源程序 example4-2a.c 代码如下：

源程序 example4-2a.c

```
/* example4-2a.c */
#include <stdio.h>
#include <stdlib.h>
#include <unistd.h>
#include <errno.h>
#include <fcntl.h>
#include <sys/types.h>
#include <sys/stat.h>
#define BUFSIZE 256
int main(int argc, char **argv)
{
    int status;
    int fd;
    char buf[BUFSIZE];
    if(argc != 2)
    {
        printf("arguments error.\n");
        exit(1);
    }
    status = mkfifo(argv[1], 0750);  //创建命名管道
    if (status < 0)
    {
        perror("mkfifo");
        exit(1);
    }
    fd = open(argv[1], O_WRONLY);
    if (fd < 0)
```

```
        }
            perror("open");
            exit(1);
        }
        printf("Server:\n");
        printf("Input the message:");
        fgets(buf, sizeof(buf), stdin);
        write(fd, buf, sizeof(buf));
        printf("Send! \n");
        unlink(argv[1]);
        return 0;
}
```

程序 example4-2b 从命名管道中读取消息,是客户端,源程序 example4-2b.c 代码如下:

源程序　example4-2b.c

```
/* example4-2b.c */
#include <stdio.h>
#include <stdlib.h>
#include <unistd.h>
#include <errno.h>
#include <fcntl.h>
#define BUFSIZE 256
int main(int argc, char **argv)
{
    int fd;
    char buf[BUFSIZE];
    if (argc != 2)
    {
        printf("open error");
        exit(1);
    }
    fd = open(argv[1], O_RDONLY);
    if (fd < 0)
    {
        perror("open");
        exit(1);
```

```
    }
    printf("Client:\n");
    read(fd, buf, sizeof(buf));
    printf("Received message:%s", buf);
    unlink(argv[1]);
    return 0;
}
```

对 example4-2a 和 example4-2b 的两个源程序进行编译和运行。为了方便查看运行结果，在不同终端中编译运行。

服务端（server）和客户端（client）都以阻塞方式运行。命名管道的名称为"test"。客户端启动后，服务端才开始接受输入，发送输入字符串"helloworld"。

服务端终端运行 example4-2a，结果如图 4-2 所示。

图 4-2 服务端 example4-2a 编译运行结果

客户端终端运行 example4-2b，如图 4-3 所示。

在上面的程序中，打开命名管道时都采用了默认的阻塞方式，下面将客户端进程改为非阻塞方式（O_NONBLOCK），修改后的源程序为 example4-2c.c，代码如下：

第 4 章 进程间通信

```
studio@localhost:~/OSProc/chapter04/example4-2
文件(F) 编辑(E) 查看(V) 搜索(S) 终端(T) 帮助(H)
[studio@localhost example4-2]$ gcc -o example4-2b example4-2b.c
[studio@localhost example4-2]$ ./example4-2b test
Client:
Received message: Hello Kylin!
[studio@localhost example4-2]$
```

图 4-3 客户端 example4-2b 编译运行结果

源程序 example4-2c.c

```c
/* example4-2c.c */
#include <stdio.h>
#include <stdlib.h>
#include <unistd.h>
#include <errno.h>
#include <fcntl.h>
#define BUFSIZE 256
int main(int argc, char **argv)
{
    int fd;
    int num;
    char buf[BUFSIZE];
    if (argc != 2)
    {
        printf("open error");
        exit(1);
    }
    fd = open(argv[1], O_RDONLY | O_NONBLOCK);
    if (fd < 0)
```

```
    }
        perror("open");
        exit(1);
    }
    printf("Client:\n");
    while(1)
    {
        num = read(fd, buf, sizeof(buf));
        if(num == -1)
        {
            if(errno == EAGAIN)
            {
                printf("No data available.\n");
            }
        }
        else
        {
            printf("Real read bytes:%d\n", num);
            printf("Received message:%s", buf);
            break;
        }
        sleep(1);
    }
    return 0;
}
```

服务端运行 example4-2a，客户端运行 example4-2c，命名管道名称"test"。

服务端运行结果如图 4-4 所示。

客户端编译运行结果如图 4-5 所示。

可以看出 example4-2c 和 example4-2b 运行情况的不同。example4-2c 非阻塞方式工作，每秒查询一次，无接收数据提示"No data available."，有接收数据则输出接收的字符串。

上面的程序还可以进一步修改，对写入命名管道的字节数进行调整，并进行多次写入操作等，从而测试阻塞方式和非阻塞方式下写入操作的原子性。在这里不再给出示例。

第 4 章 进程间通信

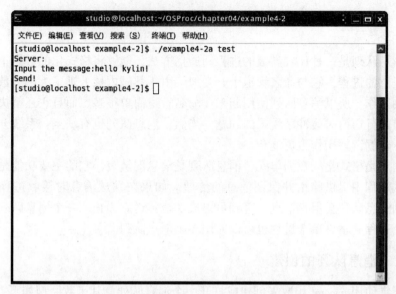

图 4-4　服务端 example4-2a 运行结果

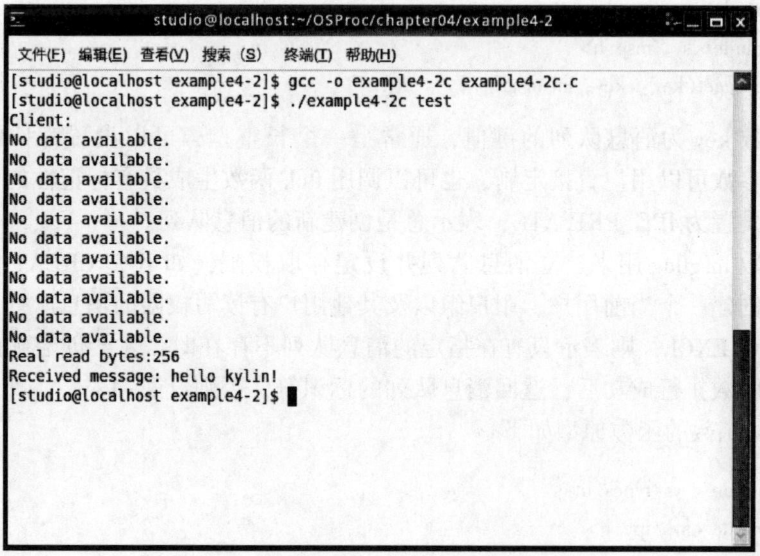

图 4-5　客户端 example4-2c 编译运行结果

4.3 消息队列

消息队列是一种比较高级的进程间通信方法，能够将格式化的数据单元传送给任意的进程，它与命名管道十分类似。由于麒麟内核处理了大部分数据流的控制工作，所以消息队列使用起来比命名管道简单很多，而且它还解决了使用管道进行通信时缓冲区受限的问题。当然，消息队列也有缺点：系统开销比较大，数据读写操作也更复杂。

消息是格式化的数据单元，消息队列是消息的链表，它的主要功能是在消息传送过程中提供路由并保证消息的传递。如果在发送消息时接收进程不可用，则消息队列会保存消息，直到可以成功地传送它为止。一个消息队列可以被多个进程共享，单个进程也可以使用多个消息队列。

4.3.1 消息队列的创建

通常使用 msgget 函数来创建或打开一个消息队列，其函数原型如下：

#include <sys/types.h>
#include <sys/ipc.h>
#include <sys/msg.h>
int msgget(key_t key, int msgflg);

参数 key 为消息队列的键值，通常是一个长整型，可以设置为任何整数值。该参数可以用户直接定制，也可以调用 ftok 函数生成具有标记性的值。如果直接设置为 IPC_PRIVATE，表示总是创建新的消息队列。

参数 msgflag 用来建立消息队列并设定存取权限，如 IPC_CREAT | 0666，它表示创建一个当前用户、用户组以及其他用户有读写权限的消息队列。如果加上 IPC_EXCL，则表示只有在指定的消息队列不存在时，才会创建新的消息队列。函数执行成功后，返回消息队列的标识符，否则返回-1。

ftok 函数的函数原型如下：

#include <sys/types.h>
#include <sys/ipc.h>
key_t ftok(const char * pathname, int proj_id);

参数 pathname 用来指定进程有存取权限的一个路径，参数 proj_id 用来指定某个特定字符。函数执行成功后，返回一个消息队列的键值，否则返回-1。

范例 example4-3 使用 msgget 函数来创建一个消息队列。源程序 example4-

3. c,代码如下:

源程序 example4-3.c

```c
/* example4-3.c */
#include <stdlib.h>
#include <stdio.h>
#include <unistd.h>
#include <sys/types.h>
#include <sys/ipc.h>
#include <sys/msg.h>
int main()
{
    int qid;
    key_t key;
    key = ftok("/home/studio/OSProc/chapter04/example4-3/test ",'a');
    if (key < 0)
    {
        perror("ftok");
        exit(1);
    }
    qid = msgget(key, IPC_CREAT | 0666);
    if (qid < 0)
    {
        perror("msgget");
        exit(1);
    }
    else
    {
        printf("Done! \n");
    }
    return 0;
}
```

编译并运行example4-3,用 ipcs -q 命令查看,结果如图 4-6 所示。

可以看到,刚才创建的消息队列的键值 key 为 0x610021cd,标识符 id 为 32768。

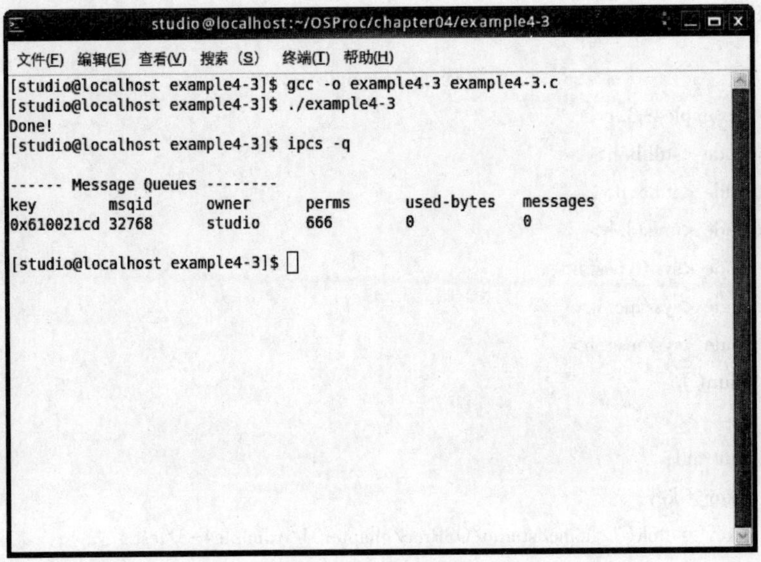

图 4-6 example4-3 编译运行结果

4.3.2 消息队列的控制与管理

msgctl 函数用来对消息队列进行各种操作,如修改消息队列的属性、清除队列中的所有消息等。该函数的函数原型如下:

#include <sys/types.h>
#include <sys/ipc.h>
#include <sys/msg.h>
int msgctl(int msqid, int cmd, struct msqid_ds *buf);

参数 msqid 为消息队列的标识符,参数 cmd 为所要进行的操作,包括以下 3 种:①IPC_STAT:获取消息队列的状态,返回的信息将会存储在 buf 指向的 msqid_ds 结构中;②IPC_SET:设置消息队列的属性,要设置的属性存储在 buf 指向的 msqid_ds 结构中;③IPC_RMID:删除消息队列,同时清除队列中的所有消息。

msqid_ds 结构在<sys/msg.h>中定义,如下所示:

struct msqid_ds {
    struct ipc_perm msg_perm;   /*存取权限*/
    time_t msg_stime;   /*最后一次发送消息的时间*/
    time_t msg_rtime;   /*最后一次接收消息的时间*/

```
    time_t msg_ctime;                    /*最后一次修改的时间*/
    unsigned long __msg_cbytes;          /*当前队列字节数*/
    msgqnum_t msg_qnum;                  /*当前队列消息数*/
    msglen_t msg_qbytes;                 /*队列允许的最大字节数*/
    pid_t msg_lspid;                     /*最后一次发送消息的进程 PID*/
    pid_t msg_lrpid;                     /*最后一次接收消息的进程 PID*/
};
```

消息队列被创建之后,即使不再使用,系统也不会自动清理。

范例 example4-4,清除上面创建的消息队列。

源程序　example4-4.c

```c
/* example4-4.c */
#include <stdlib.h>
#include <stdio.h>
#include <unistd.h>
#include <sys/types.h>
#include <sys/ipc.h>
#include <sys/msg.h>
int main(int argc, char ** argv)
{
    int qid;
    int status;
    if (argc != 2)
    {
        printf("arguments error.\n");
        exit(1);
    }
    qid = atoi(argv[1]);
    status = msgctl(qid, IPC_RMID, NULL);
    if (status < 0)
    {
        perror("msgctl");
        exit(1);
    }
    printf("Removed!\n");
    return 0;
}
```

编译 example4-4。运行时需要队列 id 作为参数。4.3.1 节 example4-3 运行后的一个结果是其产生的队列 id 是 32768，在这种情况下，运行 example4-4 清除队列 id 是 32768 的队列，则需要将该 id 编号作为参数输入：example4-4 32768。运行后，使用 ipcs -q 命令查看队列。编译运行结果如图 4-7 所示。

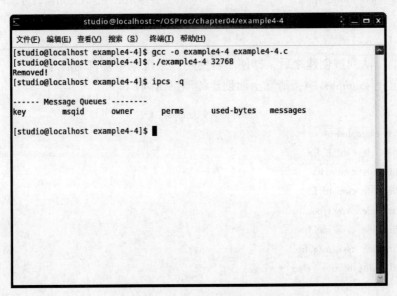

图 4-7　example4-4 编译运行结果

可以看到，标识符为 32768 的消息队列被删除了。

4.3.3　消息队列的读写

msgsnd 函数用来将新的消息添加到消息队列的尾端，其函数原型如下：

```
#include <sys/types.h>
#include <sys/ipc.h>
#include <sys/msg.h>
int msgsnd(int msqid, const void *msgp, size_t msgsz, int msgflg);
```

参数 msqid 为指定消息队列标识符（由 msgget 函数生成的消息队列标识符），要写入的消息存储在参数 msgp 指向的 msgbuf 结构中，消息的大小由参数 msgsz 决定，参数 msgflg 用来设置消息队列没有足够空间时 msgsnd 函数执行的动作，如是否等待。

msgbuf 结构用来包含一个消息，其定义如下：

```
struct msgbuf {
    long mtype;                    /*消息的类型,必须大于 0 */
    char mtext[1];                 /*消息的内容*/
};
```

当进程调用 msgsnd 函数写入一个消息时，系统会首先检查进程对该消息队列是否有写权限，接着查看消息的长度是否超过系统允许的范围，以及消息队列的剩余空间情况等。如果条件都符合，系统会为消息分配消息头和消息数据区，将消息从用户空间复制到消息数据区后，并链入消息队列的尾部。同时，消息头中填写消息的类型、大小以及指向消息数据区的指针等。

如果 msgsnd 函数被阻塞，则在下面某个条件满足时结束阻塞。

（1）消息队列中有容纳要写入消息的空间。

（2）消息队列被删除。

（3）进程被信号中断。

msgrcv 函数用来从消息队列读取一个消息，其函数原型如下：

#include <sys/types.h>

#include <sys/ipc.h>

#include <sys/msg.h>

ssize_t msgrcv(int msqid, void * msgp, size_t msgsz, long msgtyp, int msgflg);

参数 msqid 为消息队列的标识符，消息返回后将会存储在参数 msgp 指向的 msgbuf 结构中，该结构 mtext 成员的长度由 msgsz 决定，参数 msgtyp 为请求读取的消息类型，有如下 3 种情况：

（1）msgtyp=0：返回消息队列中的第一个消息。

（2）msgtyp>0：返回消息队列中该类型的第一个消息。

（3）msgtyp<0：在类型值小于等于 msgtyp 绝对值的所有消息中，返回类型值最小的第一个消息。

当进程调用 msgrcv 函数读取一个消息时，如果返回消息小于等于用户请求，系统会将消息复制到用户空间，然后从消息队列中删除该消息，并唤醒阻塞的写进程；如果消息大于用户请求，则返回错误信息。

如果 msgrcv 函数被阻塞，则在下面某一个条件满足时解除阻塞：

（1）消息队列中有了满足条件的消息。

（2）消息队列被删除。

（3）进程被信号中断。

4.3.4 消息队列 IPC 实例

示例 example4-5，实现两个进程之间的消息传递。example4-5 由发送消息程序和接收消息程序组成。

首先来看消息发送程序，源程序 example4-5a.c 代码如下：

源程序 example4-5a.c

```c
/* example4-5a.c */
#include <stdlib.h>
#include <stdio.h>
#include <unistd.h>
#include <string.h>
#include <sys/types.h>
#include <sys/ipc.h>
#include <sys/msg.h>
#define MSG_SZ 128
struct msgbuf
{
    long mtype;
    char mtext[MSG_SZ];
};
int main()
{
    int qid;
    key_t key;
    int ret;
    struct msgbuf buf;
    key = ftok("/home/studio/OSProc/chapter04/example4-5/test", 'a');
    if (key < 0)
    {
        perror("ftok");
        exit(1);
    }
    qid = msgget(key, IPC_CREAT | 0666);
    if (qid < 0)
    {
        perror("msgget");
        exit(1);
    }
```

```c
    while (1)
    {
        printf("Input the message:");
        fgets(buf.mtext, MSG_SZ, stdin);
        if (strncmp(buf.mtext, "exit", 4) == 0)
            break;
        buf.mtype = getpid();
        ret = msgsnd(qid, &buf, MSG_SZ, 0);
        if (ret < 0)
        {
            perror("msgsnd error");
            exit(1);
        }
        else
        {
            printf("Send! \n");
        }
    }
    return 0;
}
```

编译并运行example4-5a，用ipcs -q查看消息队列，结果如图4-8所示。

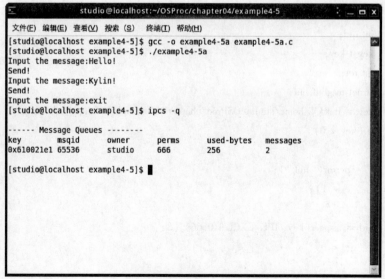

图4-8　example4-5a编译运行结果

可以看到，messages 的值是 2，说明已经向消息队列中成功写入了两个消息，分别是"Hello!"和"Kylin!"。在没有读取进程运行的情况下，这两个消息将一直在队列中，这也是消息队列与管道的重要区别之一。

接下来看消息接收程序，源程序 example4-5b.c 代码如下：

源程序　example4-5b.c

```c
/* example4-5b.c */
#include <stdlib.h>
#include <stdio.h>
#include <unistd.h>
#include <string.h>
#include <sys/types.h>
#include <sys/ipc.h>
#include <sys/msg.h>
#define MSG_SZ 128
struct msgbuf
{
    long mtype;
    char mtext[MSG_SZ];
};
int main()
{
    int qid;
    key_t key;
    int ret;
    struct msgbuf buf;
    key = ftok("/home/studio/OSProc/chapter04/example4-5/test", 'a');
    if (key < 0)
    {
        perror("ftok");
        exit(1);
    }
    qid = msgget(key, IPC_EXCL | 0666);
    if (qid < 0)
    {
        perror("msgget");
        exit(1);
```

```
    }
    while (1)
    {
        memset(&buf, 0, sizeof(buf));
        ret = msgrcv(qid, &buf, MSG_SZ, 0, 0);
        if (ret < 0)
        {
            perror("msgrcv");
            exit(1);
        }
        else
        {
            printf("Received message! \n");
            printf("Type = %ld, Length = %d, Text:%s\n", buf.mtype, ret, buf.mtext);
        }
    }
    return 0;
}
```

编译并运行 example4-5b，结果如图 4-9 所示。

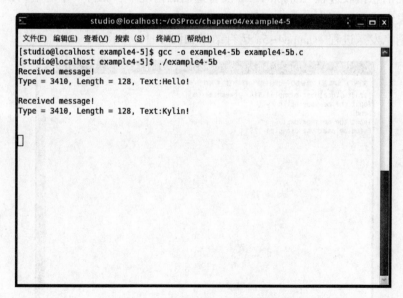

图 4-9 example4-5b 编译运行结果

可以看出，example4-5 收到了两个消息，结果分别是"Hello!"和"Kylin!"。此时，用 ipcs -q 查看消息队列，发现 messages 的值已经变成 0 了，说明消息队列中的消息已经被读取，如图 4-10 所示。

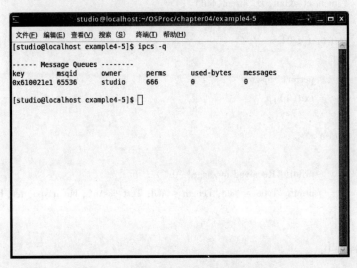

图 4-10　example4-5b 运行后查看消息队列

在消息接收进程 example4-5b 没有退出的情况下，新开一个终端再次运行消息发送进程 example4-5a，输入消息"Hello Kylin!"。

消息发送进程 exampe4-5a 运行结果如图 4-11 所示。

图 4-11　再次运行 example4-5a

消息接收进程 exampe4-5b 运行结果如图 4-12 所示。

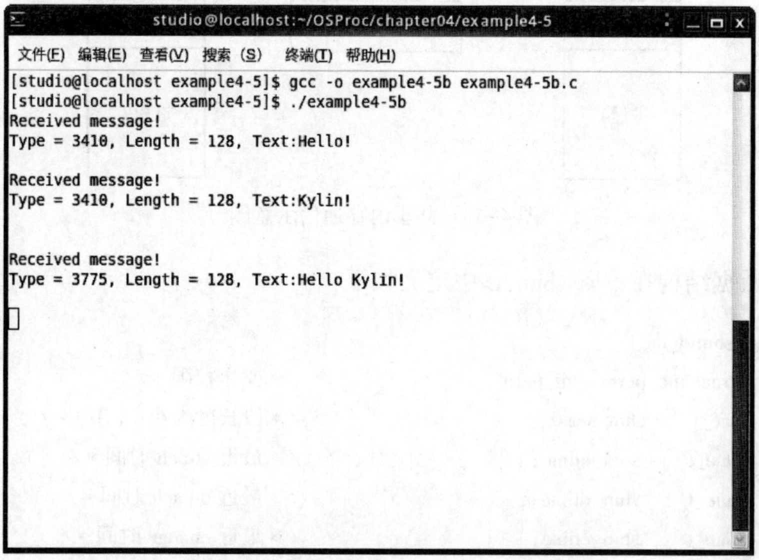
studio@localhost:~/OSProc/chapter04/example4-5
文件(F) 编辑(E) 查看(V) 搜索 (S) 终端(T) 帮助(H)
[studio@localhost example4-5]$ gcc -o example4-5b example4-5b.c
[studio@localhost example4-5]$ ./example4-5b
Received message!
Type = 3410, Length = 128, Text:Hello!
Received message!
Type = 3410, Length = 128, Text:Kylin!
Received message!
Type = 3775, Length = 128, Text:Hello Kylin!

图 4-12　接收消息进程 example4-5b 运行结果

上面的程序可进一步修改，在接收程序中加入对消息类型（msgtyp 参数）的判断，如发送消息时指定 msgtyp 为进程的 ID，从而使接收进程可只读取消息队列某些进程写入的消息。

4.4　共享内存

共享内存就是多个进程将同一块内存区域映射到自己的进程空间之中，以此来实现数据的共享和传输，它是进程间通信方式中最快的一种。由于多个进程共享同一块内存区域，在程序设计过程中应注意进程访问的同步问题，可以与第 5 章介绍的进程间同步方法结合使用。

4.4.1　共享内存的原理

共享内存进程间通信机制主要用于实现进程间大量的数据传输，图 4-13 所示为进程间使用共享内存的示意图。共享内存是在内存中单独开辟的一段内存空间，这段内存空间有自己特有的数据结构，包括访问权限、大小和最近访问的时间等。

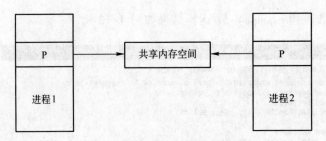

图 4-13 共享内存通信示意图

该数据结构在<sys/shm.h>中定义如下：

```
struct shmid_ds {
    struct ipc_perm shm_perm;           /*操作权限*/
    size_t      shm_segsz;              /*段长度大小(字节)*/
    time_t      shm_atime;              /*最近 attach 时间*/
    time_t      shm_dtime;              /*最近 detach 时间*/
    time_t      shm_ctime;              /*最近 change 时间*/
    pid_t       shm_cpid;               /*创建者 PID */
    pid_t       shm_lpid;               /*最近操作者 PID */
    shmatt_t shm_nattch;                /* No. of current attaches */
    ...
};
```

两个进程在使用此共享内存空间之前，需要在进程地址空间与共享内存空间之间建立联系，即将共享内存空间挂载到进程中。

图 4-14 所示是共享内存与管道的对比，由图可以看出，使用管道从一个文件传输信息到另一个文件需要 4 次复制（分别是服务器将信息从相应文件复制到 server 临时缓冲区，再从临时缓冲区到 pipe 或 FIFO；客户端将信息从 FIFO 或 pipe 复制到 client 的临时缓冲区，再从临时缓冲区将信息写到输出文

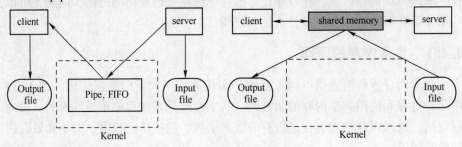

图 4-14 共享内存与管道对比

件),而使用共享内存则只需要2次复制,且不涉及内核态与用户态切换,在很大程度上提高了数据存取的效率。

4.4.2 共享内存的创建与管理

shmget 函数用来创建或打开一块共享内存,它的一般形式如下:

#include <sys/ipc.h>

#include <sys/shm.h>

int shmget(key_t key, size_t size, int shmflg);

参数 key 为共享内存的键值,与消息队列类似,它可以由用户直接指定,也可以调用 ftok 函数来生成。如果直接设为 IPC_PRIVATE,表示总是创建新的共享内存。参数 size 为共享内存的大小。如果正在创建一块共享内存,则必须指定该参数;如果正在打开一块已经存在的共享内存,可以将该参数设置为 0。参数 shmflg 用来创建共享内存并设置其存取权限。函数执行成功后,返回共享内存的标识符,否则返回-1。

范例 example4-6 使用共享内存 shmget 函数创建一块共享内存。

源程序　example4-6.c

```
/* example4-6.c */
#include <stdlib.h>
#include <stdio.h>
#include <unistd.h>
#include <sys/ipc.h>
#include <sys/shm.h>
#define SHM_SZ 128
int main()
{
    int shmid;
    key_t key;
    key = ftok("/home/studio/OSProc/chapter04/example4-6/test", 'a');
    if (key < 0)
    {
        perror("ftok");
        exit(1);
    }
    shmid = shmget(key, SHM_SZ, IPC_CREAT | 0666);
    if (shmid < 0)
```

```
    {
        perror("shmget");
        exit(1);
    }
    else
    {
        printf("Done! \n");
    }
    return 0;
}
```

编译并运行程序 example4-6. c，使用命令 ipcs -m 来查看系统中的共享内存，结果如图 4-15 所示。

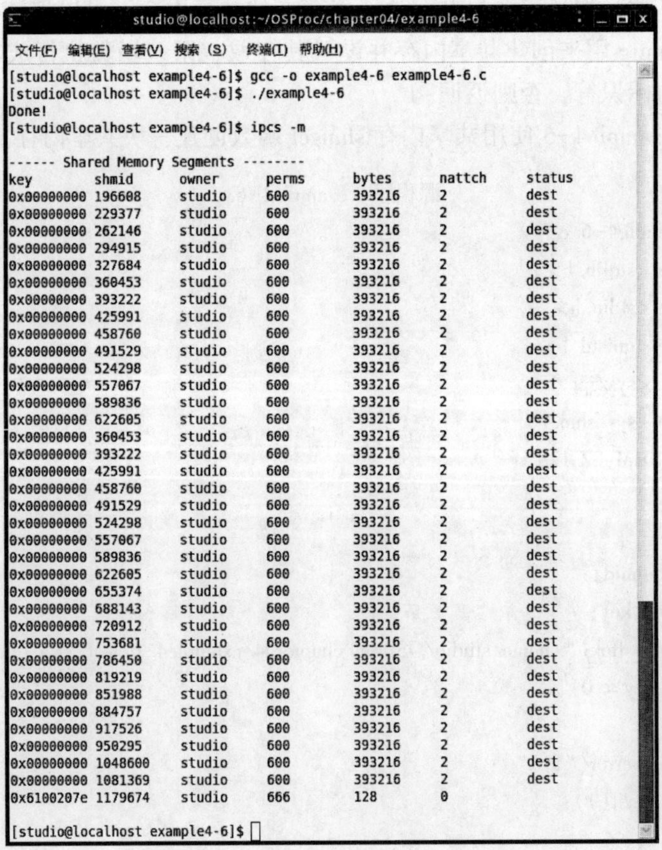
studio@localhost:~/OSProc/chapter04/example4-6
文件(F) 编辑(E) 查看(V) 搜索 (S) 终端(T) 帮助(H)
[studio@localhost example4-6]$ gcc -o example4-6 example4-6.c
[studio@localhost example4-6]$ ./example4-6
Done!
[studio@localhost example4-6]$ ipcs -m
------ Shared Memory Segments --------
key shmid owner perms bytes nattch status
0x00000000 196608 studio 600 393216 2 dest
0x00000000 229377 studio 600 393216 2 dest
0x00000000 262146 studio 600 393216 2 dest
0x00000000 294915 studio 600 393216 2 dest
0x00000000 327684 studio 600 393216 2 dest
0x00000000 360453 studio 600 393216 2 dest
0x00000000 393222 studio 600 393216 2 dest
0x00000000 425991 studio 600 393216 2 dest
0x00000000 458760 studio 600 393216 2 dest
0x00000000 491529 studio 600 393216 2 dest
0x00000000 524298 studio 600 393216 2 dest
0x00000000 557067 studio 600 393216 2 dest
0x00000000 589836 studio 600 393216 2 dest
0x00000000 622605 studio 600 393216 2 dest
0x00000000 360453 studio 600 393216 2 dest
0x00000000 393222 studio 600 393216 2 dest
0x00000000 425991 studio 600 393216 2 dest
0x00000000 458760 studio 600 393216 2 dest
0x00000000 491529 studio 600 393216 2 dest
0x00000000 524298 studio 600 393216 2 dest
0x00000000 557067 studio 600 393216 2 dest
0x00000000 589836 studio 600 393216 2 dest
0x00000000 622605 studio 600 393216 2 dest
0x00000000 655374 studio 600 393216 2 dest
0x00000000 688143 studio 600 393216 2 dest
0x00000000 720912 studio 600 393216 2 dest
0x00000000 753681 studio 600 393216 2 dest
0x00000000 786450 studio 600 393216 2 dest
0x00000000 819219 studio 600 393216 2 dest
0x00000000 851988 studio 600 393216 2 dest
0x00000000 884757 studio 600 393216 2 dest
0x00000000 917526 studio 600 393216 2 dest
0x00000000 950295 studio 600 393216 2 dest
0x00000000 1048600 studio 600 393216 2 dest
0x00000000 1081369 studio 600 393216 2 dest
0x6100207e 1179674 studio 666 128 0
[studio@localhost example4-6]$

图 4-15　example4-6 编译运行结果

可以看到，在输出的最后一行就是 example4-6 创建的共享内存，其键值为 0x6100207e，标识符为 1179674。

用户进程可以调用 shmctl 函数对共享内存进行各种操作，如删除共享内存，函数的一般形式如下：

#include <sys/ipc. h>
#include <sys/shm. h>
int shmctl(int shmid, int cmd, struct shmid_ds * buf);

该函数的参数与返回值同 msgctl 函数非常类似，此处不做详细介绍了。

共享内存创建之后，进程还不能直接访问它，必须映射到进程的地址空间之中，这项工作是由 shmat 函数来完成的，它的一般形式如下：

#include <sys/types. h>
#include <sys/shm. h>
void * shmat(int shmid, const void * shmaddr, int shmflg);

参数 shm_id 为共享内存的标识符；参数 shm_addr 用来设置共享内存映射到进程地址空间中的具体位置，一般情况下设置为 NULL，表示让系统去选择映射的位置；参数 shmflg 用来设定共享内存的访问权限，如果要求以只读方式访问，将其设为 SHM_RDONLY。

函数执行成功后，会返回映射后共享内存的地址，通过这个地址，进程就可以像访问普通内存一样访问共享内存了。

当没有任何进程会再次使用某共享内存区域时，可以调用 shmdt 函数使其脱离进程的地址空间。一般来说，当一个进程终止时，它所映射的共享内存都会自动脱离。shmdt 函数的一般形式如下：

#include <sys/types. h>
#include <sys/shm. h>
int shmdt(const void * shmaddr);

参数 shm_addr 为共享内存的地址。函数执行成功后，返回值为 0，如果出错则返回-1。

4.4.3 共享内存 IPC 实例

下面使用实例 example4-7 来说明如何通过共享内存来实现父进程和子进程之间的通信。

源程序 example4-7.c

```c
/* example4-7.c */
#include <stdlib.h>
#include <stdio.h>
#include <unistd.h>
#include <string.h>
#include <sys/ipc.h>
#include <sys/shm.h>
#define SHM_SZ 128
#define TIME_OUT 2
int main(int argc, char ** argv)
{
    int shmid;
    key_t key;
    pid_t pid;
    char * psm;
    struct shmid_ds dsbuf;
    if (argc != 2)
    {
        printf("arguments error.\n");
        exit(1);
    }
    key = ftok("/home/studio/OSProc/chapter04/example4-7/test", 'a');
    if (key < 0)
    {
        perror("ftok");
        exit(1);
    }
    shmid = shmget(key, SHM_SZ, IPC_CREAT | 0666);
    if (shmid < 0)
    {
        perror("shmget");
        exit(1);
    }
    pid = fork();
    if (pid < 0)
```

```c
    {
        perror("fork");
        exit(1);
    }
    if (pid == 0) /* 子进程,向共享内存中写入数据 */
    {
        printf("Child process:\n");
        printf("PID:%d\n", getpid());
        psm = shmat(shmid, NULL, 0);
        if (psm == -1)
        {
            perror("shmat error\n");
            exit(1);
        }
        else/* 向共享内存中写入数据,这里传入为命令行参数 */
        {
            strcpy(psm, argv[1]);
            printf("Send messae:%s\n", psm);
            if (shmdt(psm) < 0)
                perror("shmdt");
            sleep(TIME_OUT);
        }
    }
    else /* 父进程,从共享内存中读取数据 */
    {
        sleep(TIME_OUT);
        printf("Parent process:\n");
        printf("PID: %d\n", getpid());
        if (((shmctl(shmid, IPC_STAT, &dsbuf)) < 0)
        {
            perror("shmctl");
            exit(1);
        }
        else
        {
            printf("Shared Memroy Information:\n");
```

```
            printf("\tCreator PID: %d\n", dsbuf.shm_cpid);
            printf("\tSize(bytes): %d\n", dsbuf.shm_segsz);
            printf("\tLast Operator PID: %d\n", dsbuf.shm_lpid);
                psm = shmat(shmid, NULL, 0);
            psm = shmat(shmid, NULL, 0);
            if (psm == -1)
            {
                perror("shmat error\n");
                exit(1);
            }
            else
            {
                printf("Revieved message: %s\n", psm);
                if (shmdt(psm) < 0)
                    perror("shmdt");
            }
            if (shmctl(shmid, IPC_RMID, NULL) < 0)
            {
                perror("shmctl");
                exit(1);
            }
        }
    return 0;
}
```

编译并运行 example4-7，结果如图 4-16 所示。

可以看到，子进程写入共享内存的消息 "Hello!" 被父进程读出，父进程同时输出了共享内存的相关状态信息。

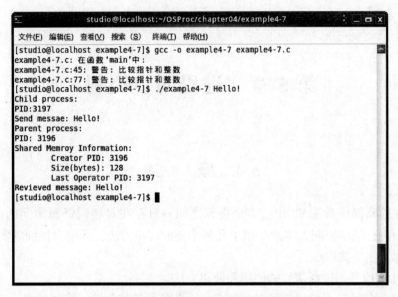

图 4-16　example4-7 编译运行结果

第 5 章 进程同步控制

5.1 概　　述

在麒麟操作系统 V3 中，多个进程之间一旦存在对相同资源访问的需求，就必须进行同步控制。本章介绍了几种主要的同步方法，并给出详细的实例。

本章主要知识点：

（1）信号，包括信号的创建和使用方法。

（2）信号量，包括信号量的原理，以及信号量的创建、控制技术。

通过本章学习，读者可以基本掌握麒麟操作系统 V3 下同主机进程间同步的各种方法，能够实现多个进程对互斥资源的访问。

5.2 信　　号

通信是一个广义上的概念，它既包括大量的数据的传送，也包括控制信息的传送。信号（signal）用于通知一个或多个接收进程有某种事件发生，除了由系统发送的信号外，还可以直接发送信号给进程本身。信号是操作系统中使用的最经典的进程间通信方法之一，目前经过扩展，功能更为强大，除了基本的通知功能外，还可以传递附加信息。

5.2.1 信号原理

信号是麒麟操作系统 V3 中唯一的异步通信机制，也可以看作异步通知，通知接收信号的进程有某种事件发生，这类似于 DOS 下的 INT 或 Windows 下的事件。信号是在软件层面上对中断机制的一种模拟，进程收到一个信号类似于处理器收到一个中断请求。信号相对于进程的控制流程来说是异步（asynchronous）的，进程不必等待信号的到达，事实上，进程也不会知道信号会何时到达。

在终端使用 kill -l 命令可以查看系统定义的信号列表。每个信号都有一个编号和一个宏定义名称，这些宏定义可以在 signal.h 中找到，如其中有定义 #define SIGINT 2。编号 34 以上的是实时信号。这些信号各自在什么条件下产生，默认的处理动作是什么，在帮助文件中都有详细说明。

信号一般是由系统中一些特定事件引起的，主要包括如下：

（1）硬件故障。硬件异常产生信号，这些条件由硬件检测到并通知内核，然后内核向相关进程发送适当的信号。例如，当前进程执行了除以 0 的指令，CPU 的运算单元会产生异常，内核将这个异常解释为 SIGFPE 信号发送给进程。再如，当前进程访问了非法内存地址，内存管理部件（MMU）会产生异常，内核将这个异常解释为 SIGSEGV 信号发送给进程。

（2）用户从终端向进程发送终止信号。用户在终端按下某些键时，终端驱动程序会发送信号给前台进程，如 Ctrl-C 产生 SIGINT 信号、Ctrl-\ 产生 SIGQUIT 信号、Ctrl-Z 产生 SIGTSTP 信号（可使前台进程停止）。

（3）进程调用 kill 函数、raise 函数和 alarm 函数等向其他进程发送信号。一个进程调用 kill 函数可以发送信号给另一个进程。

（4）由软件条件产生的信号。当内核检测到某种软件条件发生时也可以通过信号通知进程，如闹钟超时产生 SIGALRM 信号，向读端已关闭的管道写数据时产生 SIGPIPE 信号。

需要注意的是，并非程序中所有错误都会发生信号。例如，调用库函数时发生的错误，一般都是通过返回值和错误码来报告错误的发生。

进程收到信号后，对于某些特定的信号，如 SIGKILL 和 SIGSTOP 信号，处理方式是确定的。对于大部分信号，进程可以选择以下几种不同的响应方式。

（1）捕捉信号。这类似于中断处理程序，对于需要处理的信号，进程可以指定相应的函数来进行处理。

（2）忽略信号。对信号不进行任何处理，就像没有收到一样，但有两个信号不能忽略，即 SIGKILL 和 SIGSTOP 信号。

（3）让内核执行与信号对应的默认动作。对于大部分信号来说，默认的处理方式是终止相应的进程。

5.2.2 信号处理函数

进程如果要处理某一个信号，就必须在信号与处理函数之间建立对应关系。在麒麟操作系统中，进程可以通过 signal 函数或 sigaction 函数来选择具体的响应方式。

1. signal 函数

signal 函数的函数原型如下：

#include <signal. h>
typedef void (* sighandler_t)(int) ;
sighandler_t signal(int signum, sighandler_t handler) ;

signal 函数中，参数 signum 为要设置处理函数的信号。参数 handler 为指向函数的指针，用来设定信号的处理函数，也可以使用下面的某个值：SIG_IGN，忽略参数 signum 所指定的信号；SIG_DGL，采用系统默认的处理 signum 所指定的信号。

范例 example5-1 演示了如何使用 signal 函数设置 SIGINT 和 SIGQUIT 信号。

源程序　example5-1. c

```
/* example5-1.c */
#include <stdlib.h>
#include <stdio.h>
#include <unistd.h>
#include <signal.h>
void sig_handler( int sig)
{
    switch( sig)
    {
        case 2:     printf("    Received signal:SIGINT\n");
            break;
        case 3:     printf("    Reveived signal:SIGQUIT\n");
            break;
        default:break;
    }
    return;
}
int main( )
{
    printf("PID:%d\n", getpid( ));
    signal(SIGINT, sig_handler);
    signal(SIGQUIT, sig_handler);
    sleep(1);
```

```
    for(;;)
        pause();
}
```

编译程序 example5-1.c 并运行,使用 Ctrl+C 和 Ctrl+\ 分别向 example5-1 发送 SIGINT 和 SIGQUIT,或者在另一个终端分别输入 "kill -SIGINT XXX" 和 "kill -SIGQUIT XXX"。"XXX" 是 example5-1 进程 ID 号。运行结果如图 5-1 所示。

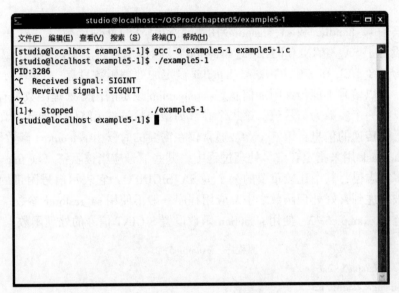

图 5-1 示例 example5-1 运行结果

2. sigaction 函数

sigaction 函数与 signal 函数类似,只是它支持信号带有参数,进而可以传递信息给处理函数。而且,该函数的兼容性更好,通常建议使用 sigaction,而不用 signal。

该函数的函数原型如下:

```
#include <signal.h>
int sigaction(int signum, const struct sigaction * act, struct sigaction * oldact);
```

参数 signum 为要设置处理函数的信号。参数 act 用来设定信号的处理函数,如果为 NULL,则系统会以默认的方式对信号进行处理。参数 oldact 用来保存该信号以前的处理方式(用于恢复),不需要的话可以设置为 NULL。

sigaction 结构包含了对指定信号的处理函数、信号所传递的信息、信号处

理过程中应当被阻塞的其他信号等信息,其定义如下:

```
struct sigaction {
    void      (*sa_handler)(int);
    void      (*sa_sigaction)(int, siginfo_t *, void *);
    sigset_t  sa_mask;
    int       sa_flags;
    void      (*sa_restorer)(void);
};
```

其中 sa_handler 和 sa_sigaction 用来设定信号的处理函数(二选一,sa_flags 设置了 SA_SIGINFO 时用 sa_sigaction),除了用户自定义的函数外,还可以设为 SIG_DEL 和 SIG_IGN。sa_handler 设定的处理函数只有一个参数,即信号值,所以信号不能传递附加信息。sa_sigaction 设定的信号处理函数带有 3 个参数:第一个参数为信号值;第二个参数为指向 siginfo_t 结构的指针,其中可以包含要传递的信息;第三个参数通常仅在需要的时候由 getcontext 函数使用。

sa_mask 用来指定在信号处理过程中,哪些信号应当被阻塞。sa_flags 中包含许多标志位,其中比较重要的一个为 SA_SIGINFO,它表示信号附带的参数可以被传递到喜好处理函数之中。应用程序一般不使用 sa_restorer 参数。

范例 example5-2,使用 sigaction 函数设置 SIGINT 信号的处理函数。

源程序　example5-2.c

```c
/* example5-2.c */
#include <stdlib.h>
#include <stdio.h>
#include <unistd.h>
#include <signal.h>
void sig_handler(int sig)
{
    printf("Received signal: %d\n", sig);
    return;
}
int main()
{
    int status;
    struct sigaction act;
    act.sa_sigaction = sig_handler;
    sigemptyset(&act.sa_mask);           // 清空信号集中的所有信号
```

```
act.sa_flags = SA_SIGINFO;
status = sigaction(SIGINT, &act, NULL);
if ( status < 0 )
{
    printf("sigaction error.\n");
}
for ( ; ; )
    pause( );
}
```

编译程序 example5-2.c 并运行，运行结果如图 5-2 所示。

图 5-2　示例 example5-2 运行结果

程序 example5-2.c 只给出了 sigaction 函数的基本使用方法，并没有传递信号的附加信息。后面会介绍 sigqueue 函数，再给出相应的实例。

5.2.3　信号发送函数

麒麟操作系统中最常用的信号发送函数主要有 kill、raise、alarm 和 settimer 等，下面将分别进行介绍。

1. kill 函数

kill 函数用于向进程或进程组发送一个信号，其函数原型如下：

```
#include <sys/types.h>
#include <signal.h>
int kill(pid_t pid, int sig);
```

该数根据参数 pid 的具体取值，执行如下操作：

(1) pid>0：将信号 sig 发送给进程标识符为 pid 的进程。
(2) pid=0：将信号 sig 发送给当前进程所在进程组中的所有进程。
(3) pid=-1：将信号 sig 发送给除 init 进程和当前进程以外的所有进程。
(4) pid<-1：将信号 sig 发送给进程组-pid 中的所有进程。

如果参数 sig 为 0（空信号），则不实际发送任何信号，可通过返回值仅做权限检查。kill 函数执行成功后，返回值为 0，执行过程中遇到错误时返回-1，并设置相应的错误码。

(1) EINVAL：参数 sig 指定的信号无效。
(2) ESRCH：参数 pid 指定的进程或进程组不存在。
(3) EPERM：进程没有权限将信号发送给指定的接收进程。

2. raise 函数

raise 函数用于向进程本身发送信号，其函数原型如下：

```
#include <signal.h>
int raise(int sig);
```

参数 sig 为要发送的信号值。该函数执行成功后，返回值为 0，否则返回-1。

3. abort 函数

abort 函数用于向当前进程发送 SIGABORT 信号，默认情况下进程会异常退出。当然，用户也可以定义自己的信号处理函数。其函数原型如下：

```
#include <stdlib.h>
void abort(void);
```

该函数没有参数和返回值。

4. sigqueue 函数

sigqueue 函数用于向进程发送信号，同时还支持附加信息的传递。其函数原型如下：

```
#include <signal.h>
int sigqueue(pid_t pid, int sig, const union sigval value);
```

参数 pid 为接收进程标识符。参数 sig 为要发送的信号值。参数 value 为一

个联合体,指定了信号传递的附加信息,其函数原型如下:

```
union sigval {
    int    sival_int;
    void  * sival_ptr;
};
```

调用 sigqueue 函数时,sigval 所指定的信息将会被复制到前面介绍的 sa_sigaction 的 siginfo_t 结构中,这样信号处理函数就可以处理这些信息了。

范例 example5-3 演示了如何在不同的进程间实现信号发送和接收,同时在传递过程中附加其他信息。

接收程序主要完成信号和附加信息的接收,源程序 example5-3a.c 代码如下:

源程序　example5-3a.c

```c
/* example5-3a.c */
#include <stdlib.h>
#include <stdio.h>
#include <unistd.h>
#include <signal.h>
void sig_handler(int sig, siginfo_t * info, void * t)
{
    printf("Received signal: %d\n", sig);
    printf("Received message: %d\n", info->si_int);
    return;
}
int main()
{
    int status;
    pid_t pid;
    struct sigaction act;
    pid = getpid();
    act.sa_sigaction = sig_handler;
    sigemptyset(&act.sa_mask);          // 清空信号集中的所有信号
    act.sa_flags = SA_SIGINFO;
    status = sigaction(SIGUSR1, &act, NULL);
    if (status < 0)
        perror("sigaction\n");
```

```c
    printf("Receiver:\n");
    printf("PID: %d\n", pid);
    for(;;)
        pause();
}
```

发送程序实现信号的发送,源程序 example5-3b.c 代码如下:

源程序　example5-3b.c

```c
/* example5-3b.c */
#include <stdlib.h>
#include <stdio.h>
#include <unistd.h>
#include <signal.h>
int main(int argc, char **argv)
{
    int status;
    pid_t pid;
    union sigval sg;
    if(argc != 2)
    {
        printf("arguments error.\n");
        exit(1);
    }
    pid = atoi(argv[1]);
    sg.sival_int = getpid();
    status = sigqueue(pid, SIGUSR1, sg);
    if(status < 0)
        printf("send error.\n");
    else
        printf("Done!\n");
    return 0;
}
```

编译程序 example5-3a.c 和 example5-3b.c,为了方便查看运行结果,分别在两个终端之中编译和运行 example5-3a 和 example5-3b。先运行接收端程序 example5-3a,显示其进程 ID 为 3421;再运行发送端程序 example5-3b,接收端进程 ID 号 3421 作为发送端程序的运行参数,该程序将本进程 ID 号(3422)通过 sigqueue 发送给传入的 3421 号进程。然后查看接收端程序运行结果。

发送端 example5-3b 运行结果如图 5-3 所示。

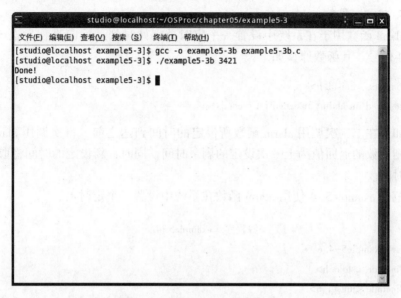

图 5-3　example5-3b 运行结果

接收端 example5-3a 运行结果如图 5-4 所示。

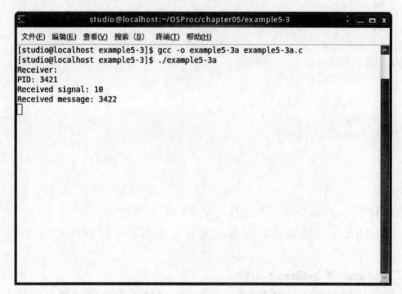

图 5-4　example5-3a 运行结果

从上面的运行结果可以看到，两个进程之间实现了信号和附加信息的传递，这里的附加信息为发送进程的 ID，图中显示的是 3422。

5. alarm 函数

alarm 函数用于在系统中设置一个定时器，计时到达后向进程发送 SIGALARM 信号。其函数原型如下：

#include <unistd. h>

unsigned int alarm(unsigned int seconds) ;

如果在上一次调用 alarm 函数所设定的时间到达之前，再次调用 alarm 函数，则函数的返回值为上一次设定的剩余时间，同时，新设定的时间将取代原来的时间。

范例 example5-4 使用 alarm 函数在系统中设置一个定时器。

源程序　example5-4. c

```
/* example5-4.c */
#include <stdio.h>
#include <unistd.h>
int main()
{
    int i;
    alarm(1); /* 设置定时器 */
    i = 0;
    while (1)
    {
        printf("i = %d\n", i);
        i++;
    }
    return 0;
}
```

编译程序 example5-4. c 并运行，结果如图 5-5 所示。

SIGALARM 信号的默认处理方式是终止进程，所以程序在运行 1s 之后退出。

6. setitimer 和 getitimer 函数

setitimer 函数用来设置定时器，getitimer 函数用来读取定时器的状态，比 alarm 函数的功能更为强大。其函数原型如下：

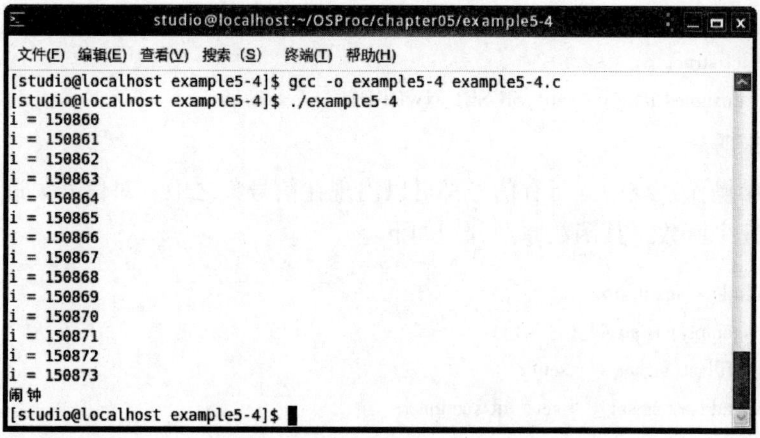

图 5-5　example5-4 运行结果

```
#include <sys/time.h>
int getitimer(int which, struct itimerval * curr_value);
int setitimer(int which, const struct itimerval * new_value, struct itimerval * old_value);
```

参数 which 为定时器的种类，包括以下 3 种。

（1）ITIMER_REAL：按实际时间计时，计时到达后向进程发送 SIGALARM 信号。

（2）ITIMER_VIRTUAL：仅在进程执行时计时，计时到达后向进程发送 SIGVTALARM 信号。

（3）ITIMER_PROF：在进程执行和调试系统时计时，计时到达后向进程发送 SIGPROF 信号。

参数 value 和 new_value 为设定的时间，old_value 为上次调用设定的时间。函数执行成功后，返回值为 0，执行过程中遇到错误时返回 -1，并设置相应的错误码。

（1）EFAULT：参数 new_value 或 old_value 是一个无效的指针。

（2）EINVAL：参数 which 错误，它不是 ITIMER_REAL、ITIMER_VIRTUAL 或 ITIMER_PROF 中的任何一个。

5.2.4　信号集和信号集操作函数

如果在程序运行过程中不希望收到其他信号，这时就需要进行信号屏蔽，介绍相关函数之前首先来讨论信号集的概念。信号集是用来表示多个信号的集合，它的定义如下：

```
#define_SIGSET_NWORDS ( 1024/(8 * sizeof(unsigned long int)))
typedef struct {
    unsigned long int val[_SIGSET_NWORDS];
} sigset_t;
```

麒麟操作系统中，所有信号都可以出现在信号集之中。对信号集进行操作主要有几个函数，其函数原型分别如下：

```
#include <signal.h>
int sigemptyset(sigset_t * set);
int sigfillset(sigset_t * set);
int sigaddset(sigset_t * set, int signum);
int sigdelset(sigset_t * set, int signum);
int sigismember(const sigset_t * set, int signum);
int sigismember(onst sigset_t * set, int signo);
```

sigemptyset 函数用来初始化信号集 set，将信号集中的所有信号清空。sigfillset 函数用来将信号集设置为所有信号的集合。sigaddset 函数用来向信号集 set 中增加信号 signum。sigdelset 函数用来从信号集 set 中删除信号 signo。sigismember 函数用来查询信号 signum 是否在信号集 set 中，如果存在则返回 1，否则返回 0。

sigprocmask 函数用来设置进程的信号屏蔽码，使进程在某段时间内阻塞信号集中的信号。该函数的一般形式如下：

```
#include <signal.h>
int sigprocmask(int how, const sigset_t * set, sigset_t * oldset);
```

参数 how 决定函数具体的操作方式。

(1) SIG_BLOCK：将信号集 set 添加到当前进程的阻塞集合之中。

(2) SIG_UNBLOCK：从当前进程的阻塞集合中删除信号集 set 中的信号，即解除该信号的阻塞。

(3) SIG_SETMASK：将信号集 set 设置为信号阻塞集合。

范例 example5-5 演示了一个程序，使进程在某段时间内阻塞信号集中的信号，向进程发送这些信号，测试其结果。

源程序　example5-5.c

```
/* example5-5.c */
#include <stdlib.h>
#include <stdio.h>
```

```c
#include <unistd.h>
#include <signal.h>
#define TIME_OUT 5
void sig_handler(int sig)
{
    printf("Receive signal: SIGINT\n");
    return;
}
int main()
{
    sigset_t set;
    sigemptyset(&set);
    sigaddset(&set, SIGINT);              /* 将 SIGINT 信号添加到信号集中 */
    signal(SIGINT, sig_handler);
    while(1)
    {
        printf("SIGINT is blocked.\n");
        sigprocmask(SIG_BLOCK, &set, NULL);     /* 阻塞信号 */
        sleep(TIME_OUT);
        printf("SIGINT is unblocked.\n");
        sigprocmask(SIG_UNBLOCK, &set, NULL);   /* 解除阻塞 */
        sleep(TIME_OUT);
    }
    return 0;
}
```

编译程序 example5-5.c 并运行,结果如图 5-6 所示。

结果分析如下:

SIGINT is blocked.
^CSIGINT is unblocked.   #阻塞时,在键盘上按下 Ctrl+C 时,程序无响应
Receive signal: SIGINT   #解除阻塞后收到 SIGINT
SIGINT is blocked.
SIGINT is unblocked.
^CReceive signal: SIGINT #解除阻塞后,按下 Ctrl+C 时,收到 SIGINT

可以看到,在程序中,屏蔽了 SIGINT 信号后,在键盘上按下 Ctrl+C 时程序不再响应。

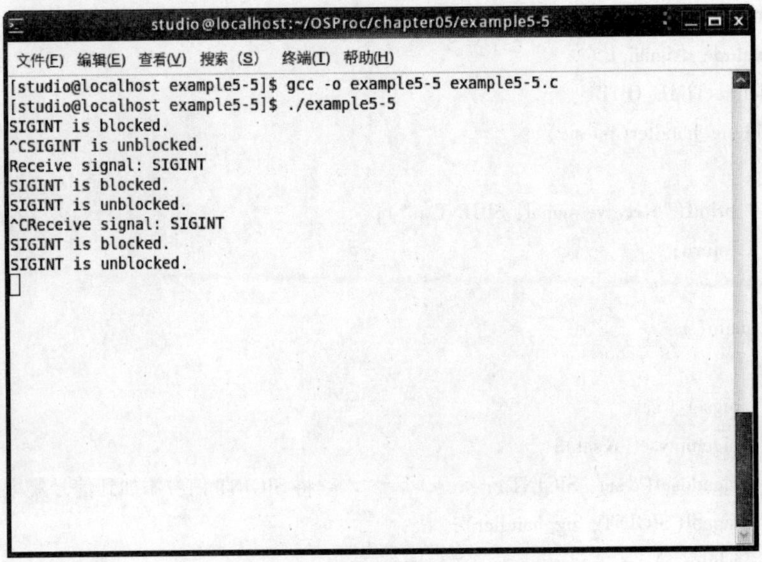

图 5-6 example5-5 运行结果

5.3 信号量及其原理

信号量（semaphore），也称为信号灯，主要用来控制多个进程对共享资源的访问。信号量是进程间通信的一种重要的方法，但它本身并不进行数据交换，这点与第 4 章的管道和消息队列不同。信号量的准确定义应该是：它是一种计数器，用来控制对多个进程共享的资源所进行的访问。它们常常被用作一种锁机制，在某个进程正在对特定资源进行操作时，信号量可以防止另一个进程访问它。

举例来说，假如有许多相互协作的进程从一个数据文件中读取或写入记录，应当要求对文件的访问是严格同步的，否则读写就会产生混乱。同步机制可以这样实现：在文件操作的代码外面，使用两个信号量操作，并把信号量的初始值置为 1。第一个操作是测试并减少信号量的值，第二个操作是测试并增加信号量的值。当第一个进程访问文件时，首先要执行第一个操作，减少信号量的值，使信号量的值变为 0，这样第一个进程可以成功进行文件操作了；此时若有另一个进程要访问文件，执行第一个操作减小信号量的值，由于信号量的值是 0，不能继续操作，该进程被挂起，等待第一个进程完成数据文件的操作。当第一个进程完成文件操作时，需要执行第二个操作，增加信号量的值，使其再次变为 1；此时系统会唤醒所有等待该文件资源的进程，包括第二个进程，第二个进程被唤醒后，继续执行第一个操作，减少信号量的值，操作就会成功，从而可以访问文件。

信号量是一个整数，只能通过 P、V 原语进行操作。信号量大于或等于 0 时表示可供并发进程使用的资源数，小于 0 时表示正在等待使用资源的进程数。

如果一个进程需要访问共享资料，执行的操作如下：
（1）测试控制该资源的信号量。
（2）如果信号量的值大于 0，则访问该资源，并将信号量减 1。
（3）如果信号量的值小于或等于 0，则进入休眠状态，直至信号的值大于 0 时才被唤醒，返回到第一步。
（4）进程不再使用共享资源时，将信号量加 1，此时如果有其他进程正在休眠等待该信号量，则将其唤醒。

5.3.1 信号量的创建

semget 函数用来创建或打开一个信号量集，其函数原型如下：

#include <sys/types.h>
#include <sys/ipc.h>
#include <sys/sem.h>
int semget(key_t key, int nsems, int semflg);

参数 key 为信号量的键值，它可以由用户直接指定，或通过调用 ftok 函数来生成；参数 nsems 为信号量集中的元素个数，通常设为 1；参数 semflg 用来创建信号量并设定其访问权限。函数执行成功后，返回信号量的标识符，否则返回 -1，并设置相应的错误码。

范例 example5-6 使用 semget 函数创建一个信号量集。

源程序　example5-6.c

/* example5-6.c */
#include <stdlib.h>
#include <stdio.h>
#include <unistd.h>
#include <sys/types.h>
#include <sys/ipc.h>
#include <sys/sem.h>
int main()

```
{
    int semid;
    key_t key;
    key = ftok("/home/studio/OSProc/chapter05/example5-6/test",'a');
    if (key < 0)
    {
        perror("ftok");
        exit(1);
    }
    semid = semget(key, 1, IPC_CREAT | 0666);
    if (semid < 0)
    {
        perror("semget");
        exit(1);
    }
    printf("Done! \n");
    return 0;
}
```

编译程序 example5-6 并运行，运行结束后，用 ipcs -s 查看系统中的信号量，结果如图 5-7 所示。

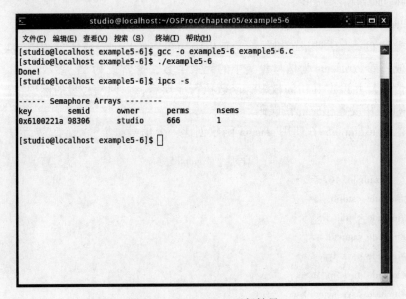

图 5-7　example5-6 运行结果

可以看到，example5-6 创建的信号量的键值为 0x6100221a，ID 为 98306。

5.3.2 信号量的控制

使用 semctl 函数用来对信号量进行控制，其函数原型如下：

#include <sys/types.h>
#include <sys/ipc.h>
#include <sys/sem.h>
int semctl(int semid, int semnum, int cmd, ...);

参数 semid 为信号量的标识符；参数 semnum 为信号集中元素的个数；参数 cmd 为控制命令，它的取值如下：

（1）IPC_RMID：删除一个信号量。
（2）IPC_EXCL：只有在信号量集不存在时创建。
（3）IPC_SET 设置信号量的访问权限。
（4）SETVAL：设置指定信号量的值。
（5）GETVAL：获取指定信号量的值。
（6）GETPID：获取最后操作信号量进程的标识符。
（7）GETNCNT：获取等待信号量变为 1 的进程数。
（8）GETZCNT：获取等待信号量变为 0 的进程数。

5.3.3 利用信号量实现进程同步

semop 函数用来对信号量进行操作，如加 1、减 1，或者测试是否为 0，其函数原型如下：

#include <sys/types.h>
#include <sys/ipc.h>
#include <sys/sem.h>
int semop(int semid, struct sembuf * sops, unsigned nsops);

参数 semid 为信号量的标识符；参数 sops 为指向信号量数组的指针；参数 nsops 为数组中元素的个数。

sembuf 结构的定义如下：

struct sembuf {
　　unsigned shor　　tsem_num;
　　short　　　　　　sem_op;

```
short           sem_flg;
}
```

其中，sem_num 为要操作的信号量在信号量集中的序号；sem_op 表示要执行的操作，可以取为整数、负数或零；sem_flg 为操作的选项，可以设为 IPC_NOWAIT 或 SEM_UNDO。

如果 sem_op 为正数，表示进程不再使用资源，semop 函数将该值加到相应的信号量上，并唤醒等待的进程；如果 sem_op 为负数，表示进程希望使用资源，semop 函数将该值加到相应的信号量上，如果为负数，则阻塞进程；如果 sem_op 为 0，表示进程要一直等待，直到信号量的值变为 0。

函数调用成功后，返回值为 0，调用过程中发生错误或被信号中断，则返回-1，并设置相应的错误码。

范例 example5-7 通过信号量来实现进程间的同步。

源程序　example5-7.c

```c
/* example5-7.c */
#include <stdlib.h>
#include <stdio.h>
#include <unistd.h>
#include <error.h>
#include <sys/types.h>
#include <sys/ipc.h>
#include <sys/sem.h>
#include <sys/wait.h>
int main()
{
    int semid;
    key_t key;
    pid_t pid;
    int i, ret, status;
    struct sembuf lock = {0, -1, SEM_UNDO};
    struct sembuf unlock = {0, 1, SEM_UNDO | IPC_NOWAIT};
    key = ftok("/home/studio/OSProc/chapter05/example5-7/test", 'b');
    semid = semget(key, 1, IPC_CREAT | 0666);
    if (semid < 0)
    {
        perror("semget");
```

```c
        exit(1);
    }
    ret = semctl(semid, 0, SETVAL, 1);
    if (ret == -1)
    {
        perror("semctl");
        exit(1);
    }
    pid = fork();
    if (pid < 0)
    {
        perror("fork");
        exit(1);
    }
    if (pid == 0)
    {
        for (i = 0; i < 3; i++)
        {
            sleep(abs((int)(3.0 * rand()/(RAND_MAX+1))));
            ret = semop(semid, &lock, 1); /*申请访问共享资源*/
            if (ret == -1)
            {
                perror("lock error");
                exit(1);
            }
            printf("Child process access the resource.\n");
            sleep(abs((int)(3.0 * rand()/(RAND_MAX+1))));
            printf("Complete!\n");
            ret = semop(semid, &unlock, 1);
            if (ret == -1)
            {
                perror("unlock error");
                exit(1);
            }
        }
    }
```

```
        else
        {
            for (i=0; i<3; i++)
            {
                sleep(abs((int)(3.0*rand()/(RAND_MAX+1))));
                ret = semop(semid, &lock, 1);
                if (ret == -1)
                {
                    perror("lock error");
                    exit(1);
                }
                printf("Parent process access the resource. \n");
                sleep(abs((int)(3.0*rand()/(RAND_MAX+1))));
                printf("Complete! \n");
                ret = semop(semid, &unlock, 1);
                if (ret == -1)
                {
                    perror("unlock error");
                    exit(1);
                }
            }
            if (pid != wait(&status))
            {
                perror("wait");
                exit(1);
            }
            ret = semctl(semid, 0, IPC_RMID, 0);    /*删除信号量*/
            if (ret == -1)
            {
                perror("semctl");
                exit(1);
            }
        }
        return 0;
}
```

编译程序 example5-7.c 并运行，结果如图 5-8 所示。

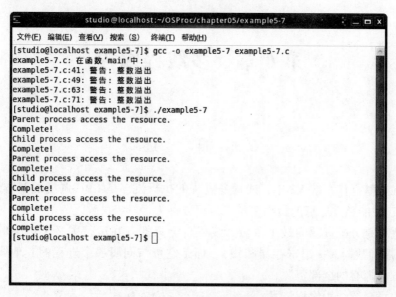

图 5-8 example5-7 运行结果

可以看到，信号量实现了父进程与子进程对共享资源的访问控制。

第6章 多线程编程

6.1 概　述

在麒麟操作系统 V3 中，线程是进程的执行流，是 CPU 调度的基本单位，是 CPU 中能独立运行的最小单位，也可以称为轻量级进程。

进程是分配资源的最小单位。线程自己只拥有在运行中必不可少的资源（如程序计数器，一组寄存器和栈），但是它可与同属一个进程的其他线程共享进程所拥有的全部资源。

本章介绍线程编程技术。

本章主要知识点：

（1）线程基本概念，主要阐述线程的概念，与进程概念进行比较。

（2）线程基本操作，主要讲解线程创建、运行、终止的过程。

（3）线程同步，主要讲解了互斥锁、信号量、条件变量、读写锁等线程同步机制。

通过本章的学习，读者可以基本掌握麒麟操作系统下的线程编程技术。

6.2 线程的基本概念

相对进程而言，线程是一个更加接近于执行体的概念，它可以与同进程中的其他线程共享数据，但拥有自己的栈空间，拥有独立的执行序列。

线程是进程的一部分，进程可包含多个在运行的线程。线程可以利用进程所拥有的资源。在麒麟操作系统中，进程作为分配资源的基本单位，而把线程作为独立运行和独立调度的基本单位。由于线程比进程更小，基本上不拥有系统资源，故对它的调度所付出的开销就会小得多，系统内多个程序间并发执行的效率就会更高。

线程和进程在使用上各有优缺点：线程执行开销小，但不利于资源的管理和保护；而进程正相反。

6.2.1 多线程编程的意义

顾名思义，多线程编程就是利用线程的特点和机制编制应用程序。由于线程与进程各有优势，在有些既要求逻辑完整性，又需要提高程序执行效率的场合，采用多线程编程成为选择。

（1）线程启动时间远小于进程启动时间。启动一个新的进程必须分配给它独立的地址空间，建立众多的数据表来维护它的代码段、堆栈段和数据段，这是一种"昂贵"的多任务工作方式，而运行于一个进程中的多个线程，它们彼此之间使用相同的地址空间，共享大部分数据。

（2）线程间的切换时间远小于进程间的切换时间。

（3）线程间方便的通信机制。对不同进程来说，它们具有独立的数据空间，要进行数据传递只能通过通信的方式进行，这种方式不仅费时，而且很不方便。线程则不然，由于同一进程下的线程之间共享数据空间，所以一个线程的数据可以直接为其他线程所用，这不仅快捷，而且方便。当然，数据的共享也带来其他一些问题，有的变量不能同时被两个线程所修改，有的子程序中声明为 static 的数据更有可能给多线程程序带来灾难性的打击，这些正是编写多线程程序时最需要注意的地方。

6.2.2 多线程编程标准与线程库

麒麟操作系统下的线程编程接口遵循 POSIX 线程接口规范。POSIX 表示可移植操作系统接口（Portable Operating System Interface of UNIX，POSIX），定义了操作系统应该为应用程序提供的接口标准，是 IEEE 为要在各种 UNIX 操作系统上运行的软件定义的一系列 API 标准的总称。

POSIX 的多线程接口称为 Pthread。Pthreads 定义了一套 C 语言的类型、函数与常量，它以 pthread.h 头文件和一个线程库实现。麒麟操作系统中的 POSIX 标准线程库文件是 libpthread.so，编译时并不会默认链接，因此在 gcc 编译时需要加上 -lpthread 参数。

6.3 线程的基本操作

6.3.1 线程创建

POSIX 通过 pthread_create()函数创建线程，API 定义如下：

```
int pthread_create(pthread_t * thread, pthread_attr_t * attr,
            void * ( * start_routine)(void * ), void *  arg);
```

与fork()调用创建一个进程的方法不同，pthread_create()创建的线程并不具备与主线程（调用pthread_create()的线程）同样的执行序列，而是使其运行start_routine(arg)函数。thread返回创建的线程ID，pthread_t是线程ID，而attr是创建线程时设置的线程属性。pthread_create()的返回值表示线程创建是否成功。尽管arg是void *类型的变量，但它同样可以作为任意类型的参数传给start_routine()函数；同时，start_routine()可以返回一个void *类型的返回值，而这个返回值也可以是其他类型，并由pthread_join()获取。

pthread_create()中的attr参数是一个结构指针，结构中的元素分别对应着新线程的运行属性，主要包括以下几项：

__detachstate，表示新线程是否与进程中其他线程脱离同步，如果置位则新线程不能用pthread_join()来同步，且在退出时自行释放所占用的资源。默认为PTHREAD_CREATE_JOINABLE状态。这个属性也可以在线程创建并运行以后用pthread_detach()来设置，而一旦设置为PTHREAD_CREATE_DETACH状态（不论是创建时设置还是运行时设置）则不能再恢复到PTHREAD_CREATE_JOINABLE状态。

__schedpolicy，表示新线程的调度策略，主要包括SCHED_OTHER（正常、非实时）、SCHED_RR（实时、轮转法）和SCHED_FIFO（实时、先入先出）三种，默认为SCHED_OTHER，后两种调度策略仅对超级用户有效。运行时可以用过pthread_setschedparam()来改变。

__schedparam，一个struct sched_param结构，目前仅有一个sched_priority整型变量表示线程的运行优先级。这个参数仅当调度策略为实时（即SCHED_RR或SCHED_FIFO）时才有效，并可以在运行时通过pthread_setschedparam()函数来改变，默认为0。

__inheritsched，有两种值可供选择：PTHREAD_EXPLICIT_SCHED和PTHREAD_INHERIT_SCHED，前者表示新线程使用显式指定调度策略和调度参数（attr中的值），而后者表示继承调用者线程的值。默认为PTHREAD_EXPLICIT_SCHED。

__scope，表示线程间竞争CPU的范围，也就是说线程优先级的有效范围。POSIX的标准中定义了两个值：PTHREAD_SCOPE_SYSTEM和PTHREAD_SCOPE_PROCESS，前者表示与系统中所有线程一起竞争CPU时间，后者表示仅与同进程中的线程竞争CPU。

pthread_attr_t结构中还有一些值，但不使用pthread_create()来设置。

为了设置这些属性，POSIX 定义了一系列属性设置函数，包括 pthread_attr_init( )、pthread_attr_destroy( ) 和与各个属性相关的 pthread_attr_get---/pthread_attr_set---函数。

6.3.2　线程运行

多线程设计通常是比较麻烦的，因为它牵涉线程间的同步和执行顺序问题。在用户没有设定线程间的调度策略时，系统默认采取基于时间片轮转的调度策略。本节以一个范例 example6-1 来说明线程间的执行顺序问题。

源程序 example6-1 代码如下：

源程序　example6-1.c

```c
/* example6-1.c */
#include <stdio.h>
#include <pthread.h>
#include <stdlib.h>
#include <unistd.h>
#include <signal.h>
static void thread_one(char * msg);
static void thread_two(char * msg);
int main(int argc,char ** argv)
{
    pthread_t th_one,th_two;
    char * msg="thread";
    printf("thread_one starting\n");
    if(pthread_create(&th_one,NULL,(void * )&thread_one,msg)!=0)
    {
        exit(EXIT_FAILURE);
    }
    sleep(1);                    //@1
    printf("thread_two starting\n");
    if(pthread_create(&th_two,NULL,(void * )&thread_two,msg)!=0)
    {
        exit(EXIT_FAILURE);
    }
    printf("Main thread will sleep1S\n");
    sleep(1);                    //@2
    return 0;
```

```
}
static void thread_one(char * msg)
{
    int i=0;
    while(i<6)
    {
        printf("I am one.loop%d\n",i);
        i++;
        //sleep(1);                //@3
    }
}
static void thread_two(char * msg)
{
    int i=0;
    while(i<6)
    {
        printf("I am two.loop%d\n",i);
        i++;
        //sleep(1);                //@4
    }
}
```

下面分析 example6-1 的线程执行顺序。

分 6 个不同情况进行分析。

(1) 主线程没有执行等待。在主线程没有执行等待的情况下,即@1 和@2 在注释掉的情况下,编译程序,可执行文件为 example6-1a。

注意,由于线程函数库不是默认的函数库,所以在用 gcc 编译时,需要用 -l 参数加上连接的线程函数库 pthread:gcc -lpthread,如图 6-1 所示。本节中的所有示例均需要指定连接的线程函数库。

可以看出,多线程中在主线程有空闲的条件下,子线程可以得到执行,即如果主线程忙,或者是没有执行等待,那么子线程是不会执行的。

(2) 程序在@1 中执行等待,@2 中不等待。在@1 中执行等待,@2 中不等待的情况下,编译程序,可执行文件为 example6-1b。程序编译运行结果如图 6-2 所示。

程序在运行到 I am one. loop5 时,停顿一下,再执行。

主线程在@1 处,停了 1s,等待线程 1 执行,在线程 1 执行完毕后,有时

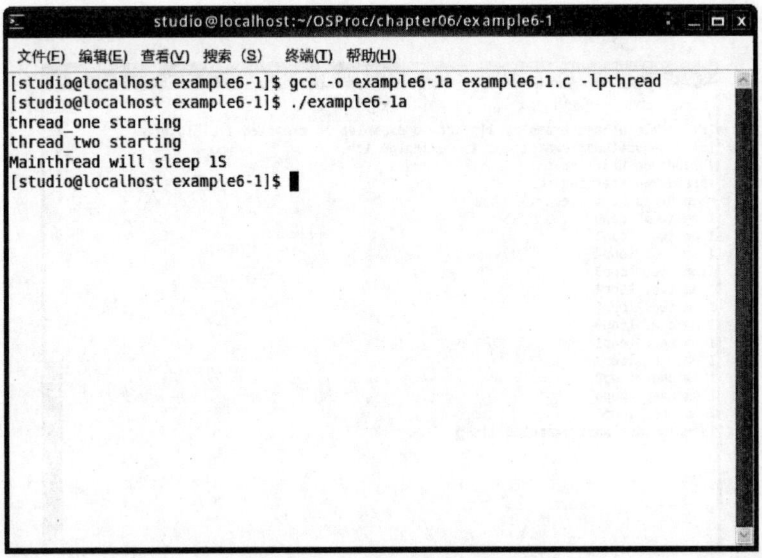

图 6-1　example6-1a 运行结果

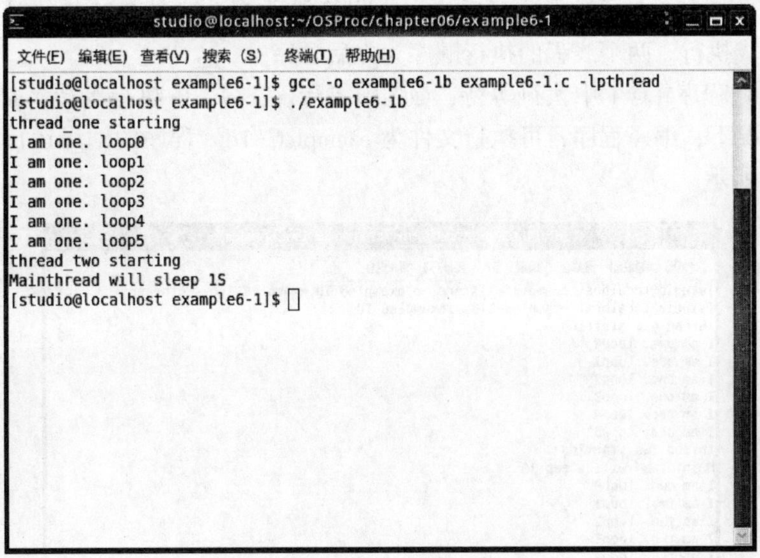

图 6-2　example6-1b 运行结果

还有时间,主线程继续等待 1s 后,重新执行。

(3) 程序在@1 中不执行等待,@2 中等待。在@1 中不执行等待,@2 中等待的情况下,编译程序,可执行文件为 example6-1c。程序编译运行结果如图 6-3 所示。

```
[studio@localhost example6-1]$ gcc -o example6-1c example6-1.c -lpthread
[studio@localhost example6-1]$ ./example6-1c
thread_one starting
thread_two starting
Mainthread will sleep 1S
I am two. loop0
I am two. loop1
I am two. loop2
I am two. loop3
I am two. loop4
I am two. loop5
I am one. loop0
I am one. loop1
I am one. loop2
I am one. loop3
I am one. loop4
I am one. loop5
[studio@localhost example6-1]$
```

图 6-3　example6-1c 运行结果

可见，在两个子线程运行后，主线程等待了 1s，这是有充分的时间让子线程完成执行。两个线程的执行顺序为先后顺序。

（4）程序在@1 中执行等待，@2 中等待。在@1 中执行等待，@2 中等待的情况下，编译程序，可执行文件为 example6-1d。程序的编译运行结果如图 6-4 所示。

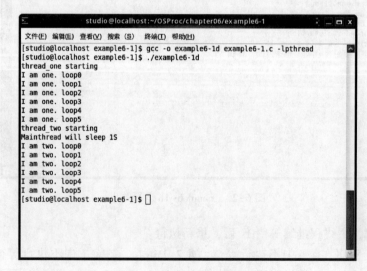

```
[studio@localhost example6-1]$ gcc -o example6-1d example6-1.c -lpthread
[studio@localhost example6-1]$ ./example6-1d
thread_one starting
I am one. loop0
I am one. loop1
I am one. loop2
I am one. loop3
I am one. loop4
I am one. loop5
thread_two starting
Mainthread will sleep 1S
I am two. loop0
I am two. loop1
I am two. loop2
I am two. loop3
I am two. loop4
I am two. loop5
[studio@localhost example6-1]$
```

图 6-4　example6-1d 运行结果

程序在运行到 I am one. loop5 时，停顿了一下。等待够 1s 后继续执行。

在主线中，等待充分的时间使子线程执行，可以保证顺序执行。

(5) @1、@2、@3、@4 中各等待 1s。在@1、@2、@3、@4 中各等待 1s 的情况下，编译程序，可执行文件为 example6-1e。程序编译运行结果如图 6-5 所示。

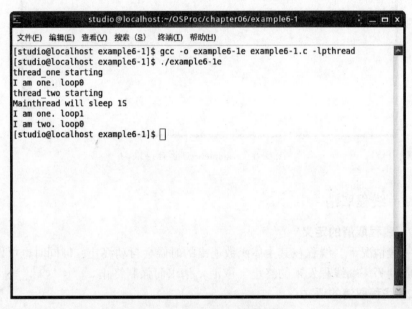

图 6-5　example6-1e 运行结果

在@1 处，主线程等待了 1s，让子线程 1 执行。子线程 1 执行一次循环，等待了 1s。由于超过了主线程的等待时间，主线程在等待够 1s 后，继续执行。由于子线程 1 在子线程 2 显示输出时，被激活，所以子线程又循环一次后，子线程 2 输出结果。

(6) @1、@3、@4 中各等待 1s，@2 中等待 3s。在@1、@3、@4 中各等待 1s，@2 中等待 3s 的情况下，编译程序，可执行文件为 example6-1f。程序编译运行结果如图 6-6 所示。

在主线程等待 3s 时，由于线程 1 和线程 2 都已经执行。并且执行一次循环后，等待 1s。所以，运行的结果是线程 1 和线程 2 交替运行。

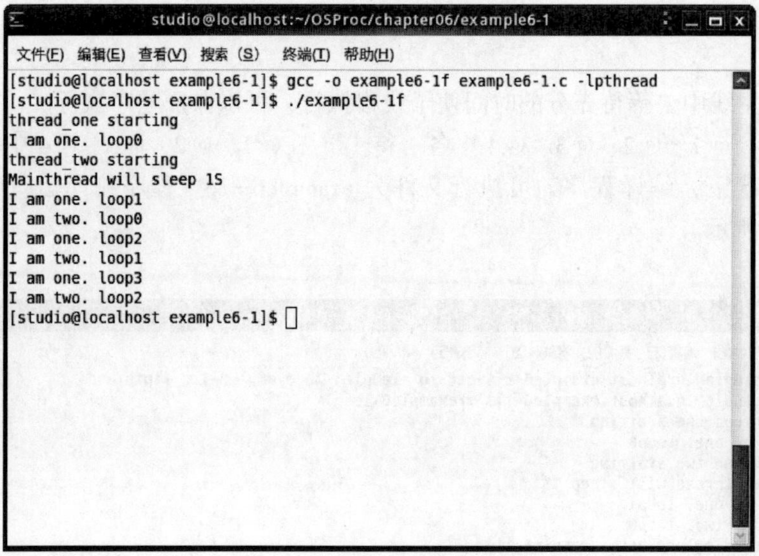

```
studio@localhost:~/OSProc/chapter06/example6-1
文件(F) 编辑(E) 查看(V) 搜索(S) 终端(T) 帮助(H)
[studio@localhost example6-1]$ gcc -o example6-1f example6-1.c -lpthread
[studio@localhost example6-1]$ ./example6-1f
thread_one starting
I am one. loop0
thread_two starting
Mainthread will sleep 1S
I am one. loop1
I am two. loop0
I am one. loop2
I am two. loop1
I am one. loop3
I am two. loop2
[studio@localhost example6-1]$
```

图 6-6　example6-1f 运行结果

6.3.3　线程取消

1. 线程取消的定义

一般情况下，线程在其主体函数退出的时候会自动终止，但同时也可以因为接收到另一个线程发来的终止（取消）请求而强制终止。

2. 线程取消的语义

线程取消的方法是向目标线程发送 Cancel 信号，但如何处理 Cancel 信号则由目标线程自己决定，或者忽略，或者立即终止，或者继续运行至 Cancelation-point（取消点），由不同的 Cancelation 状态决定。

线程接收到 CANCEL 信号的默认处理（即 pthread_create( ) 创建线程的默认状态）是继续运行至取消点，也就是说设置一个 CANCELED 状态，线程继续运行，只有运行至 Cancelation-point 的时候才会退出。

3. 取消点

根据 POSIX 标准，pthread_join( )、pthread_testcancel( )、pthread_cond_wait( )、pthread_cond_timedwait( )、sem_wait( )、sigwait( ) 等函数以及 read( )、write( ) 等会引起阻塞的系统调用都是 Cancelation-point，而其他 pthread 函数都不会引起 Cancelation 动作。但是 pthread_cancel 的手册页声称，由于 LinuxThread 库与 C 库结合得不好，因而目前 C 库函数都不是 Cancelation-point；但 CANCEL 信号会使线程从阻塞的系统调用中退出，并置 EINTR 错误

码，因此可以在需要作为 Cancelation-point 的系统调用前后调用 pthread_testcancel( )，从而达到 POSIX 标准所要求的目标，代码段如下：

```
pthread_testcancel( );
retcode = read(fd, buffer, length);
pthread_testcancel( );
```

4. 程序设计方面的考虑

如果线程处于无限循环中，且循环体内没有执行至取消点的必然路径，则线程无法由外部其他线程的取消请求而终止。因此，在这样的循环体必经路径上应该加入 pthread_testcancel( ) 调用。

5. 与线程取消相关的 pthread 函数

int pthread_cancel(pthread_t thread)

发送终止信号给 thread 线程，如果成功，返回 0，否则为非 0 值。发送成功并不意味着 thread 会终止。

int pthread_setcancelstate(int state, int *oldstate)

设置本线程对 Cancel 信号的反应，state 有两种值：PTHREAD_CANCEL_ENABLE（默认）和 PTHREAD_CANCEL_DISABLE，分别表示收到信号后设为 CANCLED 状态和忽略 CANCEL 信号继续运行；old_state 如果不为 NULL 则存入原来的 Cancel 状态以便恢复。

int pthread_setcanceltype(int type, int *oldtype)

设置本线程取消动作的执行时机，type 由两种取值：PTHREAD_CANCEL_DEFFERED 和 PTHREAD_CANCEL_ASYCHRONOUS，仅当 Cancel 状态为 Enable 时有效，分别表示收到信号后继续运行至下一个取消点再退出和立即执行取消动作（退出）；oldtype 如果不为 NULL 则存入运来的取消动作类型值。

void pthread_testcancel(void)

检查本线程是否处于 Canceld 状态，如果是，进行取消动作，否则直接返回。

6.3.4 线程终止

1. 线程终止方式

一般来说，POSIX 的线程终止有两种情况：正常终止和非正常终止。线程主动调用 pthread_exit( ) 或者从线程函数中 return 都将使线程正常退出，这是可预见的退出方式；非正常终止是线程在其他线程的干预下，或者由于自身运行出错（如访问非法地址）而退出，这种退出方式是不可预见的。

2. 线程终止时的清理

无论是线程正常终止还是异常终止，都会存在资源释放的问题，在不考虑因运行出错而退出的前提下，如何保证线程终止时能顺利释放自己所占用的资源，特别是锁资源，是一个必须考虑的问题。

最经常出现的情形是资源独占锁的使用情况。线程为了访问临界资源而为其加上锁，但在访问过程中被外界取消，如果线程处于响应取消状态，且采用异步方式响应，或者在打开独占锁以前的运行路径上存在取消点，则该临界资源将永远处于锁定状态得不到释放。由于外界取消操作的不可预见性，因此需要一个机制来确保资源得到释放。

在 POSIX 线程 API 中提供了一个 pthread_cleanup_push( )/pthread_cleanup_pop( ) 函数对，用于自动释放资源。从 pthread_cleanup_push( ) 的调用点到 pthread_cleanup_pop( ) 之间的程序段中的终止动作（包括调用 pthread_exit( ) 和取消点终止）都将执行 pthread_cleanup_push( ) 所指定的清理函数。API 定义如下：

```
void pthread_cleanup_push(void (*routine) (void *),  void *arg);
void pthread_cleanup_pop(int execute);
```

pthread_cleanup_push( )/pthread_cleanup_pop( ) 采用堆栈方式管理清理函数，线程函数在调用 pthread_cleanup_push( ) 时，将 void routine(void *arg) 函数压入清理函数栈，多次对 pthread_cleanup_push( ) 的调用后，在清理函数栈中形成一个函数链，在执行该函数链时按照压栈的相反顺序弹出。execute 参数表示执行到 pthread_cleanup_pop( ) 时是否在弹出清理函数的同时执行该函数，为 0 表示不执行，非 0 为执行；这个参数并不影响异常终止时清理函数的执行。

pthread_cleanup_push( )/pthread_cleanup_pop( ) 是以宏方式实现的，以下是它们在 pthread.h 中的宏定义：

```
#define pthread_cleanup_push(routine,arg)                    \
   { struct _pthread_cleanup_buffer_buffer;                  \
     _pthread_cleanup_push (&_buffer, (routine), (arg));
#define pthread_cleanup_pop(execute)                         \
     _pthread_cleanup_pop (&_buffer, (execute)); }
```

可见，pthread_cleanup_push( ) 带有一个 "{"，而 pthread_cleanup_pop( )

带有一个"}",因此这两个函数必须成对出现,且必须位于程序的同一级别的代码段中才能通过编译。在下面的例子里,当线程在"do some work"中终止时,将主动调用 pthread_mutex_unlock(mut),以完成解锁动作。

```
pthread_cleanup_push(pthread_mutex_unlock, (void *) &mut);
pthread_mutex_lock(&mut);
/* do some work */
pthread_mutex_unlock(&mut);
pthread_cleanup_pop(0);
```

必须要注意的是,如果线程处于 PTHREAD_CANCEL_ASYNCHRONOUS 状态,上述代码段就有可能出错,因为 CANCEL 事件有可能在 pthread_cleanup_push() 和 pthread_mutex_lock() 之间发生,或者在 pthread_mutex_unlock() 和 pthread_cleanup_pop() 之间发生,从而导致清理函数 unlock 一个并没有加锁的 mutex 变量,造成错误。因此,在使用清理函数的时候,都应该暂时设置成 PTHREAD_CANCEL_DEFERRED 模式。

3. 线程终止的同步及其返回值

一般情况下,进程中各个线程的运行都是相互独立的,线程的终止不会通知其他线程,也不会影响其他线程,终止的线程所占用的资源也并不会随着线程的终止而得到释放。进程之间可以用 wait() 系统调用来同步终止并释放资源,线程之间也有类似的机制,那就是 pthread_join() 函数。

```
void pthread_exit(void * retval);
int pthread_join(pthread_t th, void ** thread_return);
int pthread_detach(pthread_t th);
```

pthread_join() 的调用者将挂起并等待 th 线程终止,retval 是 pthread_exit() 调用者线程(线程 ID 为 th)的返回值,如果 thread_return 不为 NULL,则 *thread_return=retval。一个线程仅允许唯一的一个线程使用 pthread_join() 等待它的终止,并且被等待的线程应该处于可 join 状态,即非 DETACHED 状态。

如果进程中的某个线程执行了 pthread_detach(th),则 th 线程将处于 DETACHED 状态,这使得 th 线程在结束运行时自行释放所占用的内存资源,同时也无法由 pthread_join() 同步,pthread_detach() 执行之后,对 th 请求 pthread_join() 将返回错误。

一个可 join 的线程所占用的内存仅当有线程对其执行了 pthread_join() 后才会释放,因此为了避免内存泄漏,所有线程的终止,要么已设为 DETACHED,要么就需要使用 pthread_join() 来回收。

4. 关于 pthread_exit( ) 和 return

理论上说，pthread_exit( )和线程函数退出的功能是相同的，函数结束时会在内部自动调用 pthread_exit( )来清理线程相关的资源。但实际上二者由于编译器的处理有很大的不同。

在进程主函数（main( )）中调用 pthread_exit( )，只会使主函数所在的线程（可以说是进程的主线程）退出；而如果是 return，编译器将使其调用进程退出的代码（如_exit( )），从而导致进程及其所有线程结束运行。

而在线程函数中主动调用 return，如果 return 语句包含在 pthread_cleanup_push( )/ pthread_cleanup_pop( )对中，则不会引起清理函数的执行，反而会导致 segment fault。

6.3.5 线程私有数据

1. 概念及作用

在单线程程序中，经常要用到"全局变量"以实现多个函数间共享数据。在多线程环境下，由于数据空间是共享的，因此全局变量也为所有线程所共有。但有时应用程序设计中有必要提供线程私有的全局变量，仅在某个线程中有效，但却可以跨多个函数访问，如程序可能需要每个线程维护一个链表，而使用相同的函数操作，最简单的办法就是使用同名而不同变量地址的线程相关数据结构。这样的数据结构可以由 Posix 线程库维护，称为线程私有数据（Thread-specific Data，TSD）。

2. 创建和注销

Posix 定义了两个 API 分别用来创建和注销 TSD：

int pthread_key_create(pthread_key_t * key, void (* destr_function) (void *));

该函数从 TSD 池中分配一项，将其值赋予 key 供以后访问使用。如果 destr_function 不为空，在线程退出（pthread_exit( )）时将以 key 所关联的数据为参数调用 destr_function( )，以释放分配的缓冲区。

不论哪个线程调用 pthread_key_create( )，所创建的 key 都是所有线程可访问的，但各个线程可根据自己的需要往 key 中填入不同的值，这就相当于提供了一个同名而不同值的全局变量。在麒麟操作系统的实现中，TSD 池用一个结构数组表示：

static struct pthread_key_struct pthread_keys[PTHREAD_KEYS_MAX] = { { 0, NULL } };

创建一个 TSD 就相当于将结构数组中的某一项设置为"in_use"，并将其索引返回给 * key，然后设置 destructor 函数为 destr_function。

注销一个 TSD 采用如下 API：

int pthread_key_delete(pthread_key_t key)

这个函数并不检查当前是否有线程正使用该 TSD，也不会调用清理函数（destr_function），而只是将 TSD 释放以供下一次调用 pthread_key_create( ) 使用。在线程库中，它还会将与之相关的线程数据项设为 NULL。

3. 访问

TSD 的读写都通过专门的 Posix Thread 函数进行，其 API 定义如下：

int pthread_setspecific(pthread_key_t key, const void * pointer)
void * pthread_getspecific(pthread_key_t key)

写入（pthread_setspecific( )）时，将 pointer 的值（不是所指的内容）与 key 相关联，而相应的读出函数则将与 key 相关联的数据读出来。数据类型都设为 void *，因此可以指向任何类型的数据。

在麒麟操作系统中，使用了一个位于线程描述结构（_pthread_descr_struct）中的二维 void * 指针数组来存放与 key 关联的数据，数组大小由以下几个宏来说明：

```
#define PTHREAD_KEY_2NDLEVEL_SIZE      32
#define PTHREAD_KEY_1STLEVEL_SIZE      \
((PTHREAD_KEYS_MAX + PTHREAD_KEY_2NDLEVEL_SIZE - 1)   \
/ PTHREAD_KEY_2NDLEVEL_SIZE)
```

其中在/usr/include/bits/local_lim.h 中定义了 PTHREAD_KEYS_MAX 为 1024，因此一维数组大小为 32。而具体存放的位置由 key 值经过以下计算得到：

idx1st = key / PTHREAD_KEY_2NDLEVEL_SIZE
idx2nd = key % PTHREAD_KEY_2NDLEVEL_SIZE

也就是说，数据存放于一个 32×32 的稀疏矩阵中。同样，访问的时候也由 key 值经过类似计算得到数据所在位置索引，再取出其中内容返回。

4. 使用范例

范例 example6-2 说明了如何使用线程私有数据。

源程序　example6-2.c

```
/* example6-2.c */
#include <stdio.h>
```

```c
#include <pthread.h>
pthread_key_t    key;
void echomsg(int t)
{
    printf("destructor excuted in thread%d,param=%d\n",pthread_self(),t);
}

void * child1(void * arg)
{
    pthread_t tid=pthread_self();
    printf("thread %d enter\n",(int)tid);
    pthread_setspecific(key,(void *)tid);
    sleep(2);
    printf("thread %d returns %d\n",(int)tid,pthread_getspecific(key));
    sleep(5);
}

void * child2(void * arg)
{
    pthread_t tid=pthread_self();
    printf("thread %d enter\n",(int)tid);
    pthread_setspecific(key,(void *)tid);
    sleep(1);
    printf("thread %d returns %d\n",(int)tid,pthread_getspecific(key));
    sleep(5);
}

int main(void)
{
    pthread_t tid1,tid2;
    printf("hello\n");
    pthread_key_create(&key,(void *)echomsg);
    pthread_create(&tid1,NULL,child1,NULL);
    pthread_create(&tid2,NULL,child2,NULL);
    sleep(10);
    pthread_key_delete(key);
    printf("main thread exit\n");
```

```
    return 0;
}
```

example6-2 编译运行结果如图 6-7 所示。

图 6-7   example6-2 编译运行结果

给例程创建两个线程分别设置同一个线程私有数据为自己的线程 ID，为了检验其私有性，程序错开了两个线程私有数据的写入和读出的时间，从程序运行结果可以看出，两个线程对 TSD 的修改互不干扰。

6.3.6　线程属性

线程属性标识符：pthread_attr_t 包含在 pthread.h 头文件中。

```
//线程属性结构如下：
typedef struct
{
    int etachstate;                        //线程的分离状态
    int schedpolicy;                       //线程调度策略
    struct sched_param schedparam;         //线程的调度参数
    int inheritsched;                      //线程的继承性
    int scope;                             //线程的作用域
    size_t guardsize;                      //线程栈末尾的警戒缓冲区大小
    int stackaddr_set;                     //线程的栈设置
```

```
        void * stackaddr;              //线程栈的位置
        size_t stacksize;              //线程栈的大小
}pthread_attr_t;
//线程属性结构如下:
typedef struct
{
        int etachstate;                //线程的分离状态
        int schedpolicy;               //线程调度策略
        struct sched_param schedparam; //线程的调度参数
        int inheritsched;              //线程的继承性
        int scope;                     //线程的作用域
        size_t guardsize;              //线程栈末尾的警戒缓冲区大小
        int stackaddr_set;             //线程的栈设置
        void * stackaddr;              //线程栈的位置
        size_t stacksize;              //线程栈的大小
}pthread_attr_t;
```

属性值不能直接设置，须使用相关函数进行操作，初始化的函数为 pthread_attr_init，这个函数必须在 pthread_create 函数之前调用，之后须用 pthread_attr_destroy 函数来释放资源。线程属性主要包括如下属性：作用域（scope）、绑定状态（binding state）、分离状态（detached state）、优先级（priority）、栈地址（stack address）、栈大小（stack size）、栈保护区大小（stackguard size）、调度策略（schedpolicy）、并行级别（concurrency）。默认的属性为非绑定、非分离、默认1M的堆栈、与父进程同样级别的优先级。

1. 线程的作用域

作用域属性描述特定线程将与哪些线程竞争资源。线程可以在以下两种竞争域内竞争资源。

（1）进程域（process scope）：与同一进程内的其他线程。

（2）系统域（system scope）：与系统中的所有线程。一个具有系统域的线程将与整个系统中所有具有系统域的线程按照优先级竞争处理器资源，进行调度。

2. 线程的绑定状态

关于线程的绑定，牵涉另外一个概念，即轻进程（Light Weight Process，LWP）。轻进程可以理解为内核线程，它位于用户层和系统层之间。系统对线程资源的分配、线程的控制是通过轻进程来实现的，一个轻进程可以控制一个或多个线程。

（1）非绑定状态。默认状况下，启动多少轻进程、哪些轻进程来控制哪些线程是由系统来控制的，这种状况称为非绑定的。

（2）绑定状态。绑定状况下，某个线程固定的"绑"在一个轻进程之上。被绑定的线程具有较高的响应速度，这是因为 CPU 时间片的调度是面向轻进程的，绑定的线程可以保证在需要的时候它总有一个轻进程可用。通过设置被绑定轻进程的优先级和调度级，可以使得绑定的线程满足诸如实时反应之类的要求。

3. 线程的分离状态

线程的分离状态决定一个线程以什么样的方式来终止自己。

（1）非分离状态。线程的默认属性是非分离状态，在这种情况下，原有的线程等待创建的线程结束。只有当 pthread_join( ) 函数返回时，创建的线程才算终止，才能释放自己占用的系统资源。

（2）分离状态。分离线程没有被其他的线程所等待，自己运行结束了，线程也就终止了，马上释放系统资源。应该根据自己的需要，选择适当的分离状态。线程分离状态的函数：pthread_attr_setdetachstate(pthread_attr_t * attr, int detachstate)。

第二个参数可选为 PTHREAD_CREATE_DETACHED（分离线程）和 PTHREAD_CREATE_JOINABLE（非分离线程）。

这里要注意的一点是，如果设置一个线程为分离线程，而这个线程运行又非常快，它很可能在 pthread_create 函数返回之前就终止了，它终止以后就可能将线程号和系统资源移交给其他的线程使用，这样调用 pthread_create 的线程就得到了错误的线程号。要避免这种情况可以采取一定的同步措施，最简单的方法之一是可以在被创建的线程里调用 pthread_cond_timewait 函数，让这个线程等待一会儿，留出足够的时间让函数 pthread_create 返回。设置一段等待时间，是在多线程编程里常用的方法。但是，不要使用诸如 wait( ) 之类的函数，它们是使整个进程睡眠，并不能解决线程同步的问题。

4. 线程的优先级

（1）新线程的优先级为默认为 0。

（2）新线程不继承父线程调度优先级（PTHREAD_EXPLICIT_SCHED）。

（3）仅当调度策略为实时（即 SCHED_RR 或 SCHED_FIFO）时才有效，并可以在运行时通过 pthread_setschedparam( ) 函数来改变，默认为 0。

5. 线程的栈地址

（1）POSIX 定义了两个常量 _POSIX_THREAD_ATTR_STACKADDR 和 _POSIX_THREAD_ATTR_STACKSIZE 检测系统是否支持栈属性。

（2）也可以给 sysconf 函数传递 _SC_THREAD_ATTR_STACKADDR 或 _SC_

THREAD_ATTR_STACKSIZE 来进行检测。

（3）当进程栈地址空间不够用时，指定新建线程使用由 malloc 分配的空间作为自己的栈空间。通过 pthread_attr_setstackaddr 和 pthread_attr_getstackaddr 两个函数分别设置和获取线程的栈地址。传给 pthread_attr_setstackaddr 函数的地址是缓冲区的低地址（不一定是栈的开始地址，栈可能从高地址往低地址增长）。

6. 线程的栈大小

（1）当系统中有很多线程时，可能需要减小每个线程栈的默认大小，防止进程的地址空间不够用。

（2）当线程调用的函数会分配很大的局部变量或者函数调用层次很深时，可能需要增大线程栈的默认大小。

（3）函数 pthread_attr_getstacksize 和 pthread_attr_setstacksize 提供设置。

7. 线程的栈保护区大小（stackguard size）

（1）在线程栈顶留出一段空间，防止栈溢出。

（2）当栈指针进入这段保护区时，系统会发出错误，通常是发送信号给线程。

（3）该属性默认值是 PAGESIZE 大小，该属性被设置时，系统会自动将该属性大小补齐为页大小的整数倍。

（4）当改变栈地址属性时，栈保护区大小通常清零。

8. 线程的调度策略

POSIX 标准指定了三种调度策略：先入先出策略（SCHED_FIFO）、循环策略（SCHED_RR）和自定义策略（SCHED_OTHER）。SCHED_FIFO 是基于队列的调度程序，对于每个优先级都会使用不同的队列。SCHED_RR 与 FIFO 相似，不同的是前者的每个线程都有一个执行时间配额。SCHED_FIFO 和 SCHED_RR 是对 POSIXRealtime 的扩展。SCHED_OTHER 是默认的调度策略。

（1）新线程默认使用 SCHED_OTHER 调度策略。线程一旦开始运行，直到被抢占或者直到线程阻塞或停止为止。

（2）SCHED_FIFO。

如果调用进程具有有效的用户 ID0，则争用范围为系统（PTHREAD_SCOPE_SYSTEM）的先入先出线程属于实时（RT）调度类。如果这些线程未被优先级更高的线程抢占，则会继续处理该线程，直到该线程放弃或阻塞为止。对于具有进程争用范围（PTHREAD_SCOPE_PROCESS）的线程或其调用进程没有有效用户 ID0 的线程，请使用 SCHED_FIFO，SCHED_FIFO 基于 TS 调度类。

(3) SCHED_RR。

如果调用进程具有有效的用户 ID0,则争用范围为系统(PTHREAD_SCOPE_SYSTEM))的循环线程属于实时(RT)调度类。如果这些线程未被优先级更高的线程抢占,并且这些线程没有放弃或阻塞,则在系统确定的时间段内将一直执行这些线程。对于具有进程争用范围(PTHREAD_SCOPE_PROCESS)的线程,请使用 SCHED_RR(基于 TS 调度类)。此外,这些线程的调用进程没有有效的用户 ID0。

9. 线程的并行级别

应用程序使用 pthread_setconcurrency( )通知系统其所需的并发级别。

6.3.7 线程的其他函数介绍

在 Posix 线程规范中还有几个辅助函数难以归类,暂且称其为杂项函数,主要包括 pthread_self( )、pthread_equal( )和 pthread_once( ),另外还有一个非可移植性扩展函数 pthread_kill_other_threads_np( )。

1. 获得本线程 ID

pthread_t pthread_self(void)

本函数返回本线程的标识符。

每个线程都用一个 pthread_descr 结构来描述,其中包含了线程状态、线程 ID 等所有需要的数据结构,此函数的实现就是在线程栈帧中找到本线程的 pthread_descr 结构,然后返回其中的 p_tid 项。

pthread_t 类型定义为无符号长整型。

2. 判断两个线程是否为同一线程

int pthread_equal(pthread_tthread1, pthread_t thread2)

判断两个线程描述符是否指向同一线程。线程 ID 相同的线程必然是同一个线程,因此,这个函数的实现仅仅判断 thread1 和 thread2 是否相等。

3. 仅执行一次的操作

int pthread_once(pthread_once_t * once_control, void (* init_routine) (void))

本函数使用初值为 PTHREAD_ONCE_INIT 的 once_control 变量保证 init_routine( )函数在本进程执行序列中仅执行一次。

在范例 example6-3 中,pthread_once(&once,once_run)出现在两个线程中,但是 once_run( )函数仅执行一次,而且在运行中并不能确定其是哪个线程中执行的。源程序 example6-3 代码如下:

源程序　example6-3.c

```c
/* example6-3.c */
#include <stdio.h>
#include <pthread.h>
pthread_once_t   once=PTHREAD_ONCE_INIT;

void once_run(void)
{
    printf("once_run in thread %d\n",pthread_self());
}


void *child1(void *arg)
{
    pthread_t tid=pthread_self();
    printf("thread %d enter\n",(int)tid);
    pthread_once(&once,once_run);
    printf("thread %d returns\n",(int)tid);
}


void *child2(void *arg)
{
    pthread_t tid=pthread_self();
    printf("thread %d enter\n",(int)tid);
    pthread_once(&once,once_run);
    printf("thread %d returns\n",(int)tid);
}


int main(void)
{
    pthread_t tid1,tid2;
    printf("hello\n");
    pthread_create(&tid1,NULL,child1,NULL);
    pthread_create(&tid2,NULL,child2,NULL);
    sleep(10);
    printf("main thread exit\n");
    return 0;
}
```

example6-3 编译运行结果如图 6-8 所示。

图 6-8　example6-3 编译运行结果

麒麟操作系统使用互斥锁和条件变量保证由 pthread_once( ) 指定的函数执行且仅执行一次，而 once_control 则表征是否执行过。如果 once_control 的初值不是 PTHREAD_ONCE_INIT（定义为 0），pthread_once( ) 的行为就会不正常。在麒麟操作系统中，实际"一次性函数"的执行状态有三种：NEVER（0）、IN_PROGRESS（1）、DONE（2）。如果 once 初值设为 1，则由于所有 pthread_once( ) 都必须等待其中一个激发"已执行一次"信号，因此所有 pthread_once( ) 都会陷入永久的等待中；如果设为 2，则表示该函数已执行过一次，从而所有 pthread_once( ) 都会立即返回 0。

4. pthread_kill_other_threads_np( )

void pthread_kill_other_threads_np(void)

这个函数是麒麟操作系统针对本身无法实现 POSIX 约定而做的扩展。POSIX 要求当进程的某一个线程执行 exec * 系统调用在进程空间中加载另一个程序时，当前进程的所有线程都应终止。但在麒麟操作系统中，exec 并没有实现该机制，因此要求线程执行 exec 前手工终止其他所有线程。pthread_kill_other_threads_np( ) 就起这个作用。

但是 pthread_kill_other_threads_np( ) 并没有通过 pthread_cancel( ) 来终止线程，而是直接向管理线程发"进程退出"信号，使所有其他线程都结束运行，而不经过 Cancel 动作，当然也不会执行退出回调函数。

6.4 线程同步

现在流行的进程线程同步互斥的控制机制，其实是由最原始、最基本的 4 种方法实现的。

临界区：通过对多线程的串行化来访问公共资源或一段代码，速度快，适合控制数据访问。

互斥量：为协调共同对一个共享资源的单独访问而设计的。

信号量：为控制一个具有有限数量用户资源而设计。

事件：用来通知线程有一些事件已发生，从而启动后继任务的开始。

线程的最大特点是资源的共享性，但资源共享中的同步问题是多线程编程的难点。麒麟操作系统提供了多种方式来处理线程同步，最常用的是互斥锁、条件变量和信号量。

6.4.1 互斥锁

尽管在 Posix Thread 中同样可以使用 IPC 的信号量机制来实现互斥锁 mutex 功能，但显然 semphore 的功能过于强大，在 Posix Thread 中定义了另外一套专门用于线程同步的 mutex 函数。

1. 创建和销毁

有两种方法创建互斥锁：静态方式和动态方式。POSIX 定义了一个宏 PTHREAD_MUTEX_INITIALIZER 来静态初始化互斥锁，方法如下：

pthread_mutex_t mutex=PTHREAD_MUTEX_INITIALIZER；

pthread_mutex_t 是一个结构，而 PTHREAD_MUTEX_INITIALIZER 则是一个结构常量。

动态方式是采用 pthread_mutex_init( )函数来初始化互斥锁，API 定义如下：

int pthread_mutex_init(pthread_mutex_t * mutex, const pthread_mutexattr_t * mutexattr)

mutexattr 用于指定互斥锁属性（见下），如果为 NULL 则使用默认属性。

pthread_mutex_destroy( )用于注销一个互斥锁，API 定义如下：

int pthread_mutex_destroy(pthread_mutex_t * mutex)

销毁一个互斥锁即意味着释放它所占用的资源，且要求锁当前处于开放状态。由于在麒麟操作系统中，互斥锁并不占用任何资源，因此 pthread_mutex_destroy( )除了检查锁状态以外（锁定状态则返回 EBUSY）没有其他动作。

2. 互斥锁属性

互斥锁的属性在创建锁的时候指定，不同的锁类型在试图对一个已经被锁定的互斥锁加锁时表现不同。目前有 4 个值可供选择：

PTHREAD_MUTEX_TIMED_NP，这是默认值，也就是普通锁。当一个线程加锁以后，其余请求锁的线程将形成一个等待队列，并在解锁后按优先级获得锁。这种锁策略保证了资源分配的公平性。

PTHREAD_MUTEX_RECURSIVE_NP，嵌套锁，允许同一个线程对同一个锁成功获得多次，并通过多次 unlock 解锁。如果是不同线程请求，则在加锁线程解锁时重新竞争。

PTHREAD_MUTEX_ERRORCHECK_NP，检错锁，如果同一个线程请求同一个锁，则返回 EDEADLK，否则与 PTHREAD_MUTEX_TIMED_NP 类型动作相同。这样就保证当不允许多次加锁时不会出现最简单情况下的死锁。

PTHREAD_MUTEX_ADAPTIVE_NP，适应锁，动作最简单的锁类型，仅等待解锁后重新竞争。

3. 锁操作

锁操作主要包括加锁 pthread_mutex_lock( )、解锁 pthread_mutex_unlock( ) 和测试加锁 pthread_mutex_trylock( )，不论哪种类型的锁，都不可能被两个不同的线程同时得到，而必须等待解锁。对于普通锁和适应锁类型，解锁者可以是同进程内任何线程；而检错锁则必须由加锁者解锁才有效，否则返回 EPERM；对于嵌套锁，则要求必须由加锁者解锁。在同一进程中的线程，如果加锁后没有解锁，则任何其他线程都无法再获得锁。

```
int pthread_mutex_lock( pthread_mutex_t  * mutex )
int pthread_mutex_unlock( pthread_mutex_t  * mutex )
int pthread_mutex_trylock( pthread_mutex_t  * mutex )
```

pthread_mutex_trylock( ) 语义与 pthread_mutex_lock( ) 类似，不同的是在锁已经被占据时返回 EBUSY 而不是挂起等待。

4. 其他

POSIX 线程锁机制在麒麟的实现中不设取消点，因此，延迟取消类型的线程不会因收到取消信号而离开加锁等待。但是，如果线程在加锁后解锁前被取消，锁将永远保持锁定状态，因此如果在关键区段内有取消点存在，或者设置了异步取消类型，则必须在退出回调函数中解锁。

这个锁机制同时也不是异步信号安全的，也就是说，不应该在信号处理过程中使用互斥锁，否则容易造成死锁。

下面的范例 example6-4 演示了互斥锁。源程序 example6-4.c 代码如下:

源程序　example6-4.c

```c
/* example6-4.c */
#include <stdio.h>
#include <stdlib.h>
#include <unistd.h>
#include <pthread.h>
pthread_mutex_t mutex=PTHREAD_MUTEX_INITIALIZER;
int tmp;
void *thread(void *arg)
{
    printf("thread id is %d \n",(int)pthread_self());
    pthread_mutex_lock(&mutex);
    tmp=12;
    printf("Now a is %d \n",tmp);
    pthread_mutex_unlock(&mutex);
    return NULL;
}
int main()
{
    pthread_t id;
    printf("mainthread id is %d \n",(int)pthread_self());
    tmp=3;
    printf("In mainfunc tmp=%d \n",tmp);
    if(! pthread_create(&id,NULL,thread,NULL))
    {
        printf("Createthread success! \n");
    }
    else
    {
        printf("Createthread failed! \n");
    }
    pthread_join(id,NULL);
    pthread_mutex_destroy(&mutex);
    return 0;
}
```

example6-4 编译运行结果如图 6-9 所示。

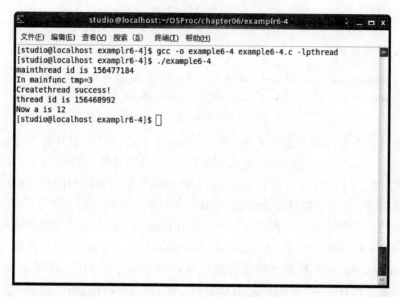

图 6-9　example6-4 编译运行结果

6.4.2　条件变量（cond）

条件变量是利用线程间共享的全局变量进行同步的一种机制，主要包括两个动作：一是线程等待"条件变量的条件成立"而挂起；二是线程使"条件成立"（给出条件成立信号）。为了防止竞争，条件变量的使用总是和一个互斥锁结合在一起。

1. 创建和注销

条件变量和互斥锁一样，都有静态动态两种创建方式，静态方式使用 PTHREAD_COND_INITIALIZER 常量，如下：

pthread_cond_t cond = PTHREAD_COND_INITIALIZER

动态方式调用 pthread_cond_init( )函数，API 定义如下：

int pthread_cond_init(pthread_cond_t ＊cond, pthread_condattr_t ＊cond_attr)；

尽管 POSIX 标准中为条件变量定义了属性，但在麒麟操作系统中，cond_attr 值通常为 NULL，且被忽略。

注销一个条件变量需要调用 pthread_cond_destroy( )，只有在没有线程在该条件变量上等待的时候才能注销这个条件变量，否则返回 EBUSY。API 定义如下：

int pthread_cond_destroy(pthread_cond_t *cond)

2. 等待和激发

int pthread_cond_wait(pthread_cond_t *cond,pthread_mutex_t *mutex)
int pthread_cond_timedwait(pthread_cond_t *cond,pthread_mutex_t *mutex,
const struct timespec *abstime)

等待条件有两种方式：无条件等待 pthread_cond_wait()和计时等待 pthread_cond_timedwait()。计时等待方式如果在给定时刻前条件没有满足，则返回 ETIMEOUT，结束等待，其中 abstime 以与 time()系统调用相同意义的绝对时间形式出现，0 表示格林尼治时间 1970 年 1 月 1 日 0 时 0 分 0 秒。

无论哪种等待方式，都必须和一个互斥锁配合，以防止多个线程同时请求 pthread_cond_wait()（或 pthread_cond_timedwait()，下同）的竞争条件（Race Condition）。mutex 互斥锁必须是普通锁（PTHREAD_MUTEX_TIMED_NP）或者适应锁（PTHREAD_MUTEX_ADAPTIVE_NP），且在调用 pthread_cond_wait()前必须由本线程加锁（pthread_mutex_lock()），而在更新条件等待队列以前，mutex 保持锁定状态，并在线程挂起进入等待前解锁。在条件满足即将离开 pthread_cond_wait()之前，mutex 将被重新加锁，以与进入 pthread_cond_wait()前的加锁动作对应。

激发条件有两种形式：pthread_cond_signal()激活一个等待该条件的线程，存在多个等待线程时按入队顺序激活其中一个；pthread_cond_broadcast()则激活所有等待线程。

3. 其他

pthread_cond_wait()和 pthread_cond_timedwait()都被实现为取消点，因此，在该处等待的线程将立即重新运行，在重新锁定 mutex 后离开 pthread_cond_wait()，然后执行取消动作。也就是说，如果 pthread_cond_wait()被取消，mutex 是保持锁定状态的，因而需要定义退出回调函数来为其解锁。

4. 几个示例

（1）示例 example6-5 集中演示了互斥锁和条件变量的结合使用，以及取消对于条件等待动作的影响。在例子中，有两个线程被启动，并等待同一个条件变量，如果不使用退出回调函数（见范例中的注释部分），则 tid2 将在 pthread_mutex_lock()处永久等待；如果使用回调函数，则 tid2 的条件等待及主线程的条件激发都能正常工作。

源程序　example6-5.c

/* example6-5.c */

```c
#include <stdio.h>
#include <pthread.h>
#include <unistd.h>
pthread_mutex_t mutex;
pthread_cond_t  cond;
void * child1(void * arg)
{
    pthread_cleanup_push((void *)pthread_mutex_unlock,&mutex);  /* 注释1 */
    while(1){
        printf("thread 1 get running. \n");
        printf("thread 1 pthread_mutex_lock returns %d\n",pthread_mutex_lock(&mutex));
        pthread_cond_wait(&cond,&mutex);
        printf("thread 1 condition applied\n");
        pthread_mutex_unlock(&mutex);
        sleep(5);
    }
    pthread_cleanup_pop(0);                                     /* 注释2 */
}

void * child2(void * arg)
{
    while(1){
        sleep(3);                                               /* 注释3 */
        printf("thread 2 get running. \n");
        printf("thread 2 pthread_mutex_lock returns %d\n",pthread_mutex_lock(&mutex));
        pthread_cond_wait(&cond,&mutex);
        printf("thread 2 condition applied\n");
        pthread_mutex_unlock(&mutex);
        sleep(1);
    }
}

int main(void)
{
    pthread_t tid1,tid2;
    printf("hello, condition variable test\n");
    pthread_mutex_init(&mutex,NULL);
    pthread_cond_init(&cond,NULL);
```

```
    pthread_create(&tid1,NULL,child1,NULL);
    pthread_create(&tid2,NULL,child2,NULL);
    do{
        sleep(2);                                      /* 注释4 */
        pthread_cancel(tid1);                          /* 注释5 */
        sleep(2);                                      /* 注释6 */
        pthread_cond_signal(&cond);
    }while(1);
    sleep(100);
    pthread_exit(0);
}
```

example6-5 编译运行结果如图 6-10 所示。

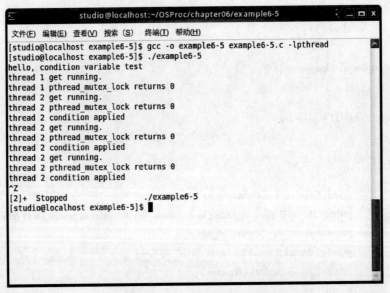

图 6-10　example6-5 运行结果

如果不做注释 5 的 pthread_cancel( ) 动作,即使没有那些 sleep( ) 延时操作,child1 和 child2 都能正常工作。注释 3 和注释 4 的延迟使得 child1 有时间完成取消动作,从而使 child2 能在 child1 退出之后进入请求锁操作。可执行的目标文件是 example6-5a,运行结果如图 6-11 所示。

如果没有注释 1 和注释 2 的回调函数定义,系统将挂起在 child2 请求锁的地方。可执行的目标文件是 example6-5b,运行结果如图 6-12 所示。

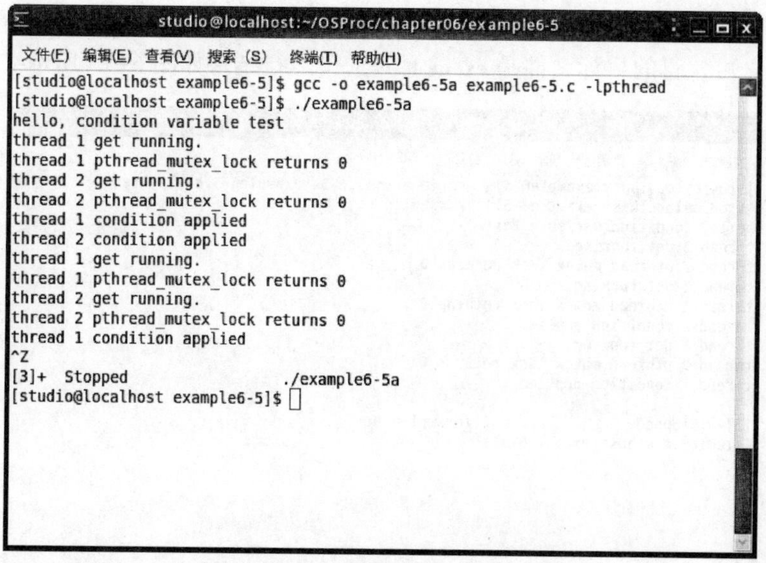

图 6-11　example6-5a 运行结果

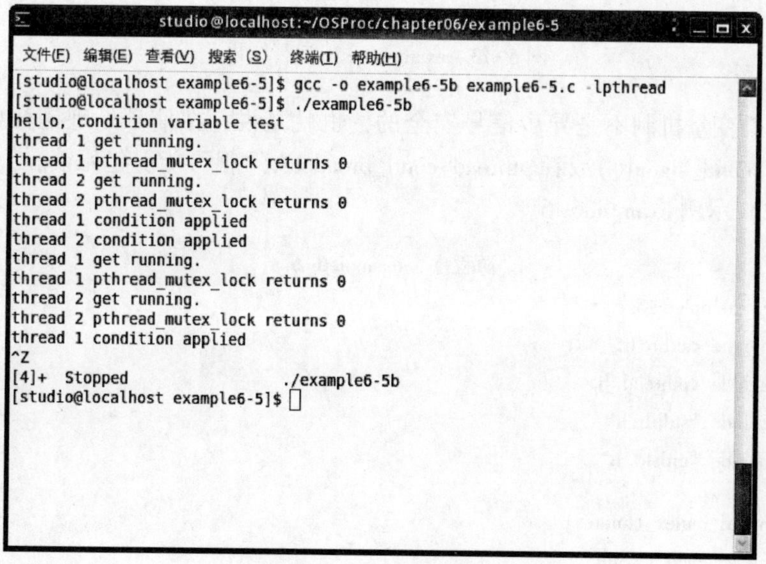

图 6-12　example6-5b 运行结果

而如果同时也不做注释 3 和注释 4 的延时，child2 能在 child1 完成取消动作以前得到控制，从而顺利执行申请锁的操作，但却可能挂起在 pthread_cond_wait( ) 中，因为其中也有申请 mutex 的操作。child1 函数给出的是标准的条件变量的使用方式：回调函数保护，等待条件前锁定，pthread_cond_wait( )返回后解锁。可执行的目标文件是 example6-5c，运行结果如图 6-13 所示。

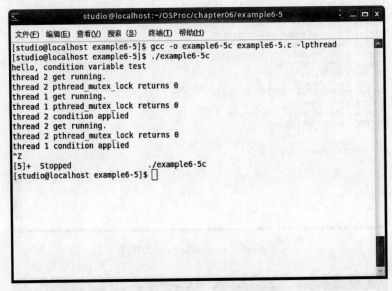

图 6-13　example6-5c 运行结果

条件变量机制不是异步信号安全的，也就是说，在信号处理函数中调用 pthread_cond_signal( )或者 pthread_cond_broadcast( )很可能引起死锁。

(2) 示例 example6-6。

源程序　example6-6.c

```
/* example6-6.c */
#include <stdio.h>
#include <pthread.h>
#include "stdlib.h"
#include "unistd.h"

pthread_mutex_t mutex;
pthread_cond_t cond;

void hander(void * arg)
{
    free(arg);
    (void)pthread_mutex_unlock(&mutex);
}
```

```c
void * thread1(void * arg)
{
    pthread_cleanup_push(hander,&mutex);
    while(1)
    {
        printf("thread1 is running \n");
        pthread_mutex_lock(&mutex);
        pthread_cond_wait(&cond,&mutex);
        printf("thread1 applied the condition \n");
        pthread_mutex_unlock(&mutex);
        sleep(4);
    }
    pthread_cleanup_pop(0);
}

void * thread2(void * arg)
{
    while(1)
    {
        printf("thread2 is running \n");
        pthread_mutex_lock(&mutex);
        pthread_cond_wait(&cond,&mutex);
        printf("thread2 applied the condition \n");
        pthread_mutex_unlock(&mutex);
        sleep(1);
    }
}

int main()
{
    pthread_t thid1,thid2;
    printf("condition variable study! \n");
    pthread_mutex_init(&mutex,NULL);
    pthread_cond_init(&cond,NULL);
    pthread_create(&thid1,NULL,thread1,NULL);
    pthread_create(&thid2,NULL,thread2,NULL);
    sleep(1);
    do
```

```
        {
            pthread_cond_signal(&cond);
        }while(1);
        sleep(20);
        pthread_exit(0);
        return 0;
}
```

example6-6 编译运行结果如图 6-14 所示。

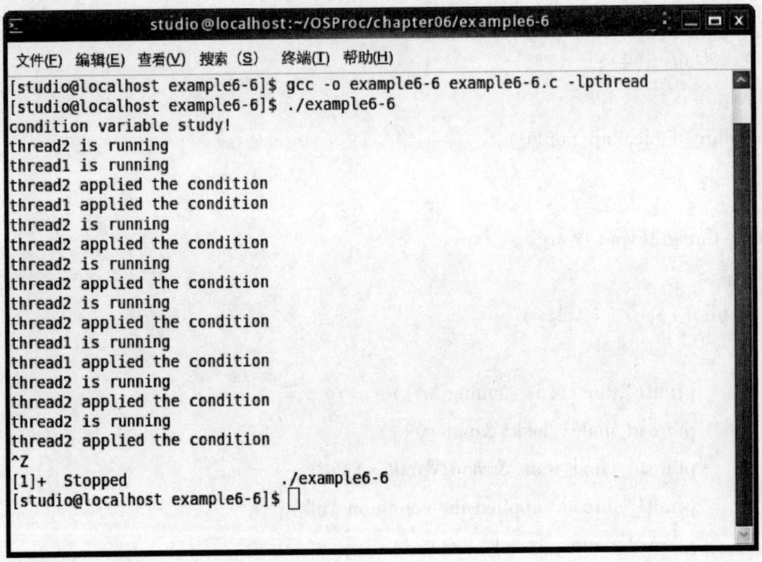
studio@localhost:~/OSProc/chapter06/example6-6
文件(F) 编辑(E) 查看(V) 搜索 (S) 终端(T) 帮助(H)
[studio@localhost example6-6]$ gcc -o example6-6 example6-6.c -lpthread
[studio@localhost example6-6]$ ./example6-6
condition variable study!
thread2 is running
thread1 is running
thread2 applied the condition
thread1 applied the condition
thread2 is running
thread2 applied the condition
thread2 is running
thread2 applied the condition
thread2 is running
thread2 applied the condition
thread1 is running
thread1 applied the condition
thread2 is running
thread2 applied the condition
thread2 is running
thread2 applied the condition
^Z
[1]+ Stopped ./example6-6
[studio@localhost example6-6]$

图 6-14 example6-6 运行结果

(3) 示例 example6-7。

源程序 example6-7. c

```
/* example6-7. c */
#include <pthread. h>
#include <unistd. h>
#include " stdio. h"
#include " stdlib. h"

static pthread_mutex_t mtx = PTHREAD_MUTEX_INITIALIZER;
static pthread_cond_t cond = PTHREAD_COND_INITIALIZER;

struct node
```

```c
{
    int n_number;
    struct node *n_next;
} *head=NULL;

/*[thread_func]*/
static void cleanup_handler(void *arg)
{
    printf("Cleanup handler of second thread. \n");
    free(arg);
    (void)pthread_mutex_unlock(&mtx);
}

static void *thread_func(void *arg)
{
    struct node *p=NULL;
    pthread_cleanup_push(cleanup_handler,p);
    while(1)
    {
        //这个 mutex 主要是用来保证 pthread_cond_wait 的并发性
        pthread_mutex_lock(&mtx);
        while(head==NULL)
        {
            //这个 while 要特别说明一下,单个 pthread_cond_wait 功能很完善,为何
            //这里要有一个 while(head==NULL)呢? 因为 pthread_cond_wait 里的线程
            //可能会被意外唤醒,如果这个时候 head!=NULL,应该让线程继续
            //进入 pthread_cond_wait。pthread_cond_wait 会先解除之前的
            //pthread_mutex_lock 锁定的 mtx,然后阻塞在等待队列里休眠,
            //直到再次被唤醒。(大多数情况下是等待的条件成立而被唤醒,唤醒后,
            //该进程会先锁定 pthread_mutex_lock(&mtx);,再读取资源。
            //用这个流程是比较清楚的
            /*block-->unlock-->wait() return-->lock*/
            pthread_cond_wait(&cond,&mtx);
            p=head;
            head=head->n_next;
            printf("Got %d from front of queue\n",p->n_number);
            free(p);
        }
```

```c
        pthread_mutex_unlock(&mtx);//临界区数据操作完毕,释放互斥锁
    }
    pthread_cleanup_pop(0);
    return 0;
}

int main(void)
{
    pthread_t tid;
    int i;
    struct node * p;
    //子线程会一直等待资源,类似生产者和消费者,但是这里的消费者
    //可以是多个消费者,而不仅仅支持普通的单个消费者,
    //这个模型虽然简单,但是很强大
    pthread_create(&tid,NULL,thread_func,NULL);
    sleep(1);
    for(i=0;i<10;i++)
    {
        p=(struct node *)malloc(sizeof(struct node));
        p->n_number=i;
        pthread_mutex_lock(&mtx);//需要操作 head 这个临界资源,先加锁
        p->n_next=head;
        head=p;
        pthread_cond_signal(&cond);
        pthread_mutex_unlock(&mtx);//解锁
        sleep(1);
    }
    printf("thread1 end the line. So cancel thread2. \n");
    //pthread_cancel 从外部终止子线程,子线程会在最近的取消点退出线程,
    //而在我们的代码里,最近的取消点肯定就是 pthread_cond_wait()了。
    pthread_cancel(tid);
    pthread_join(tid,NULL);
    printf("All done--exiting \n");
    return 0;
}
```

example6-7 编译运行结果如图 6-15 所示。

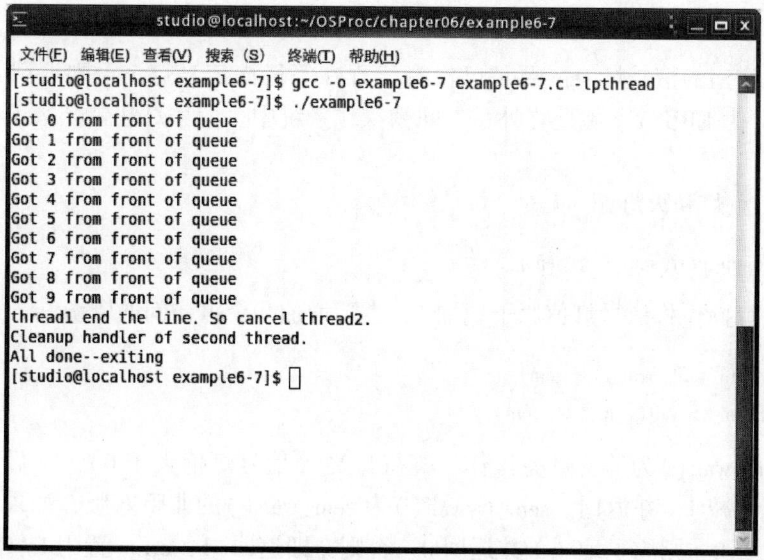

图 6-15　example6-7 运行结果

6.4.3　信号灯

信号灯与互斥锁和条件变量的主要不同在于"灯"的概念，灯亮则意味着资源可用，灯灭则意味着不可用。如果说后两种同步方式侧重于"等待"操作，即资源不可用的话，信号灯机制则侧重于点灯，即告知资源可用；没有等待线程的解锁或激发条件都是没有意义的，而没有等待灯亮线程的点灯操作则有效，且能保持灯亮状态。当然，这样的操作原语也意味着更多的开销。

信号灯的应用除了灯亮/灯灭这种二元灯以外，也可以采用大于 1 的灯数，以表示资源数大于 1，这时可以称为多元灯。

1. 创建和注销

POSIX 信号灯标准定义了有名信号灯和无名信号灯两种，但麒麟操作系统的实现仅有无名灯，同时有名灯除了总是可用于多进程之间以外，在使用上与无名灯并没有很大的区别，因此下面仅就无名灯进行讨论。

int sem_init(sem_t *sem, int pshared, unsigned int value)

这是创建信号灯的 API，其中 value 为信号灯的初值，pshared 表示是否为多进程共享而不仅仅是用于一个进程。麒麟操作系统没有实现多进程共享信号灯，因此所有非 0 值的 pshared 输入都将使 sem_init() 返回 −1，且置 errno 为 ENOSYS。初始化好的信号灯由 sem 变量表征，用于以下点灯、灭灯操作。

```
int sem_destroy(sem_t * sem)
```

被注销的信号灯 sem 要求已没有线程在等待该信号灯，否则返回-1，且置 errno 为 EBUSY。除此之外，在麒麟操作系统中，信号灯注销函数不做其他动作。

2. 点灯和灭灯

```
int sem_post(sem_t * sem)
```

点灯操作将信号灯值原子地加 1，表示增加一个可访问的资源。

```
int sem_wait(sem_t * sem)
int sem_trywait(sem_t * sem)
```

sem_wait()为等待灯亮操作，等待灯亮（信号灯值大于 0），然后将信号灯原子地减 1，并返回。sem_trywait()为 sem_wait()的非阻塞版，如果信号灯计数大于 0，则原子地减 1 并返回 0，否则立即返回-1，errno 置为 EAGAIN。

3. 获取灯值

```
int sem_getvalue(sem_t * sem, int * sval)
```

读取 sem 中的灯计数，存于 *sval 中，并返回 0。

4. 其他

sem_wait()被实现为取消点，而且在支持原子"比较且交换"指令的体系结构上，sem_post()是唯一能用于异步信号处理函数的 POSIX 异步信号安全的 API。

5. 示例 example6-8

源程序　example6-8.c

```
/* example6-8.c */
#include <stdlib.h>
#include <stdio.h>
#include <unistd.h>
#include <pthread.h>
#include <semaphore.h>
#include <errno.h>

#define return_if_fail(p) if((p)==0){printf("[%s]:funcerror!/n",__func__);return;}

typedef struct _PrivInfo
{
```

```c
        sem_t s1;
        sem_t s2;
        time_t end_time;
}PrivInfo;

static void info_init(PrivInfo * thiz);
static void info_destroy(PrivInfo * thiz);
static void * pthread_func_1(PrivInfo * thiz);
static void * pthread_func_2(PrivInfo * thiz);

int main(int argc,char ** argv)
{
    pthread_t pt_1 = 0;
    pthread_t pt_2 = 0;
    int ret = 0;
    PrivInfo * thiz = NULL;
    thiz = (PrivInfo * )malloc(sizeof(PrivInfo));
    if(thiz = = NULL)
    {
        printf("[%s]:Failed to malloc priv.\n");
        return -1;
    }
    info_init(thiz);
    ret = pthread_create(&pt_1,NULL,(void * )pthread_func_1,thiz);
    if(ret! = 0)
    {
        perror("pthread_1_create:");
    }
    ret = pthread_create(&pt_2,NULL,(void * )pthread_func_2,thiz);
    if(ret! = 0)
    {
        perror("pthread_2_create:");
    }
    pthread_join(pt_1,NULL);
    pthread_join(pt_2,NULL);
    info_destroy(thiz);
    return 0;
}
```

```c
static void info_init( PrivInfo * thiz)
{
    return_if_fail( thiz! = NULL);
    thiz->end_time = time( NULL) +5;
    sem_init( &thiz->s1,0,1);
    sem_init( &thiz->s2,0,0);
    return;
}

static void info_destroy( PrivInfo * thiz)
{
    return_if_fail( thiz! = NULL);
    sem_destroy( &thiz->s1);
    sem_destroy( &thiz->s2);
    free( thiz);
    thiz = NULL;
    return;
}

static void * pthread_func_1( PrivInfo * thiz)
{
    return_if_fail( thiz! = NULL);
    while( time( NULL) <thiz->end_time)
    {
        sem_wait( &thiz->s2);
        printf( "pthread1:pthread1 get the lock. \n");
        sem_post( &thiz->s1);
        printf( "pthread1:pthread1 unlock\n");
        sleep( 1);
    }
    return;
}

static void * pthread_func_2( PrivInfo * thiz)
{
    return_if_fail( thiz! = NULL);
    while( time( NULL) <thiz->end_time)
    {
```

```
        sem_wait(&thiz->s1);
        printf("pthread2:pthread2 get the unlock.\n");
        sem_post(&thiz->s2);
        printf("pthread2:pthread2 unlock.\n");
        sleep(1);
    }
    return;
}
```

example6-8 编译运行结果如图 6-16 所示。

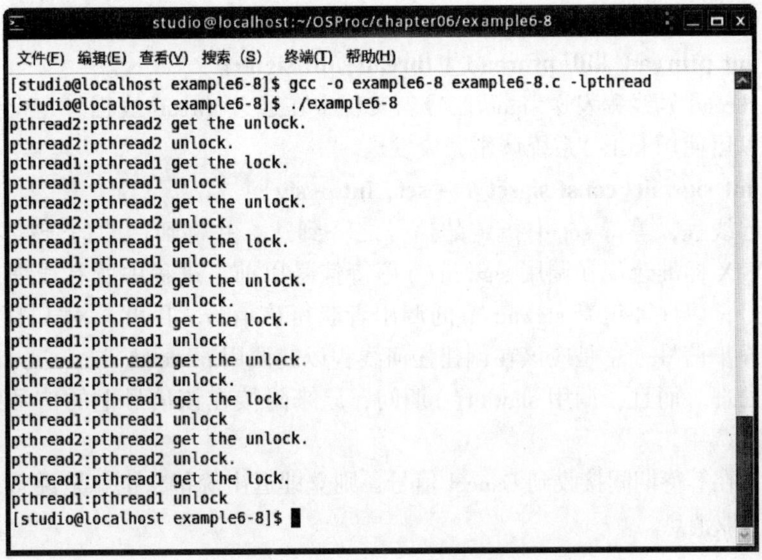

图 6-16 example6-8 运行结果

6.4.4 异步信号

由于麒麟操作系统使用核内轻量级进程实现线程，所以基于内核的异步信号操作对于线程也是有效的。但同时，由于异步信号总是实际发往某个进程，所以无法实现 POSIX 标准所要求的"信号到达某个进程，然后再由该进程将信号分发到所有没有阻塞该信号的线程中"原语，而是只能影响到其中一个线程。

POSIX 异步信号同时也是一个标准 C 库提供的功能，主要包括信号集管理（sigemptyset( )、sigfillset( )、sigaddset( )、sigdelset( )、sigismember( )等）、信号处理函数安装（sigaction( )）、信号阻塞控制（sigprocmask( )）、被阻塞信

号查询（sigpending( )）、信号等待（sigsuspend( )）等，它们与发送信号的 kill( )等函数配合就能实现进程间异步信号功能。这些 POSIX 异步信号函数对于线程都是可用的。

麒麟操作系统中还实现了一些扩展的异步信号函数，主要包括 pthread_sigmask( )、pthread_kill( )和 sigwait( )三个函数。下面对它们做一个简要介绍。

1. int pthread_sigmask（int how，const sigset_t * newmask，sigset_t * oldmask）

设置线程的信号屏蔽码，语义与 sigprocmask( )相同，但对不允许屏蔽的 Cancel 信号和不允许响应的 Restart 信号进行了保护。被屏蔽的信号保存在信号队列中，可由 sigpending( )函数取出。

2. int pthread_kill（pthread_t thread，int signo）

向 thread 号线程发送 signo 信号。实现中在通过 thread 线程号定位到对应进程号以后使用 kill( )系统调用完成发送。

3. int sigwait（const sigset_t * set，int * sig）

挂起线程，等待 set 中指定的信号之一到达，并将到达的信号存入 * sig 中。POSIX 标准建议在调用 sigwait( )等待信号以前，进程中所有线程都应屏蔽该信号，以保证仅有 sigwait( )的调用者获得该信号，因此，对于需要等待同步的异步信号，总是应该在创建任何线程以前调用 pthread_sigmask( )屏蔽该信号的处理。而且，调用 sigwait( )期间，原来附接在该信号上的信号处理函数不会被调用。

如果在等待期间接收到 Cancel 信号，则立即退出等待，也就是说 sigwait( )被实现为取消点。

6.4.5　其他同步方式

除了上述讨论的同步方式以外，前面章节中介绍的其他很多进程间通信手段也是可用的，如基于文件系统的 IPC（管道、Unix 域 Socket 等）、消息队列（Sys. V 或者 Posix）、System V 的信号量等。

第 7 章 网络程序设计

7.1 概　　述

在麒麟操作系统 V3 中，网络编程是一个重要的方面。本章介绍网络程序设计技术，主要知识点如下：

（1）网络编程基础，主要介绍 ISO 和 TCP/IP 的网络模型。
（2）网络函数介绍，主要介绍网络编程的基本函数。
（3）TCP 编程，主要讲解 TCP 协议编程技巧。
（4）UDP 编程，主要讲解 UDP 协议编程技巧。
（5）服务器模型，讲解了主要的服务器模型，涵盖了大多数网络程序的实际应用。

通过本章学习，读者可以基本掌握麒麟操作系统 V3 下网络程序的编制技术。

7.2　网络编程基础

7.2.1　OSI 模型

国际标准化组织（International Standards Organizations，ISO）对网络标准提出了 OSI/RM（Open System Interconnection/Reference Model，开放系统互连参考模型）。虽然迄今为止没有哪种网络结构是完全按照这种模型来实现的，但它是一个得到公认的网络体系结构模型。OSI 模型拥有以下 7 个层次。

（1）Physical 物理层：在物理线路上传输 bit 信息，处理与物理介质有关的机械的、电气的、功能的和规程的特性，它是硬件连接的接口。

（2）DataLink 数据链路层：负责实现通信信道的无差错传输，提供数据成帧、差错控制、流量控制和链路控制等功能。

（3）NetWork 网络层：负责将数据正确迅速地从源点主机传送到目的点主

机,其功能主要有寻址以及与相关的流量控制和拥塞控制等。物理层、数据链路层和网络层构成了通信子网层。通信子网层与硬件的关系密切,它为网络的上层(资源子网)提供通信服务。

(4) Transport 传输层:为上层处理过程掩盖下层结构的细节,保证把会话层的信息有效地传到另一方的会话层。

(5) Session 会话层:提供服务请求者和提供者之间的通信,用以实现两端主机之间的会话管理,传输同步和活动管理等。

(6) Presentation 表示层:实现信息转换,包括信息压缩、加密、代码转换及上述操作的逆操作等。

(7) Application 应用层:为用户提供常用的应用,如电子邮件、文件传输、Web 浏览等。

需要注意的是,OSI 模型并不是一个网络结构,因为它并没有定义每个层所拥有的具体的服务和协议,它只是描述每一个层应该做什么工作。但是,ISO 为所有的层次提供了标准,每个标准都有其内部标准定义。

7.2.2 TCP/IP 网络体系结构简介

Internet 网是由许多子网通过网关互连组成的一个网格集合。网关是一个执行网络间转发功能的系统,被网关连接的子网有一个共同特点,它们都使用 TCP/IP 通信协议。

TCP/IP 是 Transmission Control Protocol/Internet Protocol 的简写,即传输控制协议/因特网互联协议,又名网络通信协议,是 Internet 最基本的协议、Internet 国际互联网络的基础。

TCP/IP 的网络体系结构如图 7-1 所示。

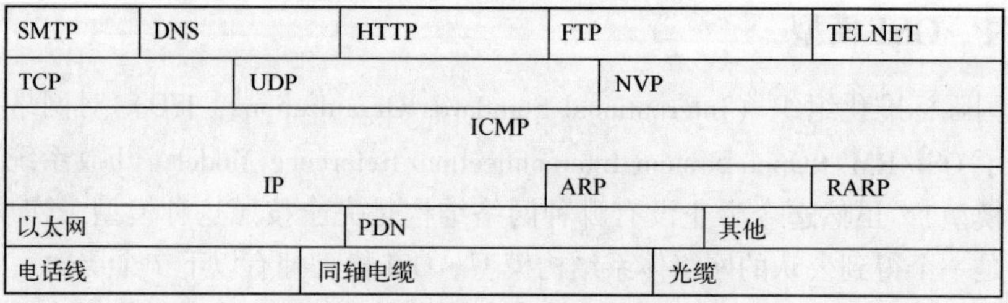

SMTP	DNS	HTTP	FTP	TELNET
TCP	UDP		NVP	
ICMP				
IP		ARP	RARP	
以太网	PDN		其他	
电话线	同轴电缆		光缆	

图 7-1 TCP/IP 的网络体系结构

在 TCP/IP 网络体系结构中,第一层和第二层是 TCP/IP 的基础,其中 PDN 为公共数据网。第三层是网络层,它包含四个协议:IP、ICMP、ARP 和反向 ARP。第四层是传输层,在网络上的计算机间建立端到端的连接和服务,它包含 TCP、UDP 和 NVP 等协议。最高层包含了 FTP、TELNET、SMTP、DNS、HTTP 等协议。网络层的主要功能由互联网协议（IP）提供，它提供端到端的分组分发，表示网络号及主机节点的地址，数据分块和重组，并为相互独立的局域网建立互联网络的服务。

要想网络连入到 Internet，必须获得全世界统一的 IP 地址。IP 地址为 32 位（IPv4，以下均为 IPv4，IPv6 与此不同），由 4 个十进制数组成，每个数值的范围为 0~255，中间用"."隔开。每个 IP 地址定义网络 ID 和网络工作站 ID。网络 ID 标识在同一物理网络中的系统，网络工作站 ID 标识网络上的工作站，服务器或路由选择器，每个网络工作站地址对网络 ID 必须唯一。Internet IP 地址有以下三种基本类型。

A 类地址：其 W 的高端位为 0，允许有 126 个 A 类地址，分配给拥有大量主机的网络。

B 类地址：由 W.X 表示网络 ID，其高端前二位为二进制的 10，它用于分配中等规模的网络，可有 16384 个 B 类地址。

C 类地址：其高端前三位为二进制 110，允许大约 200 万个 C 类地址，每个网络只有 254 个主机，用于小型的局域网。

TCP/IP 协议是 TCP/IP 网络体系结构的基础通信协议。其基本思想是通过网关（Gateway）将各种不同的网络连接起来，在各个网络的低层协议之上构造一个虚拟的大网，使用户与其他网络的通信就像与本网的主机通信一样方便。

7.2.3 客户/服务器模型

主机结构的计算机系统是企业最早采用的计算机系统，在多用户操作系统的支持下，各个用户通过终端设备来访问计算机系统，资源共享、数据的安全保密通信等全部由计算机提供。系统的管理任务仅仅局限在单一计算机平台上，管理与维护比较简单。主机系统的灵活性比较差，系统的更新换代需要功能更加强大的计算机设备；主机系统的可用性也较差，如果没有采用特殊的容错设施，主机一旦出现故障，就可能引起整个系统的瘫痪。

客户机/服务器体系结构中至少有两台以上的计算机，这些计算机是由网络连接在一起，实现资源与数据共享。计算机之间通过传输介质连接起来，在它们之间形成通路。计算机之间必须按照协议互相通信，协议（Protocol）是一组使计算机互相了解的规则与标准，是计算机通信语言。网络中的设备只有按照规定的协议来通信，而让执行不同协议的计算机互相通信也是一件复杂的事情。所以，国际标准组织指定了开放系统互联（OSI）协议，描述了计算机网络各节点之间的数据传送所需求的服务框架，称为计算机网络协议参考模型。许多计算机网络厂家都以自己的技术支持某种协议，以此来开发计算机的网络产品。客户机/服务器的体系结构如图 7-2 所示。

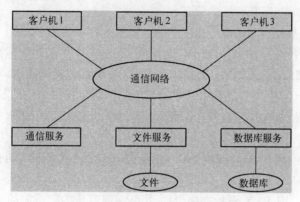

图 7-2　客户机/服务器的体系结构

网络计算环境中的资源可以为各个节点上的计算机共享，从服务的观点上来看，网络中的计算机可扮演不同的角色，有的计算机只执行"服务请求"任务，是客户机的角色，有的计算机用于完成指定的"服务功能"，是服务的提供者，起着服务器的角色。

在网络化的计算机环境中，为计算机提供网络服务与网络管理是网络操作系统的基本功能。网络操作系统协调资源共享，对服务请求执行管理。最通用的网络服务是文件服务、打印服务、信息服务、应用服务与数据库服务等。

7.3　网络编程函数介绍

为使网络上的两个程序通过一个双向的通信连接实现数据的交换，就必须建立通信连接。这个连接的一端称为一个 socket。一个双向的网络通信连接至少要一对端口号（socket）。

socket 本质是编程接口（API），对 TCP/IP 实现了封装，使开发人员得以方便地访问 TCP/IP 协议。socket 是一种双向的通信端口，一对互联的 socket 提供通信接口，使两端可以传输数据。socket 通常采用客户机/服务器模型：服务器在作为双向通信通路一端的 socket 上监听，而客户进程在通信通路的另一端（可能在另一台计算机上）的套接字上与之通信。

麒麟操作系统 V3 也是通过提供 socket 来进行网络编程的。网络程序通过

socket 和其他几个函数的调用，会返回一个通信的文件描述符，可以将这个描述符看成普通的文件的描述符来操作，可以像文件读写一样，通过向描述符进行读写操作实现网络数据收发，从而屏蔽了网络通信实现的细节，极大地方便了程序员的编程实现。

socket 分为以下三类。

（1）流式 socket（SOCK_STREAM）。流式套接字提供可靠的、面向连接的通信流；它使用 TCP 协议，从而保证了数据传输的正确性和顺序性。

（2）数据报 socket（SOCK_DGRAM）。数据报套接字定义了一种无连接的服务，数据通过相互独立的报文进行传输，是无序的，并且不保证是可靠、无差错的。它使用数据报协议 UDP。

（3）原始 socket。原始套接字允许对底层协议（如 IP 或 ICMP）进行直接访问，它功能强大但使用较为不便，主要用于一些协议的开发。

7.3.1 连接函数

1. socket 函数

socket 函数用于建立一个 socket 连接，可指定 socket 类型等信息。在建立了 socket 连接之后，可对 socketadd 或 sockaddr_in 进行初始化，以保存所建立的 sockct 信息。

```
#include <sys/socket.h>
int socket(int domain, int type, int protocol);
```

socket 函数为网络通信做基本的准备，成功时返回文件描述符，失败时返回 -1，看 errno 可知道出错的详细情况。参数 domain 说明网络程序所在的主机采用的通信协议簇，最常用的有 AF_INET（IPv4 协议）和 AF_INET6（IPv6 协议）。参数 type 说明套接口类型，有三种类型可选：SOCK_STREAM（字节流套接口）、SOCK_DGRAM（数据报套接口）和 SOCK_RAW（原始套接口），如果套接口类型不是原始套接口，那么第三个参数就为 0。SOCK_STREAM 表明用的是 TCP 协议，这样会提供按顺序、可靠、双向、面向连接的比特流，SOCK_DGRAM 表明用的是 UDP 协议，这样只会提供定长的、不可靠、无连接的通信。指定了 type 后，参数 protocol 一般只要用 0 来代替就可以了。

2. bind 函数

bind 函数是用于将本地 IP 地址绑定端口号的，若绑定其他地址则不能成功。另外，它主要用于 TCP 的连接，而在 UDP 的连接中则无必要。

```
#include <sys/socket.h>
int bind(int sockfd, const struct sockaddr * addr, socklen_t addrlen);
```

参数 sockfd 为由 socket 函数返回的文件描述符。参数 addrlen 为 sockaddr 结构的长度。参数 addr 是一个指向 sockaddr 结构体的指针。sockaddr 结构体的定义如下：

```
struct sockaddr{
    sa_family_t  sa_family;
    char         sa_data[14];
}
```

由于系统的兼容性，一般不用这个结构体，而使用另外一个结构体"struct sockaddr_in"来代替。sockaddr_in 结构体的定义如下：

```
struct sockaddr_in{
    unsigned short     sin_family;
    unsigned shortint  sin_port;
    structin_addr      sin_addr;
    unsigned char sin_zero[8];
}
```

如果主要使用 Internet，sin_family 一般为 AF_INET，sin_addr 设置为 IN-ADDR_ANY 表示可以和任何主机通信，sin_port 是要监听的端口号。sin_zero[8]是用来填充的。bind 将本地的端口同 socket 返回的文件描述符捆绑在一起。成功则返回 0，失败的情况和 socket 一样。

3. listen 函数

listen 函数仅被 TCP 服务器调用，它的作用是用 socket 创建的主动套接口转换成被动套接口，并等待来自客户端的连接请求。

```
#include <sys/socket.h>
int listen(int sockfd, int backlog);
```

sockfd 参数为 bind 后的文件描述符。backlog 参数为设置请求排队的最大长度，当有多个客户端程序和服务端相连时，使用这个表示可以接受的排队长度。listen 函数将 bind 的文件描述符变为监听套接字。listen 函数的返回值情况和 bind 函数一样。

4. accept 函数

accept 函数由 TCP 服务器调用，从已完成连接的队列头返回一个已完成连接，如果完成连接队列为空，则进程进入睡眠状态，等待连接完成。

```
#include <sys/socket.h>
int accept(int sockfd, struct sockaddr * addr, socklen_t * addrlen);
```

sockfd 参数为 listen 后的文件描述符。addr 和 addrlen 参数是用来填写客户端传递来的连接参数，服务器端只要传递指针就可以了。accept 函数调用时，服务器端的程序会一直阻塞，直到有一个客户程序发出了连接。accept 成功时返回服务器端的文件描述符，服务器端可以向该描述符写信息。失败时返回-1。

5. connect 函数

bind、listen 和 accept 函数是服务器端用的函数，connect 函数是客户端用来同服务端连接的。connect 函数在 TCP 中用于 bind 之后与服务器端建立连接，而在 UDP 中由于没有 bind 函数，因此 connect 作用与 bind 函数类似。

```
#include <sys/socket.h>
int connect(int sockfd, const struct sockaddr * addr, socklen_t addrlen);
```

sockfd 参数为 socket 返回的文件描述符。addr 参数储存了服务器端的连接信息，其中 sin_add 是服务端的地址，addrlen 参数为 serv_addr 的长度。connect 函数调用成功时返回 0，失败时返回-1。

7.3.2 读写函数

建立了连接之后便可以进行通信，在麒麟操作系统中，前面建立的通道看成文件描述符，这样服务器端和客户端进行通信时，只要往文件描述符里读写东西，就像往文件读写一样。

在网络上传递数据时一般都是把数据转化为 char 类型的数据传递，接收的时候也是一样的。

1. write 函数

```
#include <unistd.h>
ssize_t write(int fd, const void * buf, size_t count);
```

write 函数将 buf 中的 count 字节内容写入文件描述符 fd，成功时返回写的字节数，失败时返回-1，并设置 errno 变量。在网络程序中，当向套接字文件描述符写时有两种可能：write 的返回值大于 0，表示写了部分或者是全部的数据；返回的值小于 0，此时出现了错误，要根据错误类型来处理。

如果错误为 EINTR 表示在写的时候出现了中断错误，如果为 EPIPE 表示网络连接出现了问题（如对方已经关闭了连接）。

2. read 函数

#include <unistd.h>
ssize_t read(int fd, void *buf, size_t count);

read 函数是负责从 fd 中读取内容，当读成功时，read 返回实际所读的字节数，如果返回的值是 0，表示尚无数据，小于 0 表示出现了错误，如果错误为 EINTR，说明读操作被中断，如果是 ECONNRESET，表示网络连接出了问题。

7.3.3 信息函数

1. 字节转换函数

不同 CPU 类型的计算机在表示数据时的字节顺序是不同的，如 i386 芯片是低字节在内存地址的低端，高字节在高端，而 alpha 芯片却相反。为了统一起来，有专门的字节转换函数。函数原型如下：

#include <arpa/inet.h>
uint32_t htonl(uint32_t hostlong);
uint16_t htons(uint16_t hostshort);
uint32_t ntohl(uint32_t netlong);
uint16_t ntohs(uint16_t netshort);

在这四个转换函数中，h 代表 host，n 代表 network，s 代表 short，l 代表 long。第一个函数的意义是将本机上的 long 数据转化为网络上的 long，其他几个函数的意义类似。

2. 地址地址和主机名转换函数

在网络上标识一台计算机可以用 IP 地址或者是用主机名，常见的实现两者转化的函数有 gethostbyname 和 gethostbyaddr，它们都可以实现地址和主机名之间的转化。其中 gethostbyname 是将主机名转化为 IP 地址，gethostbyaddr 则是逆操作，将 IP 地址转化为主机名。其函数原型如下：

#include <netdb.h>
struct hostent *gethostbyname(const char *name);
struct hostent *gethostbyaddr(const void *addr, socklen_t len, int type);
struct hostent 的定义：
struct hostent {
    char   *h_name;   /*主机的正式名称*/

```
    char    **h_aliases;       /*主机的别名列表*/
    int     h_addrtype;        /*主机的地址类型 AF_INET/
    int     h_length;          /*主机的地址长度*/
    char    **h_addr_list;     /*主机的 IP 地址列表*/
}
#define h_addr h_addr_list[0]  /*主机的第一个 IP 地址*/
```

gethostbyname 函数可以将主机名转换为一个结构指针,在这个结构里面储存了主机名的信息。gethostbyaddr 可以将一个 32 位的 IP 地址转换为结构指针。这两个函数失败时返回 NULL 且设置 h_errno 错误变量,调用 h_strerror 函数可以得到详细的出错信息。

3. 字符串和 32 位的 IP 地址转换

在网络上用的 IP 地址都是数字加点(192.168.0.1)构成的,而在 structin_addr 结构中用的是 32 位的 IP 地址,上面那个 32 位 IP 地址(C0A80001)代表 192.168.0.1,为了转换可以使用下面两个函数:

```
#include <sys/socket.h>
#include <netinet/in.h>
#include <arpa/inet.h>
int inet_aton(const char *cp, struct in_addr *inp);
char *inet_ntoa(struct in_addr in);
```

函数名称里 a 代表 ascii,n 代表 network。第一个函数表示将 a.b.c.d 的 IP 转换为 32 位的 IP,存储在 inp 指针里面,第二个是将 32 位 IP 转换为 a.b.c.d 的字符串格式。

4. 服务信息函数

在网络程序里面有时候需要知道端口、IP 地址和服务信息,可以使用以下几个函数:

```
#include <sys/socket.h>
int getsockname(int sockfd, struct sockaddr *addr, socklen_t *addrlen);
int getpeername(int sockfd, struct sockaddr *addr, socklen_t *addrlen);
#include <netdb.h>
struct servent *getservbyname(const char *name, const char *proto);
struct servent *getservbyport(int port, const char *proto);
```

struct servent 的结构定义如下:

```
struct servent {
```

```
    char    * s_name;       /*正式服务名*/
    char    ** s_aliases;   /*别名列表*/
    int     s_port;         /*端口号*/
    har     * s_proto;      /*使用的协议*/
}
```

一般较少用这几个函数。对应客户端，在 connect 调用成功后使用，可得到系统分配的端口号；对于服务端，用 INADDR_ANY 填充后，为了得到连接的 IP 地址，可以在 accept 调用成功后使用而得到 IP 地址。

有许多默认的端口和服务，如端口 21 对应 FTP 服务，端口 80 对应 WWW 服务。为了得到指定的端口号的服务，可以调用第四个函数；相反，为了得到端口号，可以调用第三个函数。

7.3.4 其他函数

1. recv 和 send 函数

recv 和 send 函数用于接收和发送数据，可以用在 TCP 中，也可以用在 UDP 中。当用在 UDP 时，应在 connect 函数建立连接之后再用。

recv 和 send 函数提供了和 read、write 差不多的功能，不过它们提供了第四个参数来控制读写操作。

```
#include <sys/types. h>
#include <sys/socket. h>
ssize_t recv(int sockfd, void * buf, size_t len, int flags);
ssize_t send(int sockfd, const void * buf, size_t len, int flags);
```

前面三个参数 sockfd、buf 和 len 的意义与 read、write 函数一样，分别表示 socket 描述符、发送或接收的缓冲区及大小。第四个参数 flags 可以是 0 或者是以下的组合：MSG_DONTROUTE 是 send 函数使用的标志，告诉 IP 协议目的主机在本地网络中，没有必要查找路由表；MSG_OOB 表示可以接收和发送带外的数据；MSG_PEEK 是 recv 函数的使用标志，表示只是从系统缓冲区中读取内容，而不清除内容，一般在有多个进程读写数据时可以使用这个标志；MSG_WAITALL 是 recv 函数的使用标志，表示 recv 会一直阻塞，等到所有的信息到达时才返回。

2. recvfrom 和 sendto 函数

这两个函数的作用与 send 和 recv 函数类似，也可以用在 TCP 和 UDP 中。当用在 TCP 时，后面几个与地址有关的参数不起作用，函数作用等同于 send 和 recv；当用在 UDP 时，可以用在之前没有使用 connect 的情况时，这两个函数可以自动寻找指定地址并进行连接。

```
#include <sys/types.h>
#include <sys/socket.h>
ssize_t recvfrom(int sockfd, void * buf, size_t len, int flags,
                 const struct sockaddr * src_addr, socklen_t * addrlen);
ssize_t sendto(int sockfd, const void * buf, size_t len, int flags,
               const struct sockaddr * dest_addr, socklen_t addrlen);
```

前面三个参数 sockfd、buf、len 的意义和 read、write 函数一样，分别表示 socket 描述符、发送或接收的缓冲区及大小。recvfrom 负责从 src_addr 接收数据，如果 from 不是 NULL，那么在 from 里面存储了信息来源的情况，如果对信息的来源不感兴趣，可以将 from 和 fromlen 设置为 NULL。sendto 负责向 dest_addr 发送信息，此时在 dest_addr 里面存储了收信息方的详细资料。

3. recvmsg 和 sendmsg 函数

```
#include <sys/types.h>
#include <sys/socket.h>
ssize_t recvmsg(int sockfd, struct msghdr * msg, int flags);
ssize_t sendmsg(int sockfd, const struct msghdr * msg, int flags);
```

recvmsg 和 sendmsg 可以实现前面所有的读写函数的功能。msghdr 结构体定义如下：

```
struct msghdr {
    void          * msg_name;        /* optional address */
    socklen_t     msg_namelen;       /* size of address */
    struct iovec  * msg_iov;         /* scatter/gather array */
    size_t        msg_iovlen;        /* # elements in msg_iov */
    void          * msg_control;     /* ancillary data, see below */
    socklen_t     msg_controllen;    /* ancillary data buffer len */
    int           msg_flags;         /* flags on received message */
};
```

当 socket 是非面向连接时，msg_name 与 msg_namelen 存储接收方和发送方的地址信息，msg_name 实际上是一个指向 struct sockaddr 的指针，msg_name 是结构的长度。当套接字面向连接时，这两个值应设为 NULL。msg_iov 与 msg_iovlen 指出接受和发送的缓冲区内容。msg_iov 是一个结构指针，msg_iovlen 指出这个结构数组的大小。msg_control 与 msg_controllen 这两个变量是用来接收与发送控制数据时的 msg_flags 指定接收和发送的操作选项，和 recv、send 的选项一样。

4. close 和 shutdown 函数

关闭套接字有两个函数 close 和 shutdown，用 close 时和关闭文件一样。

```
#include <unistd.h>
int close(int fd);
#include <sys/socket.h>
int shutdown(int sockfd, int how);
```

TCP 连接是双向的，当使用 close 函数时，会把读写通道都关闭，有时候希望只关闭一个方向，这时可以使用 shutdown 函数。参数 how 表示系统会采取不同的关闭方式：how = 0 表示系统会关闭读通道，但是可以继续写；how = 1 表示关闭写通道，只可以继续读；how = 2 关闭读写通道，和 close 一样。

在多进程程序里面，当有几个子进程共享一个套接字时，如果使用 shutdown，那么所有的子进程都不能够操作了，这时只能够使用 close 来关闭子进程的套接字描述符。

7.4 基于 TCP 协议的网络程序

图 7-3 是基于 TCP 协议的客户端/服务器程序的一般流程。

服务器调用 socket、bind 和 listen 函数完成初始化后，调用 accept 函数阻塞等待，处于监听端口的状态。客户端调用 socket 函数初始化后，调用 connect 函数发出 SYN 段并阻塞等待服务器应答，服务器应答一个 SYN-ACK 段，客户端收到后从 connect 函数返回，同时应答一个 ACK 段，服务器收到后从 accept 函数返回。

数据传输的过程：建立连接后，TCP 协议提供全双工的通信服务，但是一般客户端/服务器程序的流程是由客户端主动发起请求，服务器被动处理请求，一问一答的方式。因此，服务器从 accept 函数返回后立刻调用 read 函数，读 socket 就像读管道一样，如果没有数据到达就阻塞等待，这时客户端调用 write 函数发送请求给服务器，服务器收到后从 read 函数返回，对客户端的请求进行处理，在此期间客户端调用 read 函数阻塞等待服务器的应答，服务器调用 write 函数将处理结果发回给客户端，再次调用 read 函数阻塞等待下一条请求，客户端收到后从 read 函数返回，发送下一条请求，如此循环下去。

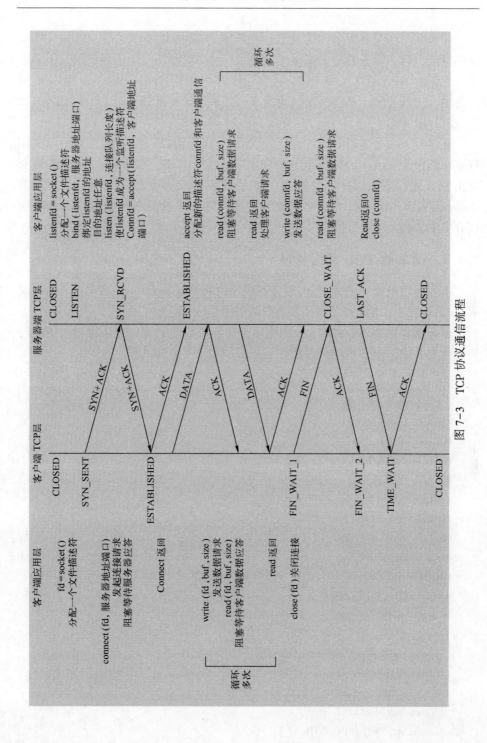

图7-3 TCP协议通信流程

如果客户端没有更多的请求了，就调用 close 函数关闭连接，就像写端关闭的管道一样，服务器的 read 函数返回 0，这样服务器就知道客户端关闭了连接，也调用 close 函数关闭连接。注意，任何一方调用 close 函数后，连接的两个传输方向都关闭，不能再发送数据了。如果想让连接处于半关闭状态，应调用 shutdown 函数。

在学习 socket 编程时要注意应用程序和 TCP 协议层是如何交互的：应用程序调用某个 socket 函数时 TCP 协议层完成什么动作，如调用 connect 函数会发出 SYN 段；应用程序如何知道 TCP 协议层的状态变化，如从某个阻塞的 socket 函数返回就表明 TCP 协议收到了某些段，再如 read 函数返回 0 就表明收到了 FIN 段。

7.4.1 简单的 TCP 网络程序

下面通过最简单的客户端/服务器程序的实例 example7-1 来学习 socket 编程。example7-1 由服务器程序和客户端程序组成。

服务器程序 example7-1a.c 的作用是从客户端读字符，然后将每个字符转换为大写并回送给客户端。源程序 example7-1a.c 代码如下：

源程序　　example7-1a.c

```c
/* example7-1a.c */
#include <stdio.h>
#include <stdlib.h>
#include <string.h>
#include <unistd.h>
#include <ctype.h>
#include <sys/socket.h>
#include <netinet/in.h>
#include <arpa/inet.h>
#define MAXLINE 80
#define SERV_PORT 8000
int main(void)
{
    struct sockaddr_in servaddr, cliaddr;
    socklen_t cliaddr_len;
    int listenfd, connfd;
    char buf[MAXLINE];
    char str[INET_ADDRSTRLEN];
```

```
    int i, n;
    listenfd = socket(AF_INET, SOCK_STREAM, 0);
    bzero(&servaddr, sizeof(servaddr));
    servaddr.sin_family = AF_INET;
    servaddr.sin_addr.s_addr = htonl(INADDR_ANY);
    servaddr.sin_port = htons(SERV_PORT);
    bind(listenfd, (struct sockaddr *)&servaddr, sizeof(servaddr));
    listen(listenfd, 20);
    printf("Accepting connections...\n");
    while(1)
    {
        cliaddr_len = sizeof(cliaddr);
        connfd = accept(listenfd, (struct sockaddr *)&cliaddr, &cliaddr_len);
        n = read(connfd, buf, MAXLINE);
        printf("received from %s at PORT %d\n",
            inet_ntop(AF_INET, &cliaddr.sin_addr, str, sizeof(str)),
            ntohs(cliaddr.sin_port));
        for(i=0;i<n;i++)
            buf[i] = toupper(buf[i]);
        write(connfd, buf, n);
        close(connfd);
    }
}
```

服务器程序所监听的网络地址和端口号通常是固定不变的，客户端程序得知服务器程序的地址和端口号后就可以向服务器发起连接，因此服务器需要调用 bind 函数绑定一个固定的网络地址和端口号。

典型的服务器程序可以同时服务于多个客户端，当有客户端发起连接时，服务器调用的 accept 函数返回并接受这个连接，如果有大量的客户端发起连接而服务器来不及处理，尚未 accept 的客户端就处于连接等待状态，listen 函数声明 sockfd 处于监听状态，并且最多允许有 backlog 个客户端处于连接等待状态，如果接收到更多的连接请求就忽略。listen 函数成功返回 0，失败返回-1。

三方握手完成后，服务器调用 accept 函数接受连接，如果服务器调用 accept 函数时还没有客户端的连接请求，就阻塞等待直到有客户端连接上来。cliaddr_len 是传入、传出参数，传入的是调用者提供的缓冲区 cliaddr 的长度，以避免缓冲区溢出问题，传出的是客户端地址结构体的实际长度，每次调用 accept 函数之前应该重新赋初值。accept 函数的参数 listenfd 是先前的监听文件描述符，而 accept 函数的返回值是另外一个文件描述符 connfd，之后与客户端之间就通过这个 connfd 通信，最后关闭 connfd 断开连接，而不关闭 listenfd，再次回到循环开头 listenfd 仍然用作 accept 的参数。accept 函数成功返回一个文件描述符，出错返回-1。

服务器程序结构是一个 while 死循环，每次循环处理一个客户端连接。

客户端程序功能是从命令行参数中获得一个字符串发给服务器，然后接收服务器返回的字符串并打印。源程序 example7-1b.c 代码如下：

源程序　example7-1b.c

```c
/* example7-1b.c */
#include <stdio.h>
#include <stdlib.h>
#include <string.h>
#include <unistd.h>
#include <sys/socket.h>
#include <netinet/in.h>
#include <arpa/inet.h>
#define MAXLINE 80
#define SERV_PORT 8000
int main(int argc, char * argv[])
{
    struct sockaddr_in servaddr;
    char buf[MAXLINE];
    int sockfd, n;
    char * str;
    if(argc != 2)
    {
        fputs("usage:./client message\n", stderr);
        exit(1);
    }
    str = argv[1];
    sockfd = socket(AF_INET, SOCK_STREAM, 0);
    bzero(&servaddr, sizeof(servaddr));
    servaddr.sin_family = AF_INET;
    inet_pton(AF_INET, "127.0.0.1", &servaddr.sin_addr);
    servaddr.sin_port = htons(SERV_PORT);
    connect(sockfd, (struct sockaddr *)&servaddr, sizeof(servaddr));
```

```
        write(sockfd, str, strlen(str));
        n=read(sockfd, buf, MAXLINE);
        printf("Response from server:\n");
        write(STDOUT_FILENO, buf, n);
        printf("\n");
        close(sockfd);
        return 0;
}
```

由于客户端不需要固定的端口号，因此不必调用 bind 函数，客户端的端口号由内核自动分配。注意，客户端不是不允许调用 bind 函数，只是没有必要调用 bind 函数固定一个端口号，服务器也不是必须调用 bind 函数，但如果服务器不调用 bind 函数，内核会自动给服务器分配监听端口，每次启动服务器时端口号都不一样，客户端要连接服务器就会遇到麻烦。

客户端需要调用 connect 函数连接服务器，connect 和 bind 的参数形式一致，区别在于 bind 的参数是自己的地址，而 connect 的参数是对方的地址。connect 函数成功返回 0，出错返回 −1。

在终端 1 中编译运行服务器程序 example7-1a，结果如图 7-4 所示。

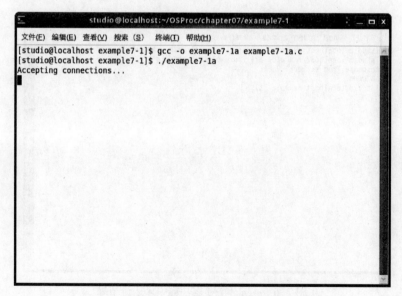

图 7-4　example7-1 服务器端程序编译运行结果

新建一个操作终端，用 netstat 命令查看，结果如图 7-5 所示。
可以看到服务器程序监听 8000 端口，IP 地址还没确定下来。

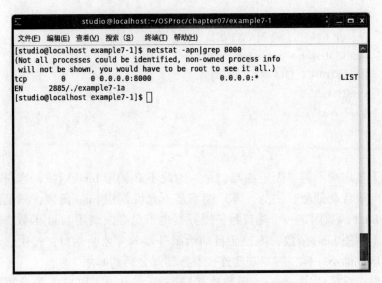

图 7-5 用 netstat 命令查看网络端口结果

在终端 2 中编译运行客户端程序 example7-1b，以"abcdefg"为命令行参数，结果如图 7-6 所示。

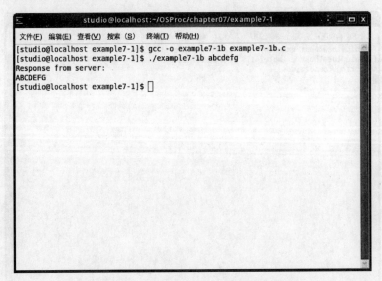

图 7-6 example7-1 客户端编译运行结果

此时查看终端 1 的服务器端程序运行情况，结果如图 7-7 所示。
输出的客户端端口号 48965，这是一个随机分配的端口号。

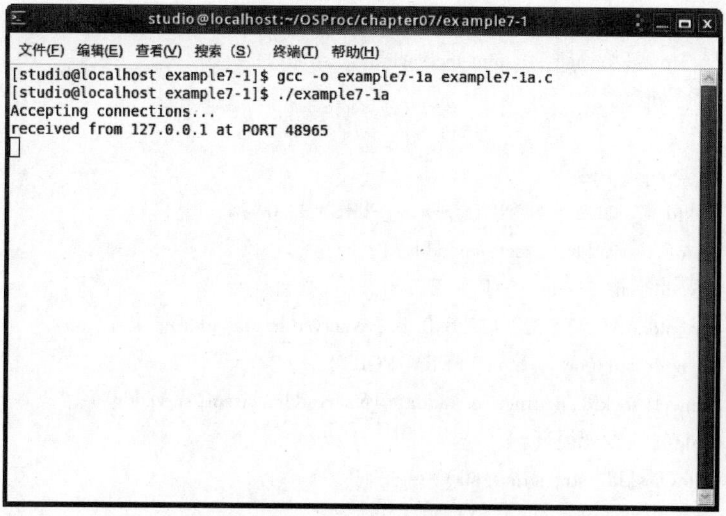

第7章 网络程序设计

```
studio@localhost:~/OSProc/chapter07/example7-1
文件(F) 编辑(E) 查看(V) 搜索(S) 终端(T) 帮助(H)
[studio@localhost example7-1]$ gcc -o example7-1a example7-1a.c
[studio@localhost example7-1]$ ./example7-1a
Accepting connections...
received from 127.0.0.1 at PORT 48965
```

图7-7 example7-1 服务器端程序运行结果

再做一个实验,在客户端的 connect 函数代码之后插一个 while(1) 死循环,使客户端和服务器都处于连接中的状态,将客户端程序源代码改造成 example7-1c.c。

源程序　example7-1c.c

```c
/* example7-1b.c */
#include <stdio.h>
#include <stdlib.h>
#include <string.h>
#include <unistd.h>
#include <sys/socket.h>
#include <netinet/in.h>
#include <arpa/inet.h>
#define MAXLINE 80
#define SERV_PORT 8000
int main(int argc, char * argv[])
{
    struct sockaddr_in servaddr;
    char buf[MAXLINE];
    int sockfd, n;
    char * str;
    if(argc != 2)
```

185

```
        fputs("usage:./client message\n", stderr);
        exit(1);
}
str = argv[1];
sockfd = socket(AF_INET, SOCK_STREAM, 0);
bzero(&servaddr, sizeof(servaddr));
servaddr.sin_family = AF_INET;
inet_pton(AF_INET, "127.0.0.1", &servaddr.sin_addr);
servaddr.sin_port = htons(SERV_PORT);
connect(sockfd, (struct sockaddr *)&servaddr, sizeof(servaddr));
while(1);//死循环
write(sockfd, str, strlen(str));
n=read(sockfd, buf, MAXLINE);
printf("Response from server:\n");
write(STDOUT_FILENO, buf, n);
printf("\n");
close(sockfd);
return 0;
}
```

终端1运行服务器端程序example7-1a,运行以&结尾,使之在后台运行,如图7-8所示。

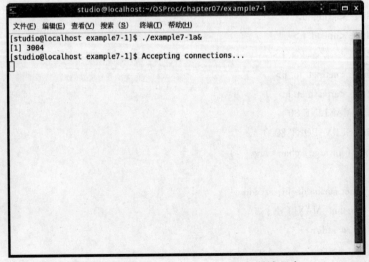

图7-8 后台运行example7-1a服务器端程序

第7章 网络程序设计

终端2编译运行新的客户端程序example7-1c，"abcdefg"为命令行参数，同样以&结尾，在后台运行，如图7-9所示。

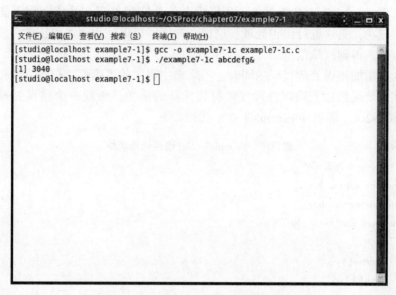

图7-9 后台运行example7-1c客户端程序

新建一个终端，使用netstat查看网络运行情况，结果如图7-10所示。

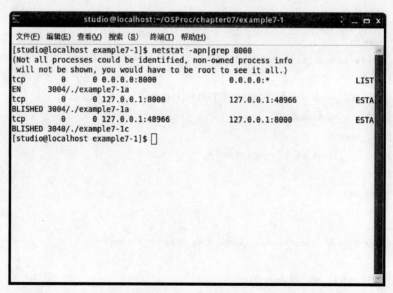

图7-10 netstat查看网络运行结果

7.4.2 错误处理与读写控制

范例 example7-1 功能简单,几乎没有什么错误处理,系统调用不能保证每次都成功,必须进行出错处理,这样一方面可以保证程序逻辑正常,另一方面可以迅速得到故障信息。

为在增加错误处理代码的同时,不影响主程序的可读性,把与 socket 相关的一些系统函数加上错误处理代码包装成新的函数,做成一个错误处理模块 example7-2.c。源程序 example7-2.c 代码如下:

源程序　example7-2.c 错误处理模块

```
/* example7-2.c */
#include <stdlib.h>
#include <errno.h>
void perr_exit(const char *s)
{
    perror(s);
    exit(1);
}

int Accept(int fd, struct sockaddr *sa, socklen_t *salenptr)
{
    int n;
again:
    if((n = accept(fd,sa,salenptr))<0)
    {
        if((errno == ECONNABORTED) || (errno == EINTR))
            goto again;
        else
            perr_exit("accept error");
    }
    return n;
}

void Bind(int fd, const struct sockaddr *sa, socklen_t salen)
{
    if(bind(fd, sa, salen)<0)
        perr_exit("bind error");
}
```

```c
void Connect(int fd, const struct sockaddr *sa, socklen_t salen)
{
    if(connect(fd, sa, salen) < 0)
        perr_exit("connect error");
}

void Listen(int fd, int backlog)
{
    if(listen(fd, backlog) < 0)
        perr_exit("listen error");
}

int Socket(int family, int type, int protocol)
{
    int n;
    if((n = socket(family, type, protocol)) < 0)
        perr_exit("socket error");
    return n;
}

ssize_t Read(int fd, void *ptr, size_t nbytes)
{
    ssize_t n;
again:
    if((n=read(fd,ptr,nbytes))==-1)
    {
        if(errno == EINTR)
            goto again;
        else
            return -1;
    }
    return n;
}

ssize_t Write(int fd, const void *ptr, size_t nbytes)
{
    ssize_t n;
again:
    if((n = write(fd, ptr, nbytes)) == -1)
```

```
        {
            if( errno = = EINTR)
                goto again;
            else
                return -1;
        }
        return n;
}

void Close( int fd)
{
    if( close( fd) = = -1)
        perr_exit("close error");
}
```

系统调用 accept、read 和 write 被信号中断时应该重试。connect 虽然也会阻塞，但是被信号中断时不能立刻重试。对于 accept，如果 errno 是 ECONNABORTED，也应该重试。

TCP 协议是面向流的，read 和 write 调用的返回值往往小于参数指定的字节数。对于 read 调用，如果接收缓冲区中有 20B，请求读 100B，就会返回 20。对于 write 调用，如果请求写 100B，而发送缓冲区中只有 20B 的空闲位置，那么 write 会阻塞，直到把 100B 全部交给发送缓冲区才返回，但如果 socket 文件描述符有 O_NONBLOCK 标志，则 write 不阻塞，直接返回 20。为避免这些情况干扰主程序的逻辑，确保读写所请求的字节数，此处实现了两个包装函数 Readn 和 Writen，也放在错误处理模块 example7-2.c 中。新增函数代码如下：

源程序　example7-2.c 新增 2 个函数

```
/* example7-2.c 新增 2 个函数 */
ssize_t Readn( int fd, void * vptr, size_t n)
{
    size_t nleft;
    ssize_t nread;
    char * ptr;
    ptr = vptr;
    nleft = n;
    while( nleft > 0)
    {
        if( ( nread = read( fd, ptr, nleft)) < 0)
```

```
            {
                if(errno == EINTR)
                    nread = 0;
                else
                    return -1;
            }
            else if(nread == 0)
                break;
            nleft -= nread;
            ptr += nread;
        }
        return (n-nleft);
    }

    ssize_t Writen(int fd,const void *vptr, size_t n)
    {
        size_t nleft;
        ssize_t nwritten;
        const char *ptr;
        ptr = vptr;
        nleft = n;
        while(nleft > 0)
        {
            if((nwritten = write(fd, ptr, nleft)) <= 0)
            {
                if(nwritten < 0 && errno == EINTR)
                    nwritten = 0;
                else
                    return -1;
            }
            nleft -= nwritten;
            ptr += nwritten;
        }
        return n;
    }
```

如果应用层协议的各字段长度固定，用 Readn 来读是非常方便的。例如，设计一种客户端上传文件的协议，规定前 12B 表示文件名，超过 12B 的文件名截断，不足12B的文件名用'\0'补齐，从第13B开始是文件内容，上传完所有文件内容后关闭连接，服务器可以先调用readn读12B，根据文件名创建文件，然后在一个循环中调用read读文件内容并存盘，循环结束的条件是read返回0。

  字段长度固定的协议往往不够灵活，难以适应新的变化。例如，以前DOS的文件名是8B主文件名加"."加3B扩展名，不超过12B，但是现代操作系统的文件名可以长得多，12B就不够用了。那么制定一个新版本的协议规定文件名字段为256B怎么样？这样又造成很大的浪费，因为大多数文件名都很短，需要用大量的'\0'补齐256B，而且新版本的协议和老版本的程序无法兼容，如果已经有很多人在用老版本的程序，会造成遵循新协议的程序与老版本程序的互操作性问题。如果新版本的协议要添加新的字段，如规定前12B是文件名，从13~16B是文件类型说明，从第17B开始才是文件内容，同样会造成和老版本的程序无法兼容的问题。

  因此，常见的应用层协议都是带有可变长字段的，字段之间的分隔符用换行的比用'\0'的更常见，如本节后面要介绍的HTTP协议。可变长字段的协议用readn来读就很不方便，为此实现一个类似于fgets的Readline函数，也放在错误处理模块example7-2.c中。其代码如下：

    源程序 example7-2.c新增Readline函数

```
/* example7-2.c 新增 Readline 函数 */
static ssize_t my_read(int fd, char *ptr)
{
    static int read_cnt;
    static char *read_ptr;
    static char read_buf[100];
    if(read_cnt <= 0)
    {
    again:
        if((read_cnt = read(fd, read_buf, sizeof(read_buf))) < 0)
        {
            if(errno == EINTR)
                goto again;
            return-1;
        }
        else if(read_cnt == 0)
            return 0;
```

```c
        read_ptr = read_buf;
    }
    read_cnt--;
    *ptr = *read_ptr++;
    return 1;
}

ssize_t Readline(int fd, void *vptr, size_t maxlen)
{
    ssize_t n, rc;
    char c, *ptr;
    ptr = vptr;
    for(n=1; n < maxlen; n++)
    {
        if((rc = my_read(fd, &c)) == 1)
        {
            *ptr++ = c;
            if(c == '\n')
                break;
        }
        else if(rc == 0)
        {
            *ptr = 0;
            return n-1;
        }
        else
            return -1;
    }
    *ptr = 0;
    return n;
}
```

7.4.3 客户端交互式请求

目前实现的客户端每次运行只能从命令行读取一个字符串发给服务器,再从服务器收回来,示例 example7-3 把客户端改成交互式的,不断从终端接受用户输入并和服务器交互。服务器端直接用 example7-1 的服务端程序。源程序 example7-3b.c 代码如下:

源程序 example7-3b.c 客户端程序

```c
/* example7-3b.c */
#include <stdio.h>
#include <string.h>
#include <unistd.h>
#include <netinet/in.h>
#include <arpa/inet.h>
#include "example7-2.c"
#define MAXLINE 80
#define SERV_PORT 8000
int main(int argc, char *argv[])
{
    struct sockaddr_in servaddr;
    char buf[MAXLINE];
    int sockfd, n;
    sockfd = Socket(AF_INET, SOCK_STREAM, 0);
    bzero(&servaddr, sizeof(servaddr));
    servaddr.sin_family = AF_INET;
    inet_pton(AF_INET, "127.0.0.1", &servaddr.sin_addr);
    servaddr.sin_port = htons(SERV_PORT);
    Connect(sockfd, (struct sockaddr *)&servaddr, sizeof(servaddr));
    while(fgets(buf, MAXLINE, stdin) != NULL)
    {
        Write(sockfd, buf, strlen(buf));
        n = Read(sockfd, buf, MAXLINE);
        if(n == 0)
            printf("the other side has been closed.\n");
        else
            Write(STDOUT_FILENO, buf, n);
    }
    Close(sockfd);
    return 0;
}
```

在终端1运行服务器端程序example7-1a,如图7-11所示。

在终端2编译并运行客户端程序example7-3b,结果如图7-12所示。

可以看到,此时服务器端仍在运行,但是客户端的运行结果并不正确。查

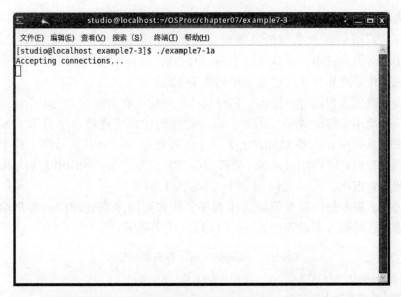

图 7-11　服务器端程序 example7-1a 运行结果

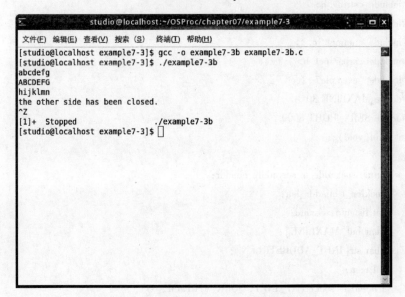

图 7-12　客户端程序 example7-3b 运行结果

看 example7-1a.c 可以发现，服务器对每个请求只处理一次，应答后就关闭连接，客户端不能继续使用这个连接发送数据。但是客户端下次循环时又调用 write 发数据给服务器，write 调用只负责把数据交给 TCP 发送缓冲区就可以成功返回，所以不会出错，而服务器收到数据后应答一个 RST 段，客户端收到

RST 段后无法立刻通知应用层，只把这个状态保存在 TCP 协议层。客户端下次循环又调用 write 发数据给服务器，由于 TCP 协议层已经处于 RST 状态了，因此不会将数据发出，而是发一个 SIGPIPE 信号给应用层，SIGPIPE 信号的默认处理动作是终止程序，运行结果如图 7-12 所示。

为了避免客户端异常退出，客户端的代码应该在判断对方关闭了连接后跳出循环，而不是继续 write。另外，有时候代码中需要连续多次调用 write，可能还来不及调用 read 得知对方已关闭了连接就被 SIGPIPE 信号终止掉了，这就需要在初始化时调用 sigaction 处理 SIGPIPE 信号，如果 SIGPIPE 信号没有导致进程异常退出，write 返回 -1 并且 errno 为 EPIPE。

另外，需要修改服务器端应用程序，使它可以多次处理同一客户端的请求。修改后的服务器端程序 example7-3a.c 代码如下：

源程序　　example7-3a.c 服务器端程序

```c
/* example7-3a.c */
#include <stdio.h>
#include <string.h>
#include <ctype.h>
#include <netinet/in.h>
#include <arpa/inet.h>
#include "example7-2.c"
#define MAXLINE 80
#define SERV_PORT 8000
int main(void)
{
    struct sockaddr_in servaddr, cliaddr;
    socklen_t cliaddr_len;
    int listenfd, connfd;
    char buf[MAXLINE];
    char str[INET_ADDRSTRLEN];
    int i, n;
    listenfd = socket(AF_INET, SOCK_STREAM, 0);
    bzero(&servaddr, sizeof(servaddr));
    servaddr.sin_family = AF_INET;
    servaddr.sin_addr.s_addr = htonl(INADDR_ANY);
    servaddr.sin_port = htons(SERV_PORT);
    Bind(listenfd, (struct sockaddr *)&servaddr, sizeof(servaddr));
    Listen(listenfd, 20);
```

```
        printf("Accepting connections…\n");
        while(1)
        {
            cliaddr_len = sizeof(cliaddr);
            connfd = Accept(listenfd, (struct sockaddr *)&cliaddr, &cliaddr_len);
            while(1)
            {
                n = Read(connfd, buf, MAXLINE);
                if(n == 0)
                {
                    printf("the other side has been closed. \n");
                    break;
                }
                printf("received from %s at PORT %d\n",
                    inet_ntop(AF_INET, &cliaddr.sin_addr, str, sizeof(str)),
                    ntohs(cliaddr.sin_port));
                for(i=0; i<n; i++)
                    buf[i] = toupper(buf[i]);
                Write(connfd, buf, n);
            }
            Close(connfd);
        }
}
```

经过上面的修改后，客户端和服务器可以进行多次交互。在终端 1 中运行服务器端程序 example7-3a，在终端 2 中运行客户端 example7-3b，可以看到交互的情况。

服务器端运行结果如图 7-13 所示。

客户端运行结果如图 7-14 所示。客户端运行前，服务器端只显示"Accepting connections…"，客户端运行后，首先输入"abcdefg"，转换为"ABCDEFG"输出，服务器端接收到数据后，显示"received from 127.00.1 at PORT 50769"，这里 50769 是系统随机分配的端口号，一旦与客户端建立了连接，该端口号会一直保持使用。客户端再输入"hijklmn"，转换为"HIJKLMN"输出，服务器端接收后，会显示同样的接收 IP 和端口的提示信息。

服务器通常是要同时服务多个客户端的，但是上面的服务器只能服务一个客户端，运行上面的服务器和客户端之后，再开一个终端运行客户端，新的客户端并不能得到服务，只有当原来的客户端关闭之后，新的客户端才能得到服务。

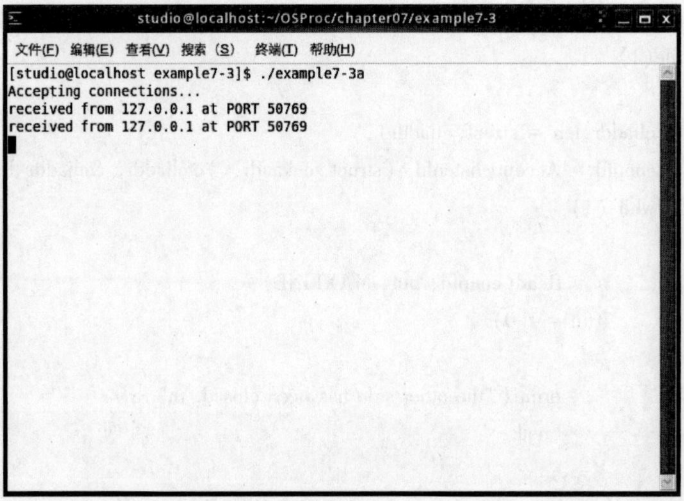

图 7-13 改进的服务器端程序 example7-3a 运行结果

图 7-14 客户端程序 example7-3b 运行结果

7.4.4 并发处理多个请求

1. 使用子进程处理多个请求

要并发处理多个客户端的请求，网络服务器通常用 fork 函数产生子进程来同时服务多个客户端。父进程专门负责监听端口，每次 accept 一个新的客户端连接就 fork 出一个子进程专门服务这个客户端。但是子进程退出时会产生僵尸进程，父进程要注意处理 SIGCHLD 信号和调用 wait 清理僵尸进程。

并发处理多个客户端的服务器代码框架如下:

源程序　并发处理多个客户端的服务器代码框架程序

```
/*并发处理多个客户端的服务器代码框架 */
listenfd = socket( …);
bind(listenfd, …);
listen(listenfd, …);
while(1)
{
    connfd = accept(listenfd, …);
    n = fork();
    if(n == -1)
    {
        perror("fork");
        exit(1);
    }
    else if(n == 0)
    {
        close(listenfd);
        while(1)
        {
            read(connfd, …);
            …
            write(connfd, …);
        }
        close(connfd);
        exit(0);
    }
    else
        close(connfd);
}
```

2. 使用 select 函数处理多个请求

select 函数是网络程序中很常用的一个系统调用,它可以同时监听多个阻塞的文件描述符(如多个网络连接),哪个有数据到达就处理哪个,这样,不需要 fork 和多进程就可以实现并发服务的服务器。

首先介绍函数 select 函数,其函数原型如下:

```c
#include <unistd.h>
int select(int nfds, fd_set *readfds, fd_set *writefds,
           fd_set *exceptfds, struct timeval *timeout);
```

nfds 参数为所有监控的文件描述符中最大的那一个加 1。readfds 参数为所有要读的文件描述符的集合。writefd 参数为所有要写的文件描述符的集合。exceptfds 参数为其他的需要通知的文件描述符。timeout 参数为超时设置。

一般来说，当向文件读写时，进程有可能在读写处阻塞，直到一定的条件满足。例如，从一个套接字读数据时，可能缓冲区里面没有数据可读（通信的对方还没有发送数据过来），这个时候读调用就会等待（阻塞）直到有数据可读。如果不希望阻塞，一个选择是用 select 系统调用，只要设置好 select 函数的各个参数，那么当文件可以读写的时候 select 函数会"通知"，通知可以读写了。

在调用 select 函数时，进程会一直阻塞直到以下的一种情况发生：有文件可以读；有文件可以写；超时所设置的时间到。

为了设置文件描述符要使用几个宏：

```c
void FD_CLR(int fd, fd_set *set);
int  FD_ISSET(int fd, fd_set *set);
void FD_SET(int fd, fd_set *set);
void FD_ZERO(fd_set *set);
```

FD_SET 的功能是将 fd 加入到 fdset。FD_CLR 的功能是将 fd 从 fdset 里面清除。FD_ZERO 的功能是从 fdset 中清除所有的文件描述符。FD_ISSET 的功能是判断 fd 是否在 fdset 集合中。

范例 example7-4 使用 select 函数。源程序 example7-4a.c 代码如下：

源程序　example7-4a.c

```c
/* example7-4a.c */
#include <stdio.h>
#include <stdlib.h>
#include <string.h>
#include <ctype.h>
#include <netinet/in.h>
#include <arpa/inet.h>
#include "example7-2.c"
#define MAXLINE 80
#define SERV_PORT 8000
int main(int argc,char **argv)
{
```

```c
int i, maxi, maxfd, listenfd, connfd, sockfd;
int nready, client[FD_SETSIZE];
ssize_t n;
fd_set rset, allset;
char buf[MAXLINE];
char str[INET_ADDRSTRLEN];
socklen_t cliaddr_len;
struct sockaddr_in cliaddr, servaddr;
listenfd = Socket(AF_INET, SOCK_STREAM, 0);
bzero(&servaddr, sizeof(servaddr));
servaddr.sin_family = AF_INET;
servaddr.sin_addr.s_addr = htonl(INADDR_ANY);
servaddr.sin_port = htons(SERV_PORT);
Bind(listenfd, (struct sockaddr *)&servaddr, sizeof(servaddr));
Listen(listenfd, 20);
maxfd = listenfd;
maxi = -1;
for(i=0; i<FD_SETSIZE; i++)
    client[i] = -1;
FD_ZERO(&allset);
FD_SET(listenfd, &allset);
for(;;)
{
    rset = allset;
    nready = select(maxfd+1, &rset, NULL, NULL, NULL);
    if(nready<0)
        perr_exit("selecterror");
    if(FD_ISSET(listenfd, &rset))
    {
        cliaddr_len = sizeof(cliaddr);
        connfd = Accept(listenfd, (struct sockaddr *)&cliaddr, &cliaddr_len);
        printf("received from %s at PORT %d \n",
            inet_ntop(AF_INET, &cliaddr.sin_addr, str, sizeof(str)),
            ntohs(cliaddr.sin_port));
        for(i=0; i<FD_SETSIZE; i++)
            if(client[i]<0)
            {
                client[i] = connfd;
                break;
```

```c
            }
            if(i == FD_SETSIZE)
            {
                fputs("too many clients\n", stderr);
                exit(1);
            }
            FD_SET(connfd, &allset);
            if(connfd > maxfd)
                maxfd = connfd;/* forselect */
            if(i > maxi)
                maxi=i;
            if(--nready == 0)
                continue;
        }
        for(i=0;i<=maxi;i++)
        {
            if((sockfd = client[i]) < 0)
                continue;
            if(FD_ISSET(sockfd, &rset))
            {
                if((n = Read(sockfd,buf,MAXLINE)) == 0)
                {
                    Close(sockfd);
                    FD_CLR(sockfd, &allset);
                    client[i] = -1;
                }
                else
                {
                    int j;
                    for(j=0; j<n; j++)
                        buf[j] = toupper(buf[j]);
                    Write(sockfd,buf,n);
                }
                if(--nready == 0)
                    break;
            }
        }
    }
}
```

经过上面的修改后形成的 example7-4a.c 服务器程序，可以和多个客户端进行交互。

在终端 1 中运行服务器端程序 example7-4a，在多个终端中运行客户端 example7-3b，可以看到如下交互结果。

终端 1，运行服务器端程序 example7-4a，如图 7-15 所示。

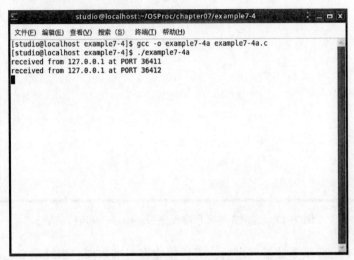

图 7-15　改进后的服务器端程序 example7-4a 运行结果

终端 2，运行客户端程序 example7-3b，如图 7-16 所示。

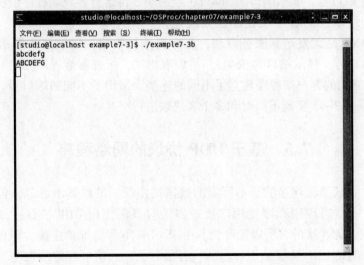

图 7-16　终端 2 的客户端程序 example7-3b 运行结果

终端 3，再运行客户端程序 example7-3b，如图 7-17 所示。

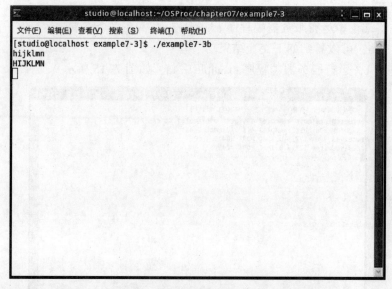

图 7-17　终端 3 的客户端程序 example7-3b 运行结果

　　终端 1 运行服务器端程序后，等待接收客户端数据。当终端 2 运行客户端程序后，服务器端程序与客户端程序完成连接，客户端输入"abcdefg"，转换成"ABCDEFG"后，发送到服务器端，服务器端接收后，提示接收发送方的 IP 地址和端口号，显示端口为 36411；当终端 3 再运行客户端程序后，服务器端程序与终端 3 的客户端程序也完成连接，客户端输入"hijiklm"，转换成"HIJKLMN"后，发送到服务器端，服务器端接收后，提示接收发送方的 IP 地址和端口号，显示端口为 36412。可以看出来，服务器端程序分别与运行在 2 个不同终端的客户端程序建立了不同的连接，采用了不同的端口号。服务器程序 example7-4a 实现了同时和多个客户端进行交互。

7.5　基于 UDP 协议的网络程序

　　UDP 协议是无连接的、不可靠的数据报协议。虽然其不可靠，但也有许多优点：一是当应用程序使用广播或多播时只能使用 UDP 协议；二是由于 UDP 协议是无连接的，所以速度快。由于 UDP 不需要维护连接，程序逻辑简单很多，但是 UDP 协议是不可靠的，有很多保证通信可靠性的机制需要在应用层实现。图 7-18 是典型的 UDP 客户端/服务器通信过程。

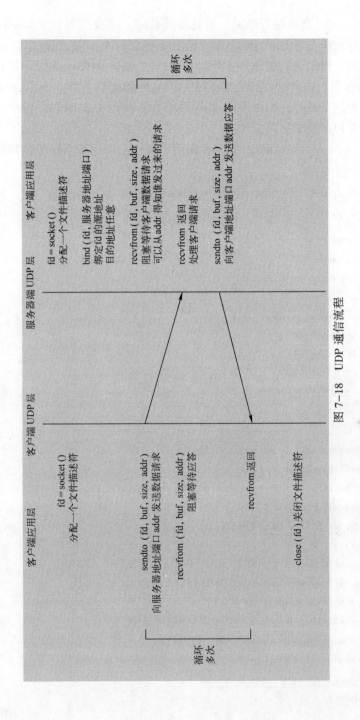

图 7-18 UDP 通信流程

在编写 UDP 套接字程序时,有几点要注意:建立套接字时 socket 函数的第二个参数应该是 SOCK_DGRAM,说明是建立一个 UDP 套接字;由于 UDP 是无连接的,所以服务器端并不需要 listen 或 accept 函数;当 UDP 套接字调用 connect 函数时,内核只记录连接方的 IP 地址和端口,并立即返回给调用进程,正因为这个特性,UDP 服务器程序中并不使用 fork 函数,用单进程就能完成所有客户的请求。

范例 example7-5 是简单的 UDP 应用示例。示例同样由服务器程序和客户端程序两部分组成。

UDP 服务器程序 example7-5a.c 代码如下:

源程序　example7-5a.c

```c
/* example7-5a.c */
#include <stdio.h>
#include <string.h>
#include <ctype.h>
#include <netinet/in.h>
#include <arpa/inet.h>
#include "example7-2.c"
#define MAXLINE 80
#define SERV_PORT 8000
int main(void)
{
    struct sockaddr_in servaddr, cliaddr;
    socklen_t cliaddr_len;
    int sockfd;
    char buf[MAXLINE];
    char str[INET_ADDRSTRLEN];
    int i,n;
    sockfd = Socket(AF_INET, SOCK_DGRAM, 0);
    bzero(&servaddr, sizeof(servaddr));
    servaddr.sin_family = AF_INET;
    servaddr.sin_addr.s_addr = htonl(INADDR_ANY);
    servaddr.sin_port = htons(SERV_PORT);
    Bind(sockfd, (struct sockaddr *)&servaddr, sizeof(servaddr));
    printf("Accepting connections...\n");
    while(1)
    {
```

```c
        cliaddr_len = sizeof(cliaddr);
        n = recvfrom(sockfd, buf, MAXLINE, 0, (struct sockaddr *)&cliaddr, &cliaddr_len);
        if(n == -1)
            perr_exit("recvfrom error");
        printf("received from %s at PORT %d\n",
            inet_ntop(AF_INET, &cliaddr.sin_addr, str, sizeof(str)),
            ntohs(cliaddr.sin_port));
        for(i=0; i<n; i++)
            buf[i] = toupper(buf[i]);
        n = sendto(sockfd, buf, n, 0, (struct sockaddr *)&cliaddr, sizeof(cliaddr));
        if(n == -1)
            perr_exit("send to error");
    }
}
```

UDP 客户端程序 example7-5b.c 代码如下:

源程序　example7-5b.c

```c
/* example7-5b.c */
#include <stdio.h>
#include <string.h>
#include <unistd.h>
#include <arpa/inet.h>
#include <netinet/in.h>
#include "example7-2.c"
#define MAXLINE 80
#define SERV_PORT 8000
int main(int argc, char *argv[])
{
    struct sockaddr_in servaddr;
    int sockfd, n;
    char buf[MAXLINE];
    char str[INET_ADDRSTRLEN];
    socklen_t servaddr_len;
    sockfd = Socket(AF_INET, SOCK_DGRAM, 0);
    bzero(&servaddr, sizeof(servaddr));
    servaddr.sin_family = AF_INET;
    inet_pton(AF_INET, "127.0.0.1", &servaddr.sin_addr);
```

```
        servaddr.sin_port = htons(SERV_PORT);
        while(fgets(buf, MAXLINE, stdin) != NULL)
        {
            n = sendto(sockfd, buf, strlen(buf), 0, (struct sockaddr *)&servaddr, sizeof(servaddr));
            if(n == -1)
                perr_exit("sendto error");
            n = recvfrom(sockfd, buf, MAXLINE, 0, NULL, 0);
            if(n == -1)
                perr_exit("recvfrom error");
            Write(STDOUT_FILENO, buf, n);
        }
        Close(sockfd);
        return 0;
}
```

建立 3 个终端，第一个运行编译好的服务器程序 example7-5a，第二个终端和第三个终端都运行客户端程序 example7-5b，查看运行结果。

在终端 1 中，编译运行服务器端程序 example7-5a，如图 7-19 所示。

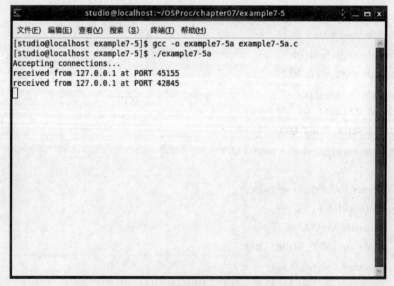

图 7-19　服务器端程序 example7-5a 运行结果

在终端 2 中，编译运行客户端程序 example7-5b，如图 7-20 所示。

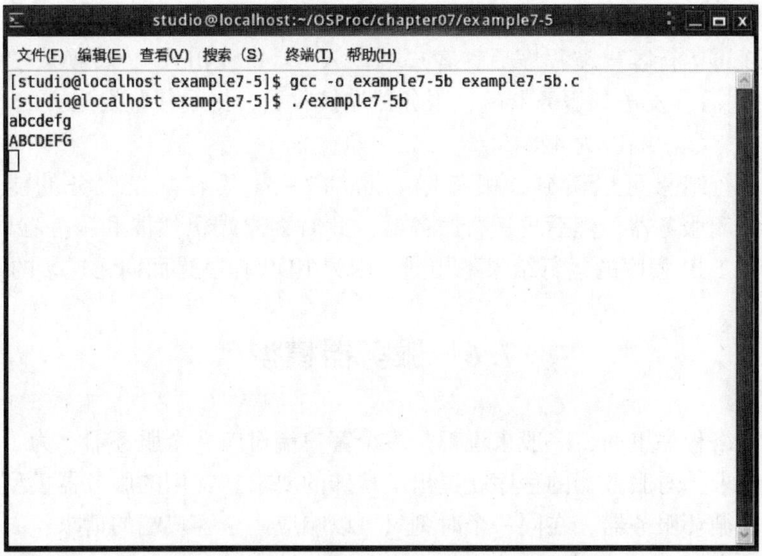

图7-20 客户端程序 example7-5b 运行结果

在终端3中,运行客户端程序 example7-5b,如图 7-21 所示。

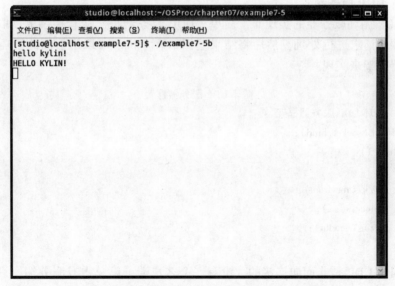

图 7-21 终端 3 的客户端程序 example7-5b 运行结果

终端 1 运行服务器端程序后,等待接收客户端数据。当终端 2 运行客户端程序后,客户端输入 "abcdefg",转换成 "ABCDEFG" 后,发送到服务器端,服务器端接收后,提示接收发送方的 IP 地址和端口号,显示端口为 45155;当终端 3 再运行客户端程序后,客户端输入"hello kylin!",转换成"HELLO KYLIN!"后,发送到服务器端,服务器端接收后,提示接收发送方的 IP 地址和端口号,显示端口为 42845。

从运行结果可以看到,服务器 example7-5a 具有并发服务的能力。用 Ctrl+C 关闭服务器,然后再运行服务器,此时客户端仍然能和服务器联系上。这个前面 TCP 程序的运行结果不相同,因为 UDP 程序是面向无连接的。

7.6 服务器模型

在网络程序里面,一般来说都是多个客户端对应一个服务器,为了处理客户端的请求,对服务器的程序就提出了特殊的要求。常用的服务器模型分为两种:一是循环服务器,在同一个时刻只可以响应一个客户端的请求;二是并发服务器,在同一个时刻可以响应多个客户端的请求。

7.6.1 循环服务器

1. UDP 服务器

UDP 循环服务器的实现非常简单,UDP 服务器每次从套接字上读取一个客户端的请求进行处理,然后将结果返回给客户机。可以用下面的循环 UDP 服务器框架来实现:

循环 UDP 服务器框架

```
/*循环 UDP 服务器框架 */
初始化(socket,bind);
while(1)
{
    接收(recvfrom);
    process(…);
    发送(sendto);
}
```

因为 UDP 是非面向连接的,没有一个客户端可以总占有服务端,只要处理过程不是死循环,服务器对于每一个客户机的请求总是能够满足。

2. TCP 服务器

TCP 循环服务器的实现也不难,TCP 服务器接受一个客户端的连接,然后处理,完成这个客户的所有请求后,断开连接。循环 TCP 服务器框架如下:

循环 TCP 服务器框架

```
/* 循环 TCP 服务器框架 */
初始化(socket,bind,listen);
while(1)
{
    建立连接(accept);
    while(1)
    {
        进行操作(read 或者 write);
    }
    关闭连接(close);
}
```

TCP 循环服务器一次只能处理一个客户端的请求,只有在这个客户的所有请求都满足后,服务器才可以继续后面的请求。这样如果有一个客户端占住服务器不放时,其他客户机都不能工作,因此,TCP 服务器一般很少用循环服务器模型。

7.6.2 并发服务器

1. TCP 服务器

并发服务器模型可以弥补循环 TCP 服务器的缺陷,并发服务器的思想是每一个客户机的请求并不由服务器直接处理,而是服务器创建一个子进程来处理,并发 TCP 服务器框架如下:

并发 TCP 服务器框架

```
/* 并发 TCP 服务器框架 */
初始化(socket,bind,listen);
while(1)
{
    建立连接(accept);
    if(fork(..) = = 0)
    {
        while(1)
        {
            进行操作(read 或者 write);
        }
        关闭连接(close);
```

             退出;
        }
        关闭连接(close);
}

TCP 并发服务器可以解决 TCP 循环服务器客户机独占服务器的情况，不过也同时带来了一个不小的问题，为了响应客户机的请求，服务器要创建子进程来处理，而创建子进程是一种非常消耗资源的操作。

2. 多路复用 I/O

多路复用 I/O 模型可以解决创建子进程带来的系统资源消耗，使用 select 函数的服务器框架就变成:

多路复用 I/O 模型框架

```
/* 多路复用 I/O 模型框架 */
初始化(socket,bind,listen);
while(1)
{
    设置监听读写文件描述符(FD_*);
    调用 select;
    if(侦听套接字就绪)
    {
        建立连接(accept);
        加入到监听文件描述符中去;
    }
    else
    {
        进行操作(read 或者 write);
    }
}
```

多路复用 I/O 可以解决资源限制的问题，模型实际上是将 UDP 循环模型用在了 TCP 上面，这也带来一些问题，如由于服务器依次处理客户的请求，所以可能会导致有的客户会等待很久。

3. UDP 服务器

把并发的概念用于 UDP 就得到了并发 UDP 服务器模型。并发 UDP 服务器模型其实很简单，和并发的 TCP 服务器模型一样，通过创建一个子进程来处理，算法和并发的 TCP 模型一样。这种模型很少使用，仅当服务器在处理客户端的请求花费的时间很长时才用。

第8章 操作系统核心编程介绍

8.1 概　　述

本章主要介绍麒麟操作系统 V3 核心编程技术。麒麟系统的内核范围很广,本章只能对我们的实际应用需求,简单介绍有关核心编程的几个知识点。

本章主要知识点:

(1) 时间操作,主要介绍麒麟操作系统在核心层和应用层的时间函数和操作。

(2) 计算机运行状态,主要介绍 CPU 开销、内存负载、磁盘操作等核心层的编程技术。

(3) 内核编程,主要讲解麒麟的 proc 文件系统、内核信息查询、进程状态管理等方面的编程技术。

8.2　时间相关操作

8.2.1　常用时间操作

在调用系统时间、处理时间问题时,需要使用时间函数。本节将讲解 time、gmtime、ctime、asctime、mktime 等常用时间函数。本节关于时间操作的范例都包含在 example8-1 中,不同的时间函数的调用示例以 example8-1x 来区分。

1. 返回时间函数 time

函数 time 可以返回一个时间值。该函数的使用方法如下:

time_t time(time_t *t);

time 函数会返回从公元 1970 年 1 月 1 日的 UTC 时间的 0 时 0 分 0 秒算起到现在所经过的秒数。参数 t 是一个指针,只要不是一个空指针,函数也会同时将返回值存到 t 指针所指的内存单元中。time_t 是 "time.h" 头文件中定义的一个数据类型，表示一个时间的秒数，相当于一个长整型变量。

注意：UTC（Universal Time Coordinated）指的是协调世界时，相当于格林威治标准时，和英国时间是相同的。中国北京时间比 UTC 时间早 8h。

范例 example8-1a 是使用 time 函数返回当前时间的秒数的实例。

源程序　example8-1a.c

```
/* example8-1a.c */
#include <stdio.h>
#include <time.h>                /*包含"time.h"头文件。*/
int main()
{
    time_t s;                    /*定义一个time_t型时间变量。*/
    s=time((time_t*)NULL);       /*取当前的时间,参数是一个空指针。*/
    printf("Now:%ld\n",s);       /*输出时间。*/
}
```

程序运行结果如图 8-1 所示。

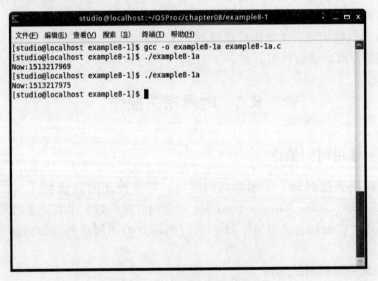

图 8-1　example8-1a 运行结果

第一次运行的输出是 1513217969，第二次运行的输出是 1513217975。可以看出来，两次运行程序间隔了 6s。

2. 取当前时间函数 gmtime

函数 gmtime 的作用是将 time_t 表示秒数的时间转换为人可以理解的时间。

这个函数的使用方法如下：

  struct tm * gmtime(time_t * timep);

  从上面的使用方法可知，函数的参数是一个表示当前时间秒数的指针。返回值是一个 tm 类型的结构体指针。tm 结构体是在"time.h"头文件中定义的，定义方法和成员如下：

```
struct tm
{
    int tm_sec;      /*代表当前秒数,正常范围是0~59。*/
    int tm_min;      /*代表当前分钟数,正常范围是0~59。*/
    int tm_hour;     /*从午夜算起的小时数,范围是0~23。*/
    int tm_mday;     /*当前月份的日数,范围是1~31。*/
    int tm_mon;      /*代表当前月份,从一月算起,范围是0~11。*/
    int tm_year;     /*从1900年算起至今的年数。*/
    int tm_wday;     /*一星期的日数,从星期一算起,范围是0~6。*/
    int tm_yday;     /*从本年1月1日算起至今的天数,范围为0~365。*/
    int tm_isdst;    /*夏令时标记。*/
};
```

  需要注意的是，这里的时间返回的是 UTC 时间，如果计算机中使用了当地时间，则结果与计算机上显示的时间会有差异。

  范例 example8-1b 展示了 gmtime 应用，源程序 example8-1b.c 代码如下：

源程序 example8-1b.c

```
/* example8-1b.c */
#include <stdio.h>
#include <time.h>                    /*包含"time.h"头文件。*/
main()
{
    time_t timep;                    /*定义一个 time_t 型变量。*/
    struct tm * p;                   /*定义一个 tm 型结构体指针。*/
    time(&timep);                    /*取当前时间,返回到 timep 的值中。*/
    p=gmtime(&timep);                /*取当前时间,返回到结构体指针 p 上。*/
    printf("Year:%d\n",1900+p->tm_year);   /*输出年。*/
    printf("Month:%d\n",1+p->tm_mon);      /*输出月。*/
    printf("Day:%d\n",p->tm_mday);         /*日。*/
    printf("Hour:%d\n",p->tm_hour);        /*小时。*/
```

```
    printf("Minute:%d\n",p->tm_min);      /*分。*/
    printf("Second:%d\n",p->tm_sec);      /*秒。*/
    printf("Weekday:%d\n",p->tm_wday);    /*星期几。*/
    printf("Days:%d\n",p->tm_yday);       /*一年的第几天。*/
    printf("Isdst:%d\n",p->tm_isdst);     /*是否使用了夏令时。*/
}
```

需要注意的是，tm 结构体中的年是从 1900 年到现在的第几年，所以在显示时需要加 1900。月份的返回值是 0~11，所以加 1 以后才可以表示当前的月份。

程序运行结果如图 8-2 所示。

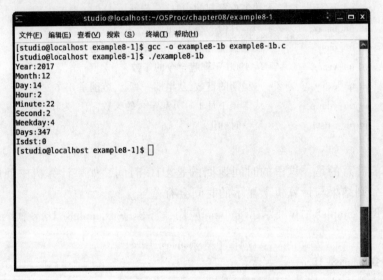

图 8-2　example8-1b 运行结果

3. 字符串格式时间函数 ctime

函数 ctime 的作用是将一个时间返回成一个可以识别的字符串格式。这个函数的使用方法如下：

```
char * ctime(time_t * timep);
```

从上面的使用方法可知，函数 ctime 的参数 timep 是一个指向 timep_t 类型的指针。函数会把这个指针转换成一个字符串，然后返回这个字符串的头指针。这里返回的时间已经转换成本地时区的时间，与计算机上显示的时间相同。字符串的显示格式为 "Feb Jun 14 12:56:08 1999" 这种形式。example8-1c 示例了这个函数的使用方法。

源程序 example8-1c.c

```
/* example8-1c.c */
#include <stdio.h>
#include <time.h>          /*包含"time.h"头文件。*/
#include <string.h>        /*包含"string.h"头文件。*/
int main()
{
    time_t *p;             /*定义一个指向time_t类型变量的指针。*/
    time_t t;
    char s[30];            /*定义一个字符串s。*/
    p=&t;
    time(p);               /*取时间,参数是指针p,返回结果到指针的内存单元。*/
    strcpy(s,ctime(p));    /*将ctime返回的结果复制到字符串s上。*/
    printf("%s\n",s);      /*输出字符串s。*/
}
```

程序运行结果如图8-3所示。

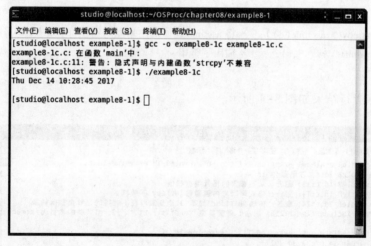

图8-3 example8-1c运行结果

4. 字符串格式时间函数 asctime

函数asctime的作用是将一个tm格式的时间转换为一个字符串格式。这个函数的使用方法如下：

char *asctime(struct tm *timeptr);

函数的参数是一个tm格式的时间结构体指针（与ctime函数不同），返回值是一个字符串。返回的字符串格式与 ctime 的返回格式是相同的。example8-1d 是 asctime 的使用实例。

源程序　example8-1d.c

```c
/* example8-1d.c */
#include <stdio.h>
#include <time.h>        /*包含"time.h"头文件。*/
#include <stdlib.h>      /*包含"stdlib.h"头文件。*/
#include <string.h>      /*包含"string.h"头文件。*/
int main()
{
    time_t *p;           /*定义一个指向 time_t 类型变量的指针。*/
    time_t t;
    struct tm *q;        /*定义一个 tm 类型的指针。*/
    char s[30];          /*定义一个字符串 s。*/
    p=&t;
    time(p);             /*取时间,参数是指针 p,返回结果到指针的内存单元。*/
    q=gmtime(p);         /*用 gmtime 函数返回一个 tm 格式的时间指针。*/
    strcpy(s,asctime(q));/*将 asctime 返回的结果复制到字符串 s 上。*/
    printf("%s\n",s);    /*输出字符串 s。*/
}
```

程序运行结果如图 8-4 所示。

图 8-4　example8-1d 运行结果

5. 取得当地时间函数 localtime

函数 localtime 的作用是返回 tm 格式的当地时间。与 gmtime 函数不同的是，gmtime 函数返回的是一个 UTC 时间。localtime 时间的使用方法如下：

struct tm * localtime(time_t * timep);

从上面的使用方法可知，localtime 函数的参数是一个 time_t 型时间的指针，返回值是一个 tm 型的结构体指针。这个函数的使用实例 example8-4，源程序 example8-1e.c 代码如下：

源程序　example8-1e.c

```
/* example8-1e.c */
#include <stdio.h>
#include<time.h>              /*包含"time.h"头文件。*/
#include <stdlib.h>            /*包含"stdlib.h"头文件。*/
int main()
{
    time_t timep;              /*定义一个time_t型变量。*/
    struct tm * p;             /*定义一个tm型结构体指针。*/
    time(&timep);              /*取当前时间,返回到timep的值中。*/
    p=localtime(&timep);       /*取本地时间,返回到结构体指针p上。*/
    printf("Year:%d\n",1900+p->tm_year);    /*输出年。*/
    printf("Month:%d\n",1+p->tm_mon);       /*输出月。*/
    printf("Day:%d\n",p->tm_mday);          /*日。*/
    printf("Hour:%d\n",p->tm_hour);         /*小时。*/
    printf("Minute:%d\n",p->tm_min);        /*分。*/
    printf("Second:%d\n",p->tm_sec);        /*秒。*/
    printf("Weekday:%d\n",p->tm_wday);      /*星期几。*/
    printf("Days:%d\n",p->tm_yday);         /*一年的第几天。*/
    printf("Isdst:%d\n",p->tm_isdst);       /*是否使用了夏令时。*/
}
```

程序运行结果如图 8-5 所示。这次显示时间的结果是转换成本地时区以后的时间，与计算机上显示的时间是相同的。

6. 将时间转换成秒数函数 mktime

函数 mktime 的作用是将一个 tm 结构类型的时间转换成秒数时间，与 gmtime 的作用相反。该函数的使用方法如下：

time_t mktime(tm * timeptr);

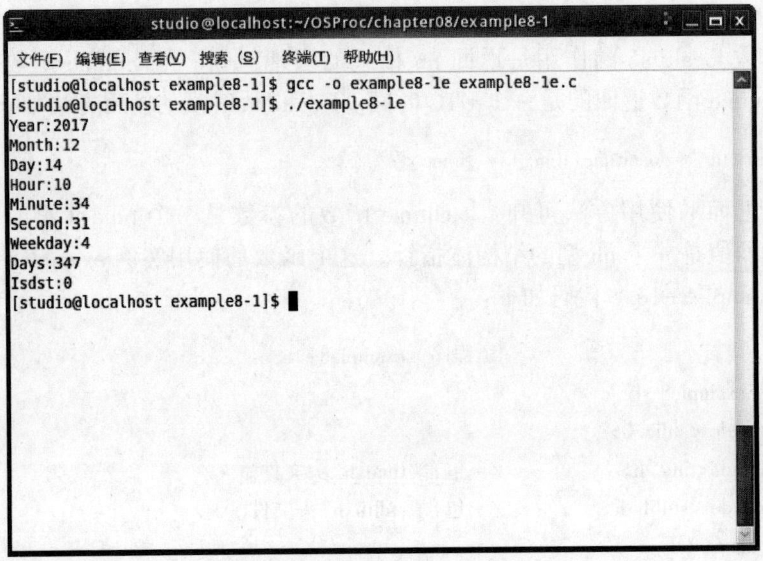

```
        studio@localhost:~/OSProc/chapter08/example8-1
文件(F) 编辑(E) 查看(V) 搜索(S) 终端(T) 帮助(H)
[studio@localhost example8-1]$ gcc -o example8-1e example8-1e.c
[studio@localhost example8-1]$ ./example8-1e
Year:2017
Month:12
Day:14
Hour:10
Minute:34
Second:31
Weekday:4
Days:347
Isdst:0
[studio@localhost example8-1]$
```

图 8-5　example8-1e 运行结果

从上面的使用方法可知，函数的参数是一个 tm 类型的指针，返回一个 time_t 类型的数字表示当前的秒数。example8-5 是这个函数的使用实例。先取得当前时间的秒数，然后用 ctime 函数转化为字符串输出。把这个时间转换成 tm 结构体时间以后，再用 mktime 转换成 time_t 格式的时间，然后再用 ctime 将时间转化为字符串输出。源程序 example8-1f 代码如下：

　　　　　　　　源程序　　example8-1f. c

```
/* example8-1f.c */
#include <stdio.h>
#include <stdlib.h>
#include <sys/time.h>
#include <unistd.h>
#include <string.h>
#include <time.h>                    /*程序的包含文件。*/
int main()
{
    time_t t;                        /*定义一个 time_t 型的时间。*/
    struct tm *p;                    /*定义一个 tm 型的时间指针。*/
    char s[30];                      /*定义一个字符串。*/
    time(&t);                        /*取当前时间。*/
    strcpy(s,ctime(&t));             /*将时间转换成字符串。*/
```

```
printf("%s\n",s);              /*输出时间。*/
p=gmtime(&t);                  /*将时间转换成 tm 格式的结构体。*/
t=mktime(p);                   /*将时间转换成 time_t 型的时间。*/
strcpy(s,ctime(&t));           /*将时间转换成字符串。*/
printf("%s\n",s);              /*输出时间。*/
}
```

程序运行结果如图 8-6 所示，输出结果与 example8-1e 相同。两次输出的是同一个时间值，第二次输出时经过了三次转换。

图 8-6　example8-1f 运行结果

7. 取得当前的时间函数 gettimeofday

前面所讲到的时间函数只能把时间精确到秒。如果对时间的处理精度为微秒级，需要使用函数 gettimeofday。一微秒等于百万分之一秒。这个函数的使用方法如下：

int gettimeofday(struct timeval * tv,struct timezone * tz)

这个函数的参数是两个结构体指针。这两个结构体的定义如下：

```
struct timeval
{
    long tv_sec;               /*当前时间的秒数。*/
    long tv_usec;              /*当前时间的微秒数。*/
```

```
};
struct timezone{
    int tz_minuteswest;         /*与UTC时间相差的分钟数。*/
    int tz_dsttime;             /*与夏令时间相差的分钟数。*/
};
```

函数 gettimeofday 会把当前时间的这些参数返回到这两个结构体指针上。如果处理成功,则返回真值 1,否则返回 0。这个函数的使用实例 example8-1g,源程序 example8-1g.c 代码如下:

源程序 example8-1g.c

```
/* example8-1g.c */
#include <stdio.h>
#include <sys/time.h>
#include <unistd.h>
#include <time.h>                /*包含头文件 time.h。*/
int main()
{
    struct timeval tv;           /*定义一个 timeval 型的结构体。*/
    struct timezone tz;          /*定义一个 timezone 型的结构体。*/
    gettimeofday(&tv,&tz);       /*取得当前时间。两个结构体的指针作为参数。*/
    printf("tv_sec:%ld\n",tv.tv_sec);       /*输出秒。*/
    printf("tv_usec:%ld\n",tv.tv_usec);     /*输出微秒。*/
    printf("tz_minuteswest:%d\n",tz.tz_minuteswest); /*输出UTC时间相差的分钟数。*/
    printf("tz_dsttime:%d\n",tz.tz_dsttime);         /*输出与夏令时间相差的分钟数。*/
}
```

程序运行结果如图 8-7 所示。

8. 设置当前时间函数 settimeofday

函数 settimeofday 的作用是设置当前的系统时间。只有以 root 用户登录以后才有权限进行这个操作。该函数的使用方法如下:

```
int settimeofday(struct timeval * tv,struct timezone * tz);
```

这个函数的参数是 timeval 类型的结构体指针和 timezone 类型的结构体指针。这两个结构体类型的定义在上一节中已经讲述。example8-1h 是这个函数的使用实例,取当前的时间输出,然后将当前的时间向前调整 4000s。源程序 example8-1h.c 代码如下:

第8章 操作系统核心编程介绍

图 8-7 example8-1g 运行结果

源程序 example8-1h.c

```
/* example8-1h.c */
#include <stdio.h>
#include <sys/time.h>
#include <unistd.h>
#include <time.h>                          /*程序的包含文件。*/
int main()
{
    struct timeval tv;                     /*定义一个 timeval 型的结构体。*/
    struct timezone tz;                    /*定义一个 timezone 型的结构体。*/
    gettimeofday(&tv,&tz);                 /*取当前的时间。*/
    printf("tv_sec:%ld\n",tv.tv_sec);      /*输出秒。*/
    printf("tv_usec:%ld\n",tv.tv_usec);    /*输出微秒。*/
    printf("tz_minuteswest:%d\n",tz.tz_minuteswest);  /*与UTC时间相差的分钟数。*/
    printf("tz_dsttime:%d\n",tz.tz_dsttime);  /*夏令时间相差的分钟数。*/
    tv.tv_sec=tv.tv_sec-4000;              /*当前的时间减去4000秒。*/
    settimeofday(&tv,&tz);                 /*设置当前时间。*/
}
```

程序运行结果如图 8-8 所示,这个时间是当前时间。程序同时将计算机的时间向前设置了 4000s。因未使用管理员权限运行,计算机实际时间未改变，settimeofday 函数将返回-1。

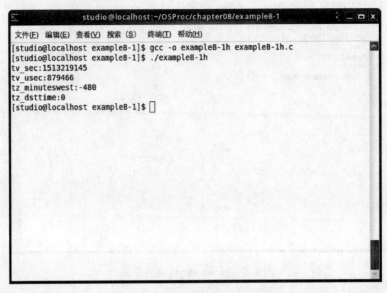

图 8-8　example8-1h 运行情况

8.2.2　定时器

定时器属于基础组件，不管是用户空间的程序开发，还是内核空间的程序开发，很多时候都需要有定时器作为基础组件的支持，但使用场景的不同，对定时器的实现考虑也不尽相同。麒麟操作系统提供了多种定时器的接口，如 setitimer、timer_create、timerfd_create 等函数族。其中，在高性能服务器领域应用最为广泛的是 timerfd_create 函数族。该函数族接口基于文件描述符，通过文件描述符的可读事件进行超时通知，能够被用于 select/poll 的应用场景。

timerfd_create 函数族接口包括 timerfd_create、timerfd_settime、timerfd_gettime 三个函数。

1. timerfd_create

#include <sys/timerfd.h>
int timerfd_create(int clockid, int flags);

timerfd_create 用于创建一个定时器文件，通过对返回的定时器文件进行 I/O 完成程序定时的功能。timerfd_create 成功时返回文件描述符，失败时返回-1，查看 errno 可知道出错的详细情况；clockid 指定定时器的类型，有两种类型可选：CLOCK_REALTIME 和 CLOCK_MONOTONIC。CLOCK_REALTIME 表示绝对定时器,CLOCK_MONOTONIC 表示相对定时器;flags 为控制标志,指定了文件描述符的类型,TFD_NONBLOCK(非阻塞)等。

2. timerfd_settime

介绍该函数前先介绍一下设置定时器所需要的结构体 itimerspec,定义如下:

```
struct timespec {
    time_t tv_sec;              /* Seconds */
    long   tv_nsec;             /* Nanoseconds */
};
struct itimerspec {
    struct timespec it_interval;  /* Interval for periodic timer */
    struct timespec it_value;     /* Initial expiration */
};
```

其中 it_value 表示定时器第一次超时时间;it_interval 表示之后的超时时间间隔即每隔多长时间超时。

```
#include <sys/timerfd.h>
int timerfd_settime(int fd, int flags, const struct itimerspec * new_value,
                    struct itimerspec * old_value);
```

timerfd_settime 用于启动和停止定时功能。fd 为需要启动和停止的定时器文件描述符;flags,0 表示相对定时器,TFD_TIMER_ABSTIME 表示绝对定时器;new_value,设置新的定时时间或关闭定时器;old_value,不为 null 则返回定时器之前设置的超时时间。new_value 中 it_value 的 tv_sec 或 tv_nsec 不为 0,则表示启动定时器;均为 0 则表示关闭定时器。

通过 timerfd_create、timerfd_settime 这两个函数,配合 read 文件 I/O 操作就可以完成程序定时功能。

源程序 example8-2.c 代码如下:

源程序 example8-2.c

```
/* example8-2.cpp */
#include <iostream>
#include <sys/timerfd.h>
#include <string.h>
#include <errno.h>
#include <stdint.h>
#include <time.h>
```

```cpp
using namespace std;

int main()
{
    /*
     * 创建一个相对时定时器,文件描述符状态未阻塞(IO_BLOCK)
     */
    int fd = timerfd_create(CLOCK_MONOTONIC, 0);

    /*
     * 如果创建描述符失败,则打印错误内容
     * 系统默认限制单个进程最多创建 1024 个文件描述符,超过 1024 个则创建失败
     */
    if(fd < 0)
    {
        cout << strerror(errno) << endl;
    }

    struct itimerspec new_value;

    /*
     * 启动一个 1s 间隔的定时器
     */
    new_value.it_interval.tv_sec = 1;
    new_value.it_interval.tv_nsec = 0;

    /*
     * 在当前时间 1ns 后启动定时器
     * 若 tv_nsec 和 tv_sec 均为 0 表示关闭定时器
     */
    new_value.it_value.tv_nsec = 1;
    new_value.it_value.tv_sec = 0;
    int ret = timerfd_settime(fd, 0, &new_value, NULL);

    /*
     * 定时器启动失败,则打印错误内容
     */
    if(ret == -1)
    {
        cout << strerror(errno) << endl;
```

}

while(true)
{
    /*
     * flag 获取超时次数
     * 读者可自行在此代码中加入 sleep 函数,输出 flag 进行查看
     */
    uint64_t flag;
    ret = read(fd, &flag, sizeof(flag));

    /*
     * 读取定时器,则打印错误内容
     */
    if(ret == -1)
    {
        cout << strerror(errno) << endl;
    }

    cout << time(NULL) << endl;
}
}

程序运行结果如图 8-9 所示。

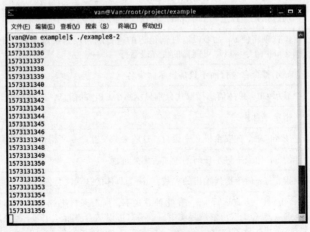

图 8-9　example8-2 运行结果

8.3 计算机的运行状态

8.3.1 CPU 负载

麒麟操作系统提供了非常丰富的命令可以对 CPU 相关的数据进行监控，如 top、vmstat 等命令。

1. top 命令

top 命令是一个动态显示过程，即可以通过用户按键来不断刷新当前状态。如果在前台执行该命令，它将独占前台，直到用户终止该程序为止，比较准确地说，top 命令提供了实时的对系统处理器的状态监视，它将显示系统中 CPU 最"敏感"的任务列表。该命令可以按 CPU 使用，内存使用和执行时间对任务进行排序，而且该命令的很多特性都可以通过交互式命令或者在个人定制文件中进行设定。

top 命令可以支持如下参数：

top[-][ddelay][ppid][q][c][C][S][s][i][niter][b]

top 命令参数说明如表 8-1 所列。

表 8-1 top 命令参数说明

选项名称	说 明
ddelay	指定每两次屏幕信息刷新之间的时间间隔（delay 即为具体的间隔时间数值，它的单位是 s），您可以使用 s 交互命令来改变之
ppid	通过指定监控进程 ID（pid）来仅仅监控某个进程的状态
q	该选项将使 top 命令没有任何延迟的进行刷新。如果调用程序有超级用户权限，那么 top 命令将以尽可能高的优先级运行
c	显示整个命令行而不只是显示命令名
C	显示 CPU 总体信息而取代分别显示每个 CPU 的信息，此参数仅对 SMP 系统有效
S	指定累计模式
s	使 top 命令在安全模式中运行。这将去除交互命令所带来的潜在危险
i	使 top 命令不显示任何闲置或者僵死进程
niter	指定 top 命令迭代输出的次数，iter 为具体的迭代次数值
b	"Batch"方式运行 top。在此种方式下，所有来自终端的输入都将被忽略，但交互键（如 Ctrl+C）依然起使用，该参数可以结合参数"n"一起使用，运行指定迭代次数退出或者该进程被杀死。这是运行 top 输出到哑终端或输到非终端的默认运行方式

在控制台输入"top",回车执行后,显示结果如图 8-10 所示。

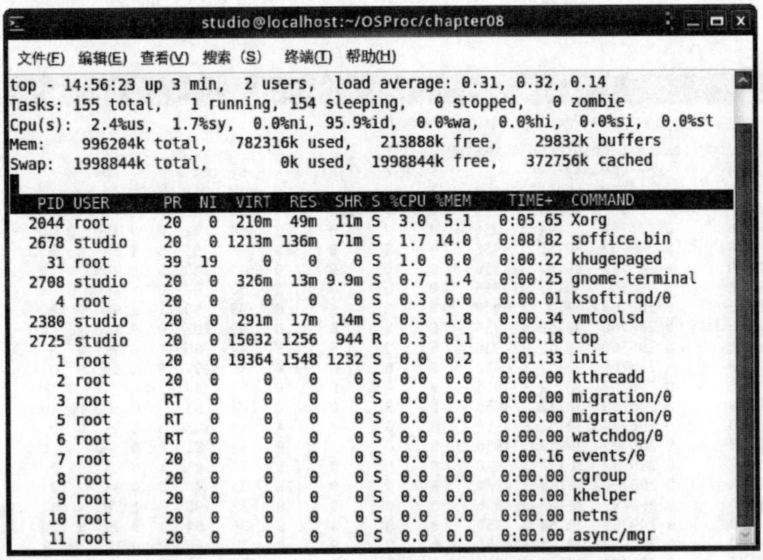

图 8-10 top 命令显示结果

2. vmstat 命令

vmstat 命令可以在同一行看到系统的内存、CPU 等使用情况,通常用该命令来查看 CPU 的利用率和饱和度。

CPU 利用率可以使用 vmstat 命令通过从 100 减去 id 或者 us 与 sy 之和来计算。

CPU 饱和度可以通过 vmstat 命令的"procs:r"来查看,参见图所示。由于它的结果是将所有 cpu 运行队列的合计,因此将 procs:r 除以 CPU 数目就是平均每个 CPU 的饱和度。

Vmstat 命令可以支持如下参数:

vmstat[-n][delay[count]]

vmstat 命令参数说明如表 8-2 所列。

表 8-2 vmstat 命令参数说明

选项名称	说 明
n	通过这个开关参数,如果启用它则仅显示一次标头信息
delay	指定每两次屏幕信息刷新之间的时间间隔(delay 即为具体的间隔时间数值,它的单位是 s)
count	在结合"delay"参数使用时,如果指定数值,则运行指定的次数后,退出。否则将无限次运行

在控制台输入“vmstat -n1”，回车执行后，首先显示一次表头信息，以后每隔 1s 显示一次 vmstat 监控信息，运行结果如图 8-11 所示。

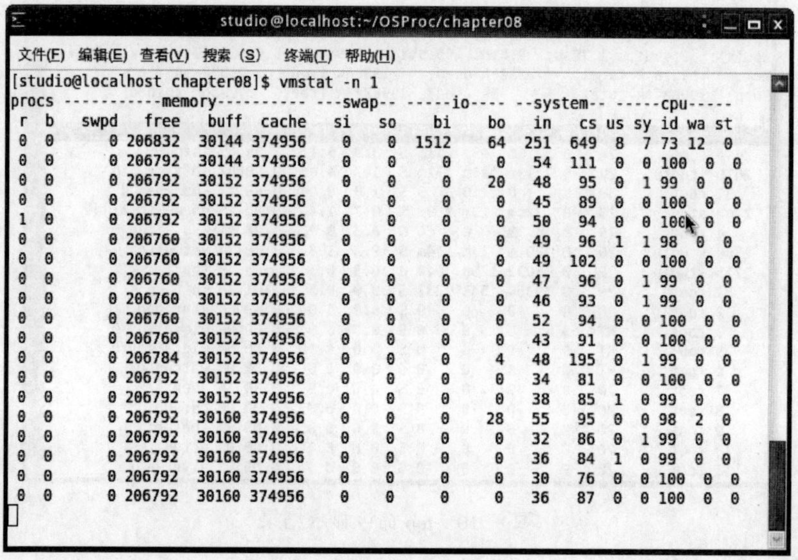


```
[studio@localhost chapter08]$ vmstat -n 1
procs -----------memory---------- ---swap-- -----io---- --system-- -----cpu-----
 r  b   swpd   free   buff  cache   si   so    bi    bo   in   cs us sy id wa st
 0  0      0 206832  30144 374956    0    0  1512    64  251  649  8  7 73 12  0
 0  0      0 206792  30144 374956    0    0     0     0   54  111  0  0 100  0  0
 0  0      0 206792  30152 374956    0    0     0    20   48   95  0  1 99  0  0
 0  0      0 206792  30152 374956    0    0     0     0   45   89  0  0 100  0  0
 1  0      0 206792  30152 374956    0    0     0     0   50   94  0  0 100  0  0
 0  0      0 206760  30152 374956    0    0     0     0   49   96  1  1 98  0  0
 0  0      0 206760  30152 374956    0    0     0     0   49  102  0  0 100  0  0
 0  0      0 206760  30152 374956    0    0     0     0   47   96  0  1 99  0  0
 0  0      0 206760  30152 374956    0    0     0     0   46   93  0  1 99  0  0
 0  0      0 206760  30152 374956    0    0     0     0   52   94  0  0 100  0  0
 0  0      0 206760  30152 374956    0    0     0     0   43   91  0  0 100  0  0
 0  0      0 206784  30152 374956    0    0     0     4   48  195  0  1 99  0  0
 0  0      0 206792  30152 374956    0    0     0     0   34   81  0  0 100  0  0
 0  0      0 206792  30152 374956    0    0     0     0   38   85  1  0 99  0  0
 0  0      0 206792  30160 374956    0    0     0    28   55   95  0  0 98  2  0
 0  0      0 206792  30160 374956    0    0     0     0   32   86  0  1 99  0  0
 0  0      0 206792  30160 374956    0    0     0     0   36   84  1  0 99  0  0
 0  0      0 206792  30160 374956    0    0     0     0   30   76  0  0 100  0  0
 0  0      0 206792  30160 374956    0    0     0     0   36   87  0  0 100  0  0
```

图 8-11 vmstat 监控信息

3. uptime 命令

uptime 命令可以用来获得 CPU 平均负载的情况。平均负载通常为可运行和运行线程的平均数目。举例来说，如果一台单 CPU 服务器上有 1 个运行线程占用了 CPU，有 3 个运行进程在调度程序队列中，那么平均负载即为 1+3=4。对于一台 16CPU 的服务器，负载是 16 个运行线程，有 24 个运行进程在调度程序队列中，那么平均负载是 40。如果平均负载始终高于 CPU 的数目，则可能导致应用程序性能的下降。需要说明的是平均负载只适用于 CPU 负载的初始估算，深入的分析还需要借助于其他工具来做。

在控制台输入“uptime”，回车执行后，运行结果如图 8-12 所示。

结果中的“load average：0. 19，0. 24，0. 12”，即为 CPU 平均负载对应系统在第 1min，5min 和 15min 的平均负载值。同时它们也代表 CPU 利用率和饱和度。如果 CPU 数目和平均负载的值相等，通常代表 100% 的 CPU 利用率，小于 CPU 数目，则表示利用率小于 100%，大于 CPU 数目需要用饱和度来衡量。

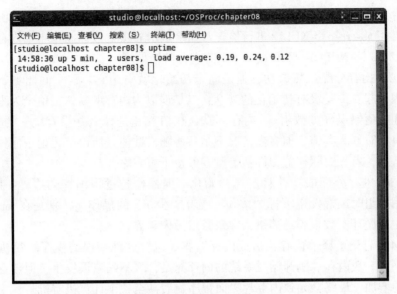

图 8-12　uptime 显示信息

8.3.2　内存管理

本节主要介绍麒麟操作系统内存管理的基本方式。

1. 内存分配方式

内存分配方式有三种：

（1）从静态存储区域分配。内存在程序编译的时候就已经分配好，这块内存在程序整个运行期间都存在，如全局变量、static 变量。

（2）在栈上创建。在执行函数时，函数内局部变量的存储单元都可以在栈上创建，函数执行结束时这些存储单元自动被释放。栈内存分配运算内置于处理器的指令集中，效率很高，但是分配的内存容量有限。

（3）从堆上分配，亦称动态内存分配。程序在运行的时候用 malloc 或 new 申请任意多少内存，程序员自己负责在何时用 free 或 delete 释放内存。动态内存的生存期由程序员决定，使用非常灵活，但问题也最多。

2. 常见的内存错误及其对策

由于大部分内存错误都是在运行期间动态地发生，编译器很难自动发现这些错误，而且这些错误大多没有明显的症状，时隐时现，增加了调试和修改的难度。

常见的内存错误有：

（1）内存分配未成功，却使用了它。这种问题的常用解决办法是，在使用内存之前检查指针是否为 NULL。如果指针 p 是函数的参数，那么在函数的入口处用 assert(p!=NULL) 进行检查。如果是用 malloc 或 new 来申请内存，应该用 if (p==NULL) 或 if(p!=NULL) 进行防错处理。

（2）内存分配虽然成功，但是尚未初始化就引用它。这个问题主要由两个原因引起：一是没有初始化的观念；二是误以为内存的默认初值全为零，导致引用初值错误（如数组）。内存的默认初值究竟是什么并没有统一的标准，尽管有些时候为零值，但多数情况下是一些随机数值。所以，无论用何种方式创建数组，首先要赋初值，即便是赋零值也不可省略。

（3）内存分配成功并且已经初始化，但操作越过了内存的边界。例如，在使用数组时经常发生下标"多1"或者"少1"的操作。特别是在 for 循环语句中，循环次数很容易搞错，导致数组操作越界。

（4）忘记了释放内存，造成内存泄露。包含这种错误的程序块每执行一次就丢失一块内存。刚开始时系统的内存充足，看不到错误发生，但随着运行时间的增加，最终会导致内存耗尽而程序崩溃甚至整个计算机宕机。

动态内存的申请与释放必须配对，程序中 malloc 与 free 的使用次数一定要相同，否则肯定有错误（new/delete 同理）。

（5）释放了内存却继续使用它，有三种情况：

① 程序中的对象调用关系过于复杂，实在难以搞清楚某个对象究竟是否已经释放了内存，此时应该重新设计数据结构，从根本上解决对象管理的混乱局面。

② 函数在返回时，带出了指向"栈内存"的"指针"或者"引用"，而该返回值又被调用者继续使用，此时该内存在函数体结束时已经被自动销毁。

③ 使用 free 或 delete 释放了内存后，没有将指针设置为 NULL，导致产生"野指针"。

3. 内存使用的规则

（1）用 malloc 或 new 申请内存之后，应该立即检查指针值是否为 NULL。防止使用指针值为 NULL 的内存。

（2）不要忘记为数组和动态内存赋初值。防止将未被初始化的内存作为右值使用。

（3）避免数组或指针的下标越界，特别要当心发生"多1"或者"少1"操作。

（4）动态内存的申请与释放必须配对，防止内存泄漏。

（5）用 free 或 delete 释放了内存之后，立即将指针设置为 NULL，防止产生"野指针"。

4. 指针与数组的对比

C++/C 程序中，指针和数组在不少地方可以相互替换着用，但两者的概念是完全不一样的。

数组要么在静态存储区被创建（如全局数组），要么在栈上被创建。数组名对应着（而不是指向）一块内存，其地址与容量在生命期内保持不变，只有数组的内容可以改变。

指针可以随时指向任意类型的内存块，它的特征是"可变"，所以我们常用指针来操作动态内存。指针远比数组灵活，但也更危险。

5. 指针参数如何传递内存

如果函数的参数是一个指针，不能用该指针去申请动态内存。在示例程序 example8-3a.cpp 中，Test 函数的语句 GetMemory（str, 200）并没有使 str 获得期望的内存，str 依旧是 NULL。

源程序　example8-3a.cpp

```c
/* example8-3a.cpp */
#include <stdio.h>
void GetMemory(char *p,int num)
{
    p=(char *)malloc(sizeof(char)*num);
}
void Test(void)
{
    char *str=NULL;
    GetMemory(str,100);//str 仍然为 NULL
    strcpy(str,"hello");//运行错误
}
int main()
{
    Test();
}
```

原因就是试图用指针参数申请动态内存，问题出在函数 GetMemory 中。编译器总是要为函数的每个参数制作临时副本，指针参数 p 的副本是_p，编译器使_p=p。如果函数体内的程序修改了_p 的内容，就导致参数 p 的内容作相应的修改。这就是指针可以用作输出参数的原因。在本例中，_p 申请了新的内存，只是把_p 所指的内存地址改变了，但是 p 丝毫未变，所以函数 GetMemory 并不能输出任何东西。事实上，每执行一次 GetMemory 就会泄漏一块内存，因

为没有用 free 释放内存。

如果非得要用指针参数去申请内存，那么应该改用"指向指针的指针"，源程序 example8-3b.cpp 代码如下：

源程序　example8-3b.cpp

```
/* example8-3b.cpp */
#include <stdio.h>
void GetMemory2(char **p, int num)
{
    *p=(char *)malloc(sizeof(char)*num);
}
void Test2(void)
{
    char *str=NULL;
    GetMemory2(&str,100);      //注意参数是 &str,而不是 str
    strcpy(str,"hello");
    cout<<str<<endl;
    free(str);
}
int main()
{
    Test2();
}
```

由于"指向指针的指针"这个概念不容易理解，我们还可以用函数返回值来传递动态内存。这种方法更加简单，源程序 example8-3c.cpp 代码如下：

源程序　example8-3c.cpp

```
/* example8-3c.cpp */
#include <stdio.h>
char * GetMemory3(int num)
{
    char *p=(char *)malloc(sizeof(char)*num);
    return p;
}
void Test3(void)
{
    char *str=NULL;
```

```
    str = GetMemory3(100);
    strcpy(str,"hello");
    cout<<str<<endl;
    free(str);
}
int main()
{
    Test3();
}
```

用函数返回值来传递动态内存这种方法虽然好用，但是要注意不能用 return 语句返回指向"栈内存"的指针，因为该内存在函数结束时自动消亡，源程序 example8-3d.cpp 代码如下：

源程序　example8-3d.cpp

```
/* example8-3d.cpp */
#include <stdio.h>
char * GetString(void)
{
    char p[] = "hello world";
    return p;          //编译器将提出警告
}
void Test4(void)
{
   char * str = NULL;
   str = GetString();   //str 的内容是垃圾
   cout<<str<<endl;
}
int main()
{
    Test4();
}
```

用调试器逐步跟踪 Test4，发现执行 str = GetString 语句后 str 不再是 NULL 指针，但是 str 的内容不是 "hello world" 而是垃圾。

如果改写成程序 example8-3e.cpp，结果又会不一样。

源程序　example8-3e.cpp

```
/* example8-3e.cpp */
```

```
#include <stdio.h>
char * GetString2(void)
{
    char * p = "hello world";
    return p;
}
void Test5(void)
{
    char * str = NULL;
    str = GetString2();
    cout<<str<<endl;
}
int main()
{
    Test5();
}
```

函数 Test5 运行虽然不会出错，但是函数 GetString2 的设计概念却是错误的。因为 GetString2 内的"helloworld"是常量字符串，位于静态存储区，它在程序生命期内恒定不变。无论什么时候调用 GetString2，它返回的始终是同一个"只读"的内存块。

6. 杜绝"野指针"

"野指针"不是 NULL 指针，是指向"垃圾"内存的指针。人们一般不会错用 NULL 指针，因为用 if 语句很容易判断。但是"野指针"是很危险的，if 语句对它不起作用。"野指针"的成因主要有两种：

（1）指针变量没有被初始化。任何指针变量刚被创建时不会自动成为 NULL 指针，它的默认值是随机的。所以，指针变量在创建的同时应当被初始化，要么将指针设置为 NULL，要么让它指向合法的内存。例如：

```
char * p = NULL;
char * str = (char *)malloc(100);
```

（2）指针 p 被 free 或者 delete 之后，没有置为 NULL，让人误以为 p 是一个合法的指针。

（3）指针操作超越了变量的作用范围。这种情况让人防不胜防，源程序 example8-3f.cpp 代码如下：

源程序 example8-3f.cpp

```cpp
/* example8-3f.cpp */
#include <stdio.h>
class A
{
public:
    void Func(void){cout<<"Func of classA"<<endl;}
};
void Test(void)
{
    A * p;
    {
        A a;
        p=&a;              //注意 a 的生命期
    }
    p->Func();             //p 是"野指针"
}
int main()
{
    Test ();
}
```

函数 Test 在执行语句 p->Func() 时，对象 a 已经消失，而 p 是指向 a 的，所以 p 就成了"野指针"。

8.3.3 磁盘空间管理

在本节介绍一些查看磁盘使用情况的工具命令。该节内容不涉及具体编程，而是编制命令行脚本文件，在脚本文件中使用这些工具实现磁盘管理功能。

1. 麒麟操作系统的磁盘管理相关命令

（1）获取硬盘的属性信息。在获知磁盘使用状态之前，你可能需要知道你当前的系统使用的是什么类型的磁盘，它的属性参数是什么。

dmesg | grep scsi 查看 scsi 硬盘
dmesg | grep sda 查看 sata 硬盘
dmesg | grep hda 查看 IDE 硬盘

图 8-13 显示了一个 dmesg 的查看结果。

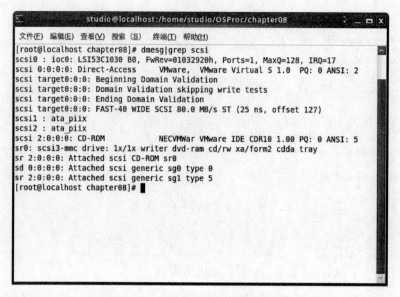

图 8-13　一个 dmesg 的查看结果示例

（2）查看磁盘与分区以及分区与挂载点的对应关系。硬盘需要分区，格式化并挂载后方能使用。在麒麟操作系统中，硬盘上的每个分区表示为一个设备文件。

使用 fdisk 命令可以获得硬盘分区信息。

（3）显示磁盘空间占用情况。麒麟操作系统提供了一个 df 命令。df 的功能是检查文件系统的磁盘空间占用情况以及可用性，通常还包挂载点。管理员能利用该命令来获取硬盘被占用了多少空间，目前还剩下多少空间等信息。

df 工具在麒麟操作系统上默认显示是以 1KB 为单位的。在麒麟操作系统中，-h 选项是比较常用的选项，它能使得显示的内容简单易读。

图 8-14 显示了一个 df -h 的结果。

在上面 df 的输出列表中，第一列是表示文件系统对应的设备文件的路径名；第二列给出分区包含的数据块的大小；第三列表示已经使用的数据块大小；第四列表示剩余空间；第五列（use%列）表示普通用户空间使用的百分比；最后一列表示文件系统的安装点。

（4）显示目录或文件占用磁盘空间大小。du 命令并不是显示磁盘的空闲空间，而是显示磁盘使用情况的信息，它将统计目录或文件所占磁盘空间的大小。du 命令用于确定文件和目录的磁盘使用情况。

该命令可逐级进入指定目录的每一个子目录并显示该目录占用文件系统数据块的情况。若没有给出目录或文件的名字，则对当前目录进行统计。

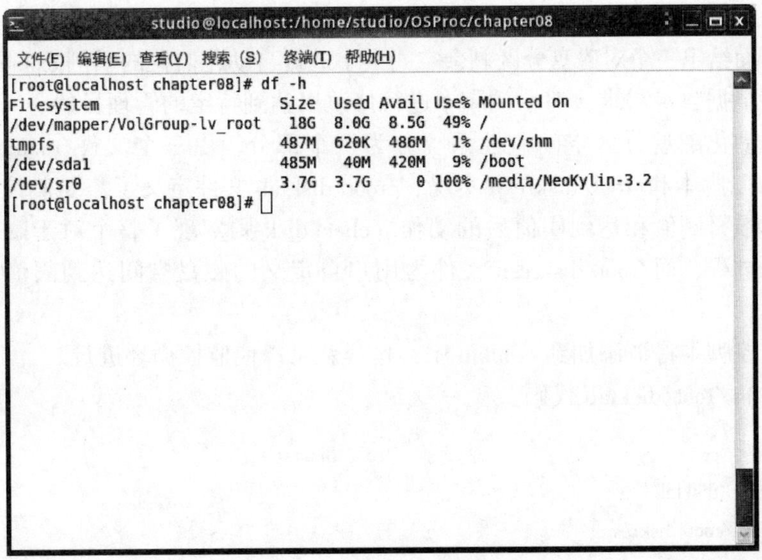

第 8 章 操作系统核心编程介绍

图 8-14 一个 df -h 的结果示例

图 8-15 是一个 du -a 的结果示例。第一列是以块为单位计的磁盘空间容量，第二列列出目录中使用这些空间的目录和文件名称。带 -a 选项的 du 命令将从当前目录开始沿着目录结构向下直到列出所有目录和文件的容量为止。

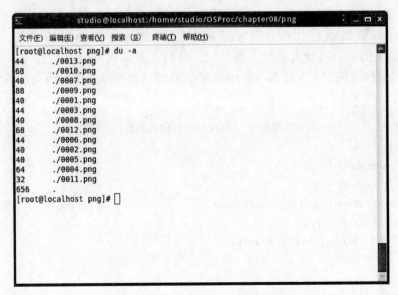

图 8-15 一个 du -a 的结果示例

2. 麒麟操作系统磁盘空间监控自动化脚本示例

下面给出一个对磁盘分区剩余空间大小进行自动化监控的示例 example8-4，用户可根据自身需求，对示例脚本进行修改以达到特定的管理目的。

自动化磁盘分区空间监控系统分为三个部分，由三个文件/root/disktab、checkdisk 脚本和/root/diskresp 实现。/root/disktab 文件定义了需要监控的磁盘分区，报警阈值和达到阈值后的动作。checkdisk 则实现了整个对于磁盘空间的监控过程，而/root/diskresp 文件为用户自定义的磁盘空间达到阈值后的响应脚本。

监控脚本将被添加到 crontab 中，这样就可以使监控循环进行。

（1）/root/disktab 代码。

源程序　/root/disktab

```
#/root/disktab
/80%/root/diskresp
/data100G/root/diskresp
```

在这个文件中，第一行表示当"/"分区空间占用超过80%时，则运行脚本/root/diskresp 进行响应；第二行表示当"/data"分区的空间占用超过100G时运行脚本/root/diskresp 进行响应。我们的文件允许报警阈值以 KB、MB、GB 为单位，也可以以百分比表示。

（2）脚本文件 checkdisk。主要完成分析/root/disktab 文件并和当前查看磁盘空间的输出进行比较，对于空间异常的分区采取相应的措施。脚本 checkdisk 的第一部分先进行了初始化，获得了要使用的分区监控定义文件，默认的分区监控定义文件为/root/disktab，也可以通过参数指定该文件的位置。这部分代码如下：

源程序　checkdisk（初始化部分）

```
#checkdisk
#!/usr/bin/perl
    usestrict;
    my $DISKTABFILE="/root/disktab";
    if($ARGV[0]ne""){
        $DISKTABFILE=$ARGV[0];
    }
    my $OS=`uname`;
    chomp $OS;
    my $DF;
```

```
        $DF="df-h";
```

紧接着,checkdisk 脚本要逐行分析/root/disktab 文件。使用 perl 的正则表达式,很容易可以从/root/disktab 中将分区所有 mount 的目录,报警阈值以及达到阈值后的动作等信息提取出来,然后将获得的信息存放在一个 hashtable 中。

checkdisk 脚本分析/root/disktab 文件部分的代码如下:

源程序　checkdisk(脚本分析部分)

```perl
#分析/root/disktab 文件
    my%table=getTable($DISKTABFILE);
    subgetTable
    {
        #通过参数取得 table 文件的位置
        my($tabfile)=@_;
        my%rs;
        #打开文件
        unless(open(TABF,$tabfile)){
            print"Can't openfile'$tabfile'.\n";
            exit1;
        }
        #分析 disktab 文件每行的内容,将其存放在一个 hashtable 中
        foreach my $line(<TABF>){
            #使用正则表达式,分析出 table 文件中每一行的挂载点、
            #阈值大小和采取的行动
            if(!($line=~/^#/)&& $line=~/(\S+)\s+(\S+)\s+(.*)\s*$/){
                my $mp=$1;
                my $size=$2;
                my $action=$3;
                $rs{$mp}=[$size,$action];
            }
        }
        close TABF;
        return%rs;
    }
```

脚本随后进行实时监控并检测分区状况,通过前面获得的用户定义的阈值

和 df 命令的输出进行比较，如果 df 显示的某个分区的空间占用超过了用户定义的阈值，则执行用户定义的操作。checkdisk 根据分区状况执行响应部分的代码如下：

源程序　checkdisk(执行响应部分)

```
#分析/root/disktab 文件
#将分析出的 hashtable 以引用的形式传递给 checkDisk 函数,
#checkDisk 函数完成检查分区空间,并执行相应动作的任务。
    checkDisk(\%table);
    subcheckDisk
    {
        my($tab) = @_;
        my@ df_rs = '$DF';          #执行 df 命令
        chomp@ df_rs;
        my($mp,$used_size,$used_perc);
        my($minsize,$minperc);
        my $comp_with_perc;         #此变量用于表明是使用百分比进行比较
                                    #还是使用绝对空间大小值
        my%rs;
        my $env_str;
        #分析 df 命令的每一行输出
        foreach my $line(@ df_rs){
            $comp_with_perc = 0;
            #使用正则表达式,分析出 df 输出的每一行的挂载点、
            #空间使用大小和空间使用百分比
            if($line = ~/^\S+\s+\S+\s+(\S+)\s+\S+\s+(\d+)%\s+(\S+)\s*$/){
                $mp=$3;$used_size=$1;$used_perc=$2;
            }else{
                next;
            }
            #如果某个分区的 MountPoint 在 table 中有一项和它对应,
            #则继续进行,否则分析下一行
            if(!defined($tab{$mp})){
                next;
            }
            #将得到的信息存储起来,作为环境变量传递给将要运行的响应脚本
            $env_str = "DISK_MOUNTP=$mp";
            $env_str .= "DISK_MIN=$tab{$mp}[0]";
```

```
$env_str.=$used_size=~/^\d+\.?\d*$/?"DISK_USED=${used_size}M":"
DISK_USED=$used_size";
$env_str.="DISK_USED_PERC=$used_perc%";
#分析 hashtable 中的阈值,如果阈值使用的是大小值,
#则现将其统一单位为 MB
if($tab{$mp}[0]=~/^(\d+\.?\d*)G$/){
    $minsize=$1*1024;
}elsif($tab{$mp}[0]=~/^(\d+\.?\d*)M$/){
    $minsize=$1;
}elsif($tab{$mp}[0]=~/^(\d+\.?\d*)K$/){
    $minsize=$1/1024;
}elsif($tab{$mp}[0]=~/^(\d+\.?\d*)%$/){
    $minperc=$1;
    #如果 hashtable 中阈值存放的是一个百分比,
    #则表明要进行占用百分比的比较
    $comp_with_perc=1;
}else{
    print"Formaterror:$tab{$mp}[0]\n";
    next;
}
#如果使用空间占用 size 进行比较,则也将 df 命令中
#得到的空间大小统一单位到 MB
if(!$comp_with_perc){
    if($used_size=~/^(\d+\.?\d*)G$/){
        $used_size=$1*1024;
    }elsif($used_size=~/^(\d+\.?\d*)M$/||$used_size=~/^(\d+\.?\d*)$/){
        $used_size=$1;
    }elsif($used_size=~/^(\d+\.?\d*)K$/){
        $used_size=$1/1024;
    }
}
#比较实际空间占用和 table 中记录的阈值
if((!$comp_with_perc&&$minsize<$used_size)||
    ($comp_with_perc&&$minperc<$used_perc)){
    print"WARNINGDISKSIZEfor $mp\n";
    #调用 table 中记录的响应脚本,$env_str 中存放的
```

```
                # DISK_MOUNTP,DISK_MIN,DISK_USED,DISK_USED_PERC,
                #作为环境变量传递给脚本
                my $cmd="$env_str $tab{$mp}[1]2>&1";
                print"Runningcommand:$cmd\n";
                my $output='$cmd';chomp $output;
                print"Output:\n $output\nExitcode=$? \n";
            }
        }
    }
```

（3）响应脚本（/root/diskresp）。脚本可以从环境变量得到占用空间异常的分区 MountPoint（DISK_MOUNTP）、设置的阈值（DISK_MIN）、空间占用大小（DISK_USED）以及空间占用比例（DISK_USED_PERC）。

响应脚本可以采取各种动作来解决空间占用问题，例如删除一些临时文件，或者是仅仅发一封邮件来通知管理员。下面的响应脚本示例，就是给 root 用户发一封邮件。

/root/diskresp 响应脚本示例如下：

源程序 /root/diskresp

```
# /root/diskresp
#!/bin/bash
        echo" The $DISK_MOUNTP is now used $DISK_USED($DISK_USED_PERC),
over $DISK_MIN. " |
            mail-s "WARNING DISKSIZE for $DISK_MOUNTP" root
```

通过手工运行/root/checkdisk 脚本，可以正常工作。为了实现自动化的监控，还需要系统的 cron 服务的帮助。

使用命令"crontab -e"，添加一条类似于以下的项：

*/2 * * * */root/checkdisk2>&1>>/root/checkdisk.log

这表示每 2min 运行一次 checkdisk 脚本，将其输出存储在/root/checkdisk.log 文件中。可以根据自己的需求修改脚本运行的时间。cron 运行命令时，其命令输出不会显示在屏幕上，而是将输出通过邮件发给管理员，所以为了方便查看命令的输出，最好将输出重定向到文件中。

以上步骤完成后，就可以实现对磁盘分区的自动监控了。

对 checkdisk 脚本稍加修改就可以通过 ssh 或 rsh 实现对远程机器某个分区的监控，也可以使用 du 实现对某个文件夹大小的监控。

8.4 内核信息

8.4.1 /proc 文件系统

麒麟操作系统内核提供了一种通过/proc 文件系统，在运行时访问内核内部数据结构、改变内核设置的机制。/proc 文件系统是一个伪文件系统，它只存在内存当中，而不占用外存空间。它以文件系统的方式为访问系统内核数据的操作提供接口。

用户和应用程序可以通过/proc 得到系统的信息，并可以改变内核的某些参数。由于系统的信息，如进程，是动态改变的，所以用户或应用程序读取/proc 文件时，/proc 文件系统是动态从系统内核读出所需信息并提交的。下面列出的这些文件或子文件夹，并不是都是在你的系统中存在，这取决于你的内核配置和装载的模块。另外，在/proc 下还有三个很重要的目录：net、scsi 和 sys。sys 目录是可写的，可以通过它来访问或修改内核的参数，而 net 和 scsi 则依赖于内核配置。例如，如果系统不支持 scsi，则 scsi 目录不存在。

除了以上介绍的这些，还有的是一些以数字命名的目录，它们是进程目录。系统中当前运行的每一个进程都有对应的一个目录在/proc 下，以进程的 PID 号为目录名，它们是读取进程信息的接口。而 self 目录则是读取进程本身的信息接口，是一个链接。

/proc 文件系统子文件说明如表 8-3 所列。

表 8-3 /proc 文件系统子文件说明

子文件	说明
/proc/buddyinfo	每个内存区中的每个 order 有多少块可用，和内存碎片问题有关
/proc/cmdline	启动时传递给 kernel 的参数信息
/proc/cpuinfo	cpu 的信息
/proc/crypto	内核使用的所有已安装的加密密码及细节
/proc/devices	已经加载的设备并分类
/proc/dma	已注册使用的 ISA
/proc/execdomains	Linux 内核当前支持的 execution
/proc/fb	帧缓冲设备列表，包括数量和控制它的驱动
/proc/filesystems	内核当前支持的文件系统类型
/proc/interrupts	x86 架构中的每个 IRQ 中断数

续表

子文件	说明
/proc/iomem	每个物理设备当前在系统内存中的映射
/proc/ioports	一个设备的输入输出所使用的注册端口范围
/proc/kcore	代表系统的物理内存，存储为核心文件格式，里边显示的是字节数，等于 RAM 大小加上 4kB
/proc/kmsg	记录内核生成的信息，可以通过/sbin/klogd 或/bin/dmesg 来处理
/proc/loadavg	根据过去一段时间内 CPU 和 IO 的状态得出的负载状态，与 uptime 命令有关
/proc/locks	内核锁住的文件列表
/proc/mdstat	多硬盘，RAID 配置信息（md=multiple）
/proc/meminfo	RAM 使用的相关信息
/proc/misc	其他的主要设备（设备号为 10）上注册的驱动
/proc/modules	所有加载到内核的模块列表
/proc/mounts	系统中使用的所有挂载
/proc/mtrr	系统使用的 Memory
/proc/partitions	分区中的块分配信息
/proc/pci	系统中的 PCI 设备列表
/proc/slabinfo	系统中所有活动的 slab 缓存信息
/proc/stat	所有的 CPU 活动信息
/proc/sysrq-trigger	使用 echo 命令来写这个文件的时候，远程 root 用户可以执行大多数的系统请求关键命令，就好像在本地终端执行一样。要写入这个文件，不能把/proc/sys/kernel/sysrq 设置为 0。这个文件对 root 也是不可读的
/proc/uptime	系统已经运行了多久
/proc/swaps	交换空间的使用情况
/proc/version	Linux 内核版本和 gcc 版本
/proc/bus	系统总线（Bus）信息，如 pci/usb 等
/proc/driver	驱动信息
/proc/fs	文件系统信息
/proc/ide	ide 设备信息
/proc/irq	中断请求设备信息
/proc/net	网卡设备信息
/proc/scsi	scsi 设备信息
/proc/tty	tty 设备信息
/proc/net/dev	显示网络适配器及统计信息

续表

子 文 件	说 明
/proc/vmstat	虚拟内存统计信息
/proc/vmcore	内核 panic 时的内存映像
/proc/diskstats	取得磁盘信息
/proc/schedstat	kernel 调度器的统计信息
/proc/zoneinfo	显示内存空间的统计信息，对分析虚拟内存行为很有用
/proc/sys/	该目录中的文件是可写的，可以通过它来访问或修改内核的参数
以下是/proc 目录中进程 N 的信息	
/proc/N	pid 为 N 的进程信息
/proc/N/cmdline	进程启动命令
/proc/N/cwd	链接到进程当前工作目录
/proc/N/environ	进程环境变量列表
/proc/N/exe	链接到进程的执行命令文件
/proc/N/fd	包含进程相关的所有的文件描述符
/proc/N/maps	与进程相关的内存映射信息
/proc/N/mem	指代进程持有的内存，不可读
/proc/N/root	链接到进程的根目录
/proc/N/stat	进程的状态
/proc/N/statm	进程使用的内存的状态
/proc/N/status	进程状态信息，比 stat/statm 更具可读性
/proc/self	链接到当前正在运行的进程

8.4.2 获取内核运行信息

综合示例 example8-4 来介绍了如何通过访问/proc 文件系统获取系统信息。该示例主要实现以下功能：

（1）获取 CPU 类型和内核版本。
（2）系统启动以来的时间，以 dd：hh：mm：ss 报告。
（3）CPU 执行用户态、系统态、空闲态所用时间，磁盘请求和上下文切换次数，累计启动进程数。
（4）系统内存总量、可用内存和指定时间内的系统负载。

源程序　example8-4.c

/* example8-4.c */

```c
#include <stdio.h>
#include <sys/time.h>
#include <unistd.h>
#include <string.h>
#include <stdlib.h>
#define LB_SIZE 80

enum TYPE{STANDARD,SHORT,LONG};
FILE *thisProcFile;                    //Proc 打开文件指针
struct timeval now;                    //系统时间日期
enum TYPE reportType;                  //观察报告类型
char repTypeName[16];
char *lineBuf;                         //proc 文件读出行缓冲
int interval;                          //系统负荷监测时间间隔
int duration;                          //系统负荷监测时段
int iteration;
char c1,c2;                            //字符处理单元

void sampleLoadAvg() {                 //观察系统负荷
    int i=0;
    //打开负荷文件
    if (((thisProcFile = fopen("/proc/loadavg", "r")) == NULL)
    {
        printf("Open Failed\n");
        return;
    }
    //读出、处理读出行,如去除前导空格和无用空格
    fgets(lineBuf, LB_SIZE+1, thisProcFile);
    char * c3 = strtok(lineBuf, " ");
    //将读出行分出不同字段,按照字段的不同含义处理为可阅读格式
    //打印处理好的信息内容
    while (c3 != NULL) {
        i ++;
        switch (i) {
            case 1:
                printf("1 分钟内平均负载: ");
                break;
```

```
            case 2:
                printf("5 分钟内平均负载：");
                break;
            case 3:
                printf("15 分钟内平均负载：");
                break;
            case 4:
                printf("活动进程比：");
                break;
            case 5:
                printf("最近进程号：");
                break;
        }
        printf("%s\n", c3);
        c3 = strtok(NULL, " ");
    }
    fclose(thisProcFile);
}

void sampleTime() {                        //观察系统启动时间
    long uptime, idletime;
    int day, hour, minute, second;
    int i, j;
    char temp[80];
    i=j=0;
    //打开计时文件
    //读出、处理读出行,如去除前导空格和无用空格
    thisProcFile = fopen("/proc/uptime", "r");
    fgets(lineBuf, LB_SIZE+1, thisProcFile);
    //将读出行分出不同字段,按照字段的不同含义处理为可阅读格式
    //将启动时间的秒数转换为长整数
    uptime = atol(strtok(lineBuf, " "));
    //转换成日时钟秒
    day = uptime/3600/24;
    hour = uptime/3600%24;
    minute = uptime/60%60;
    second = uptime%60;
```

```c
    //打印处理好的信息内容
    printf("uptime:%2ldd:%2ldh:%2ldm:%2lds\n",
           day, hour, minute, second);
    //将启动时间的空闲秒数转换为长整数
    idletime = atol(strtok(NULL," "));
    //转换成日时钟秒
    day = idletime/3600/24;
    hour = idletime/3600%24;
    minute = idletime/60%60;
    second = idletime%60;
    //打印处理好的信息内容
    printf("idletime:%2ldd:%2ldh:%2ldm:%2lds\n",
           day, hour, minute, second);
}


int main(int argc, char *argv[])
{
    lineBuf = (char *)malloc(LB_SIZE+1);
    reportType = STANDARD;
    strcpy(repTypeName,"Standard");
    if(argc >1){
        sscanf(argv[1],"%c%c",&c1,&c2);    //取命令行选择符
        if(c1!='-'){                        //提示本程序命令参数的用法
            exit(1);
        }
        if(c2 == 'a'){
            //观察部分 A
            printf(" **********PART A **********\n");
            reportType = SHORT;
            strcpy(repTypeName,"Short");
            //取出并显示系统当前时间
            //读出并显示机器名
            //读出并显示全部 CPU 信息
            //读出并显示系统版本信息
            thisProcFile = fopen("/proc/cpuinfo", "r");
            while (!feof(thisProcFile)) {
                fgets(lineBuf, LB_SIZE+1, thisProcFile);
```

```c
            if (strstr(lineBuf, "model name")) {
                printf("%s", lineBuf);
                break;
            }
        }
        fclose(thisProcFile);
        system("uname -r");
    }
    else if(c2 == 'b') {
        //观察部分 B
        printf(" **********PART B **********\n");
        //打开内存信息文件
        //读出文件全部的内容
        //处理并用方便阅读的格式显示
        //观察系统启动时间
        sampleTime();
    }
    else if(c2 == 'c') {
        //观察部分 C
        printf(" **********PART C **********\n");
        //打开系统状态信息文件
        thisProcFile = fopen("/proc/stat", "r");
        //读出文件全部的内容
        //处理并用方便阅读的格式显示
        fgets(lineBuf, LB_SIZE+1, thisProcFile);
        while (!feof(thisProcFile)) {
            char *output = strtok(lineBuf, " ");
            if (!strcmp(output, "cpu")) {
                int i = 0;
                while (i < 4) {
                    output = strtok(NULL, " ");
                    switch (i) {
                        case 0:
                            printf("用户态时间: %s\n", output);
                            break;
                        case 1:
                            break;
```

```c
                case 2:
                    printf("系统态时间: %s\n", output);
                    break;
                case 3:
                    printf("空闲态时间: %s\n", output);
                    break;
                }
                i++;
            }
        } else if (!strcmp(output, "intr")) {
            output = strtok(NULL, " ");
            printf("磁盘请求: %s\n", output);
        } else if (!strcmp(output, "ctxt")) {
            output = strtok(NULL, " ");
            printf("上下文切换: %s\n", output);
        } else if (!strcmp(output, "processes")) {
            output = strtok(NULL, " ");
            printf("启动进程数: %s\n", output);
        }
        fgets(lineBuf, LB_SIZE+1, thisProcFile);
    }
    fclose(thisProcFile);
}
else if(c2 == 'd'){
    //观察部分 D
    printf("**********PART D **********\n");
    if(argc<4){
        printf("usage:observer [-b] [-c][-d int dur]\n");
        exit(1);
    }
    thisProcFile = fopen("/proc/meminfo", "r");
    int i = 0;
    //内存信息文件
    while (i++ < 3) {
        fgets(lineBuf, LB_SIZE+1, thisProcFile);
        strtok(lineBuf, " ");
        char *output = strtok(NULL, " ");
```

```
                switch (i) {
                    case 1:
                        printf("总内存: ");
                        break;
                    case 2:
                        printf("空闲内存:");
                        break;
                    case 3:
                        printf("可用内存:");
                }
                printf("%s\n", output);
            }
            fclose(thisProcFile);
            reportType = LONG;
            strcpy(repTypeName,"Long");
            //用命令行参数指定的时间段和时间间隔连续的
            interval = atol(argv[2]);
            duration = atol(argv[3]);
            //读出系统负荷文件的内容用方便阅读的格式显示
            for (int i = 0; i < duration / interval; ++i) {
                sampleLoadAvg();
                //系统负荷信息
                sleep(interval);
            }
        }
    }
}
```

example8-4 输出如图 8-16~图 8-19 所示。

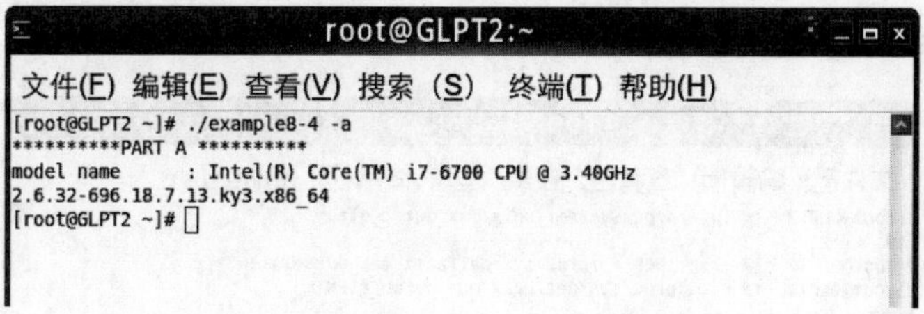
root@GLPT2:~
文件(F) 编辑(E) 查看(V) 搜索 (S) 终端(T) 帮助(H)
[root@GLPT2 ~]# ./example8-4 -a
**********PART A **********
model name   : Intel(R) Core(TM) i7-6700 CPU @ 3.40GHz
2.6.32-696.18.7.13.ky3.x86_64
[root@GLPT2 ~]#

图 8-16　example8-4 -a 结果输出

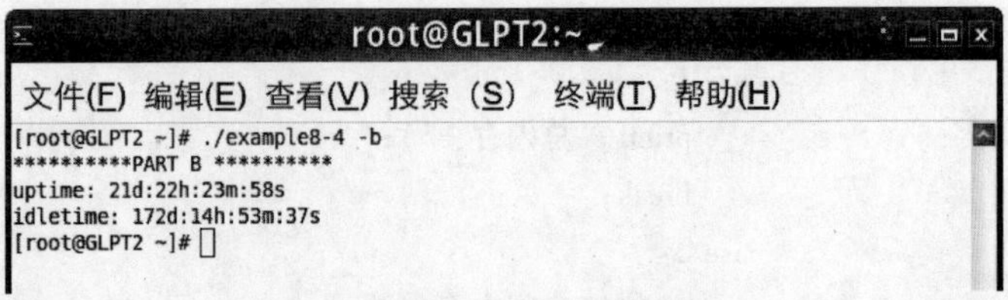

图 8-17 example8-4 -b 结果输出

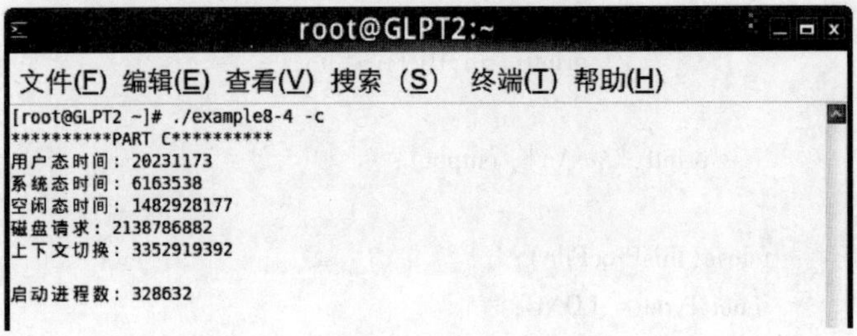

图 8-18 example8-4 -c 结果输出

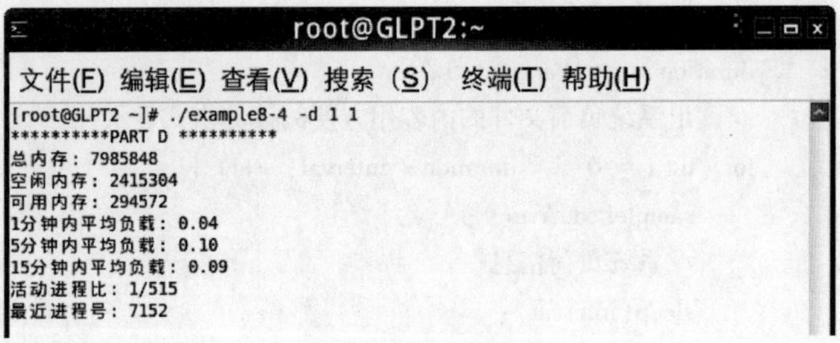

图 8-19 example8-4 -d 结果输出

8.4.3 内核运行参数的优化

上文中提到，/proc/sys/目录中的文件是可写的，可以通过它来访问或修改内核参数。可通过 echo 命令实时修改内核运行参数。图 8-20 演示了实时修改本地套接字缓冲队列长度，将队列长度改为 1000（默认为 10）。

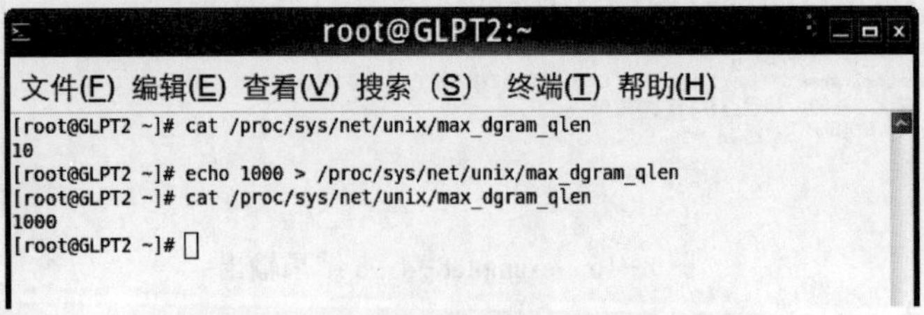

图 8-20 修改本地套接字缓冲队列长度

采用此方法只能临时生效，系统重启后将恢复成默认值。更为普遍的方法是修改/etc/sysctl.conf 文件使其永久生效。修改内核参数主要是针对高性能服务器应用环境而进行的内核参数调优。以下配置文件为服务器优化推荐配置，具体根据实际应用场景进行裁剪。

sysctl.conf 配置文件参考

```
###########[ net ] ##########
###################### cat /proc/sys/net/ipv4/tcp_syncookies
#默认值:1
#作用:是否打开 SYN Cookie 功能,该功能可以防止部分 SYN 攻击
net.ipv4.tcp_syncookies = 1


###################### cat /proc/sys/net/ipv4/ip_local_port_range
#默认值:32768   61000
#作用:可用端口的范围
net.ipv4.ip_local_port_range = 1024   65535


###################### cat /proc/sys/net/ipv4/tcp_fin_timeout
#默认值:60
#作用:TCP 时间戳
net.ipv4.tcp_fin_timeout = 30


###################### cat /proc/sys/net/ipv4/tcp_timestamps
#默认值:1
#作用:TCP 时间戳
net.ipv4.tcp_timestamps = 1


###################### cat /proc/sys/net/ipv4/tcp_tw_recycle
#默认值:0
#作用:针对 TIME-WAIT,不要开启。不少文章提到同时开启 tcp_tw_recycle 和 tcp_tw_reuse,会带来 C/S 在 NAT 方面的异常
#个人接受的做法是,开启 tcp_tw_reuse,增加 ip_local_port_range 的范围,减小 tcp_max_tw_buckets 和 tcp_fin_timeout 的值
#参考:http://ju.outofmemory.cn/entry/91121, http://www.cnblogs.com/lulu/p/4149312.html
net.ipv4.tcp_tw_recycle = 0


###################### cat /proc/sys/net/ipv4/tcp_tw_reuse
```

#默认值:0
#作用:针对 TIME-WAIT,做为客户端可以启用(例如,作为 nginx-proxy 前端代理,要访问后端的服务)
net.ipv4.tcp_tw_reuse = 1

####################### cat /proc/sys/net/ipv4/tcp_max_tw_buckets
#默认值:262144
#作用:针对 TIME-WAIT,配置其上限。如果降低这个值,可以显著地发现 time-wait 的数量减少,但系统日志中可能出现如下记录:
kernel: TCP: time wait bucket table overflow
#对应的,如果升高这个值,可以显著地发现 time-wait 的数量增加。
#综合考虑,保持默认值。
net.ipv4.tcp_max_tw_buckets = 262144

####################### cat /proc/sys/net/ipv4/tcp_max_orphans
#默认值:16384
#作用:orphans 的最大值
net.ipv4.tcp_max_orphans = 3276800

####################### cat /proc/sys/net/ipv4/tcp_max_syn_backlog
#默认值:128
#作用:增大 SYN 队列的长度,容纳更多连接
net.ipv4.tcp_max_syn_backlog = 819200

####################### cat /proc/sys/net/ipv4/tcp_keepalive_intvl
#默认值:75
#作用:探测失败后,间隔几秒后重新探测
net.ipv4.tcp_keepalive_intvl = 30

####################### cat /proc/sys/net/ipv4/tcp_keepalive_probes
#默认值:9
#作用:探测失败后,最多尝试探测几次
net.ipv4.tcp_keepalive_probes = 3

####################### cat /proc/sys/net/ipv4/tcp_keepalive_time
#默认值:7200
#作用:间隔多久发送 1 次 keepalive 探测包

net.ipv4.tcp_keepalive_time = 1200

###################### cat /proc/sys/net/netfilter/nf_conntrack_tcp_timeout_established
#默认值:432000
#作用:设置 conntrack tcp 状态的超时时间,如果系统出现下述异常时要考虑调整:
# ping: sendmsg: Operation not permitted
# kernel: nf_conntrack: table full, dropping packet.
net.netfilter.nf_conntrack_tcp_timeout_established = 600

###################### cat /proc/sys/net/netfilter/nf_conntrack_max
#默认值:65535
#作用:设置 conntrack 的上限,如果系统出现下述异常时要考虑调整:
ping: sendmsg: Operation not permitted
kernel: nf_conntrack: table full, dropping packet.
#参考:https://blog.yorkgu.me/2012/02/09/kernel-nf_conntrack-table-full-dropping-packet/, http://www.cnblogs.com/mydomain/archive/2013/05/19/3087153.html
net.netfilter.nf_conntrack_max = 655350

###################### cat /proc/sys/net/core/netdev_max_backlog
#默认值:1000
#作用:网卡设备将请求放入队列的长度
net.core.netdev_max_backlog = 500000

###################### cat /proc/sys/net/core/somaxconn
#默认值:128
#作用:已经成功建立连接的套接字将要进入队列的长度
net.core.somaxconn = 65536

###################### cat /proc/sys/net/core/rmem_default
#默认值:212992
#作用:默认的 TCP 数据接收窗口大小(字节)
net.core.rmem_default = 8388608

###################### cat /proc/sys/net/core/wmem_default
#默认值:212992
#作用:默认的 TCP 数据发送窗口大小(字节)

net.core.wmem_default = 8388608

####################### cat /proc/sys/net/core/rmem_max
#默认值:212992
#作用:最大的 TCP 数据接收窗口大小(字节)
net.core.rmem_max = 16777216

####################### cat /proc/sys/net/core/wmem_max
#默认值:212992
# 作用:最大的 TCP 数据发送窗口大小(字节)
net.core.wmem_max = 16777216

####################### cat /proc/sys/net/ipv4/tcp_mem
#默认值:94389   125854   188778
#作用:内存使用的下限   警戒值   上限
net.ipv4.tcp_mem = 94500000   915000000   927000000

####################### cat /proc/sys/net/ipv4/tcp_rmem
#默认值:4096   87380   6291456
#作用:socket 接收缓冲区内存使用的下限   警戒值   上限
net.ipv4.tcp_rmem = 4096   87380   16777216

####################### cat /proc/sys/net/ipv4/tcp_wmem
#默认值:4096   16384   4194304
#作用:socket 发送缓冲区内存使用的下限   警戒值   上限
net.ipv4.tcp_wmem = 4096   16384   16777216

####################### cat /proc/sys/net/ipv4/tcp_thin_dupack
#默认值:0
#作用:收到 dupACK 时要去检查 tcp stream 是不是 thin (less than 4 packets in flight)
net.ipv4.tcp_thin_dupack = 1

####################### cat /proc/sys/net/ipv4/tcp_thin_linear_timeouts
#默认值:0
#作用:重传超时后要去检查 tcp stream 是不是 thin (less than 4 packets in flight)
net.ipv4.tcp_thin_linear_timeouts = 1

###################### cat /proc/sys/net/unix/max_dgram_qlen
#默认值:10
#作用:UDP 队列里数据报的最大个数
net.unix.max_dgram_qlen = 30000

###########[kernel] ##########
###################### cat /proc/sys/kernel/randomize_va_space
#默认值:2
#作用:内核的随机地址保护模式
kernel.randomize_va_space = 1

###################### cat /proc/sys/kernel/panic
#默认值:0
#作用:内核 panic 时,1 秒后自动重启
kernel.panic = 1

###################### cat /proc/sys/kernel/core_pattern
#默认值:|/usr/libexec/abrt-hook-ccpp %s %c %p %u %g %t e
#作用:程序生成 core 时的文件名格式
kernel.core_pattern = core_%e

###################### cat /proc/sys/kernel/sysrq
#默认值:0
#作用:是否启用 sysrq 功能
kernel.sysrq = 0

########## [vm] ##########
###################### cat /proc/sys/vm/min_free_kbytes
#默认值:8039
#作用:保留内存的最低值
vm.min_free_kbytes = 901120

###################### cat /proc/sys/vm/panic_on_oom
#默认值:0
#作用:发生 oom 时,自动转换为 panic
vm.panic_on_oom = 1

######################### cat /proc/sys/vm/min_free_kbytes
#默认值:45056
#作用:保留最低可用内存
vm.min_free_kbytes=1048576

######################### cat /proc/sys/vm/swappiness
#默认值:60
#作用:数值(0-100)越高,越可能发生 swap 交换
vm.swappiness=20

########### [fs] ###########
######################### cat /proc/sys/fs/inotify/max_user_watches
#默认值:8192
#作用:inotify 的 watch 数量
fs.inotify.max_user_watches=8192000

######################### cat /proc/sys/fs/aio-max-nr
#默认值:65536
#作用:aio 最大值
fs.aio-max-nr=1048576

######################### cat /proc/sys/fs/file-max
#默认值:98529
#作用:文件描述符的最大值
fs.file-max = 1048575

第 9 章 Qt 图形界面开发

Qt 是跨平台应用程序和 UI 框架,可用来编写应用程序,无须重新编写源代码,便可跨不同的桌面和操作系统进行部署。使用 Qt 开发出来的软件,已经在各行各业中得到了越来越广泛的应用。麒麟操作系统 V3 在发行版本中集成了 Qt 开发环境,使得 Qt 在麒麟操作系统中成为方便的编程工具。目前集成的是 Qt4.5 版,本章按照 Qt 知识结构的层次和读者的学习规律,循序渐进、由浅入深地对 Qt 应用程序开发进行了介绍,涵盖了程序设计中经常涉及的内容。

9.1 概 述

9.1.1 什么是 Qt

熟悉 Windows 程序开发的人员都知道 MFC。Qt 在本质上与 Windows 的 MFC 是类似的,它为程序员们提供了方便的程序开发框架。而 Qt 具有跨平台的特点,又使它的应用更为广泛。

1991 年,Qt Company 开发了跨平台 C++图形用户界面应用程序开发框架,就是最初的 Qt。Qt 经过 20 多年的发展,现在已经变得非常成熟和稳定。它既可以开发 GUI 程序,也可用于开发非 GUI 程序。Qt 是面向对象的框架,使用特殊的代码生成扩展(称为元对象编译器(Meta Object Compiler,MOC))以及一些宏,Qt 很容易扩展,并且允许真正地组件编程。

Qt 的主要优势是:

(1)优良的跨平台特性。Qt 支持包括 Windows 平台、Unix/Linux 平台、ios 平台、Solaris 平台在内的几乎所有计算机操作系统,同样支持麒麟操作系统。麒麟操作系统 V3 在发行版中集成了 Qt 开发环境 QtCreator。

(2)面向对象。Qt 的良好封装机制使得 Qt 的模块化程度非常高,可重用性较好,对于开发者非常方便。Qt 提供了一种称为 signals/slots(信号/槽)的安全类型来替代 callback(回调),这种类型在其他的软件开发框架中还没有出现过,但十分有效,使得各个对象之间的协同工作变得十分简单。

（3）丰富的 API。Qt 包括多达 400 多个 C++类，还提供基于模板的 collections，serialization，file，I/O device，directory management，date/time 类。甚至还包括正则表达式的处理功能。

（4）对 2D 和 3D 图形的卓越支持。Qt 实际上是针对平台独立的 OpenGL 编程而开发的标准 GUI 框架。Qt4 的绘图系统为所有支持的平台提供了高质量的渲染功能。使用 Qt4 的高级画布框架，开发人员可以创建各种交互式图形应用程序，从而充分利用 Qt 的先进绘图功能。

（5）数据库支持。Qt 可以使用标准数据库创建与平台无关的数据库应用程序。针对与主流数据库兼容的数据库，Qt 提供了本地驱动。另外，Qt 还提供了专用于数据库的控件，使任何内建或自定义控件均可感知数据。

（6）XML 支持。Qt 的 XML 模块提供了 SAX 和 DOM 类，可以读取并操作以 XML 格式存储的数据。

（7）扩展性能强大。Qt 的插件和动态库可以进一步扩展 Qt 应用程序的功能。插件提供了附加编解码器、数据库驱动、图像格式、样式和控件。

（8）源代码开放。

Qt 因其成熟的 C++框架和优秀的特点，在全球各地广泛使用。使用 Qt 开发出来的应用软件越来越多，著名的有 3D 建模和动画软件 Autodesk Maya、比特币 Bitcoin、Google 地球（Google Earth）、Opera 浏览器、Skype 即时通信软件、WPS Office 办公软件、极品飞车游戏等。Qt 的集成开发环境（IDE）QtCreator 本身也是用 Qt 开发完成。

本章对 Qt 图形界面开发技术进行简单的介绍，限于篇幅原因，仅介绍了 Qt 图形界面开发技术的基础知识，但 Qt 的能力远不止如此，它几乎可以实现其他编程语言能实现的一切功能，感兴趣的读者可以参考相关书籍深入学习。

Qt 的核心是一套完善成熟的 C++框架，需要读者具备较扎实的 C++语法、对象概念、类操作等基础功底作为阅读本章内容的背景知识。

9.1.2　Qt 的产品

Qt 的主要产品有：

（1）Qt 类库。Qt 类库是一个拥有超过 400 个类，同时不断扩展的类库。它封装了用于端到端应用程序开发所需要的所有基础结构。

（2）Qt 设计者（Designer）。Designer 是一个功能强大的 GUI 布局与窗体构造器，能够在所有支持的平台上，以本地化的视图外观与认知，快速开发高性能的用户界面。

（3）QtCreator。QtCreator 是一个用于 Qt 开发的轻量级跨平台集成开发环境。QtCreator 可带来两大关键益处：提供首个专为支持跨平台开发而设计的集成开发环境 IDE，包括强大的 C++代码编辑器、上下文帮助系统、调试器、源代码管理以及项目管理工具，简单易用且功能强大，能够使得的开发人员能迅速上手和操作 Qt 框架。

（4）Qt Linguist。Linguist 的主要任务只是读取翻译文件、为翻译人员提供友好的翻译界面，它是用于界面国际化的重要工具。

（5）Qt 助手（Assisstant）。Assisstant 一个完全可自定义，重新分配的帮助文件或文档浏览器，它可与基于 Qt 的应用程序运行。

由于 Qt 的架构充分利用了底层平台的优点，许多用户在不同平台上做单一平台开发时也使用 Qt，因为 Qt 的方法更简单。Qt 包含了对具体平台的特有功能的支持。

麒麟操作系统中集成了 Qt 开发环境，这里对 Qt 的安装不再进行介绍。有兴趣的读者可以参考相关的技术资料来获取 Qt 安装的方法步骤和环境要求。

9.2 Qt 编程基础

9.2.1 开始 Qt 编程

在开发 Qt 应用程序时，有几种常见的做法。

（1）全部采用手写代码，在命令行下完成编译和运行。这种方式是最基础、最基本的，最锻炼开发者的技能，因为每一步都不能含糊，开发者需要对编译系统、Qt 基础知识有着非常扎实的了解。它的缺点是在一般规模的应用中，还足以胜任，但如果是大型的、多人参与的工程开发和项目研制，就有些不方便，如如何协同开发、如何进行版本控制管理等问题都会变得难以解决。

（2）使用 QtCreator 集成开发环境（IDE）。借助 IDE 来编写代码、设计界面、管理工程要素，摒弃了手工的方式，不必太关注工程文件中的一些细节，并且可以借助调试和图形化工具来快速开发；缺点是 IDE 还在继续完善之中，有的情况下，还是需要命令行工具来辅助。

（3）使用 QtDesigner 设计界面，使用 IDE 完成编译和运行。这种方式也很常见，开发者使用 QtDesigner 设计界面元素，然后把工程文件的生成、管理、程序的编译运行都交给 IDE 来处理。这种方式的好处是，可以方便快速地对界面进行修改，在界面元素需要经常变动的情况下，效率比较高；缺点是使用 QtDesigner 生成的代码量比较庞大，由于好多都是自动生成的，阅读代码和调试程序相对比较困难。

对于初学者而言，采用第 3 种方式最容易"入门"，但基础可能打得不太扎实，因为这些集成式的工具为开发者做了太多的事情，在它们形成的层层布幔之下，隐藏了 Qt 的核心机制与原理，所以不太容易理解和掌握 Qt 编程的本质。因此向初学 Qt 的读者推荐第 1 种方法，先一点一点的做起，待掌握了基础技能后，再使用高级工具进行设计。

example9-1 是一个 Qt 简单例程。其源代码保存至一个名为 helloqt. cpp 的文件，并把它放进名为 example9-1 的目录中。源程序 example9-1 代码如下：

源程序　example9-1(helloqt.cpp)

```
/* helloqt.cpp */
#include <QApplication>
#include <QPushButton>
int main(int argc, char * argv[])
{
    QApplication app(argc, argv);
    QPushButton pushButton(QObject::tr("HelloQt!"));
    pushButton.show();
    QObject::connect(&pushButton, SIGNAL(clicked()), &app, SLOT(quit()));
    return app.exec();
}
```

(4) 生成项目文件。在命令行下，进入 example9-1 目录，输入如下命令，生成一个与平台无关的项目文件 helloqt. pro：

qmake -project -o helloqt. pro

然后用 cat 命令查看 helloqt. pro 文件，如图 9-1 所示。

(5) 生成 makefile 文件。输入如下命令，从这个项目文件生成一个与平台相关的 makefile 文件：

qmake -makefile helloqt. pro

(6) 运行 make 构建程序。

make；

make 文件的生成和运行，如图 9-2 所示。

(7) 运行程序。

输入 ./helloqt；程序运行实例效果如图 9-3 所示。

(8) 结束程序。要结束该程序，可以直接单击"Hello Qt!"按钮或者窗

图 9-1 生成 helloqt.pro 文件

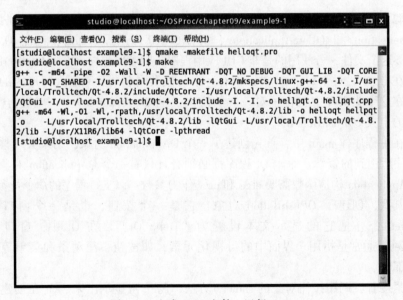

图 9-2 生成 make 文件，运行 make

口标题上的关闭按钮。

例程 example9-1 是基于对话框的程序，界面上有一个按钮，上面的字符是 "Hello Qt!"，单击该按钮，对话框关闭，程序退出。

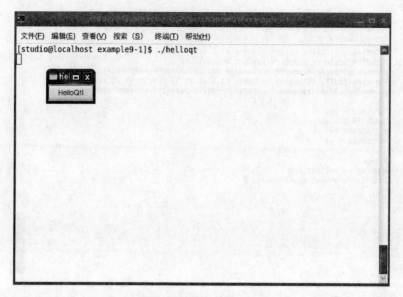

图 9-3　helloqt 程序效果

源程序中包含了 QApplication 的定义。Qt 的头文件中最为重要的两个是<QApplication>和<QCoreApplication>，所有 QtGUI 应用程序都需要包含<QApplication>这个文件，若使用的是非 GUI 应用程序，则需要包含<QCoreApplication>。

在 Qt 中，对于每个 Qt 类，都有一个与该类同名并且采用大写形式的头文件，在这个头文件中包含了对该类的定义。例如，example9-1 中就包含了按钮类的定义<QPushButton>。

在主程序体 main 中，首先创建了一个 QApplication 对象，用来管理整个应用程序所用到的资源。每个 Qt 程序都必须有且只有一个 QApplication 对象。这个 QApplication 构造函数需要 argc 和 argv 作为参数，以支持程序的命令行参数。

其次，创建了 QPushButton 对象，它是一个按钮，也是一个窗口部件（widget），并把它的显示文本设置为"Hello Qt!"。在 Qt 中，窗口部件（widget）通常是指用户界面中的可视化元素，如按钮、滚动条和菜单等都是窗口部件。

紧接着，调用按钮对象的 show()方法，将按钮显示出来。Qt 在创建窗口部件的时候，通常都是隐藏不显示的，可以调用 show()方法来将它们显示出来。这种做法有个优点，就是可以先对窗口部件的属性等进行设置，然后再显示出来，从而防止闪烁现象的出现。

然后，使用了 Qt 的信号/槽机制，将按钮信号和退出操作连接起来（connect）。这一机制是这样运作的，Qt 的窗口部件可以通过发射信号（signal）来通知应用程序，某个用户动作已经发生或者窗口部件的某种状态发生了变化，应用程序通过一个称为槽（slot）的函数来做出回应和处理。在本例中，当用户使用鼠标左键单击那个"Hello Qt！"按钮时，该按钮就会发射一个 clicked() 信号，根据设置，QApplication 对象的 quit() 槽负责响应这个信号，它执行退出应用程序的操作。在本章后面会详细讲述信号/槽机制的用法。

最后，调用 QApplication 的 exec() 方法，程序进入事件循环，等待用户的动作并适时做出响应，这里的响应通常就是执行槽函数。Qt 完成事件处理及显示的工作后，退出应用程序，并返回 exec() 的值。

9.2.2 QtCreater 集成开发环境

QtCreator 是 Qt 的一款全新的跨平台开源 IDE 产品，是 QtSDK 的组成部分之一，专为 Qt 开发人员的需求量身定制。QtCreator 的设计目标是使开发人员能够利用 Qt 这个应用程序框架更加快速及简易地完成任务。由于捆绑了最新 Qt 库二进制软件包和附加的开发工具，并作为 QtSDK 的一部分，QtCreator 在单独的安装程序内提供了进行跨平台 Qt 开发所需的全部工具。

QtCreator 有如下功能特色：

（1）语法标识和代码完成功能的编辑器。

（2）项目生成向导。允许用户生成控制台应用程序、GUI 应用程序或 C++ 函式库的专案。

（3）整合图形界面构建器 QtDesigner，能够用拖拉的方式将 Widget 排放在接口上，支持版面配置，支持信号与槽编辑。

（4）整合帮助文件浏览器 QtAssistant。

（5）集成版本控制器，如 git、SVN。

（6）提供 GDB 和 CDB 侦错程式图形界面前端。

（7）默认使用 qmake 构建项目，也可支持 CMake 等其他构建工具。

（8）轻量级的开发环境。

（9）使用 g++作为编译器。

9.2.3 使用 QtDesigner 进行 GUI 设计

QtDesigner 是一个所见即所得的全方位 GUI 构造器，它所设计出来的用户界面能够在多种平台上使用。它是 QtSDK 的一部分，也是最为重要的开发工具之一。利用 QtDesigner，可以拖放各种 Qt 控件构造图形用户界面并可预览效果。

图 9-4 就是 QtDesigner 的一个典型界面。

使用 QtDesigner，开发人员既可以创建"对话框"样式的应用程序，又可

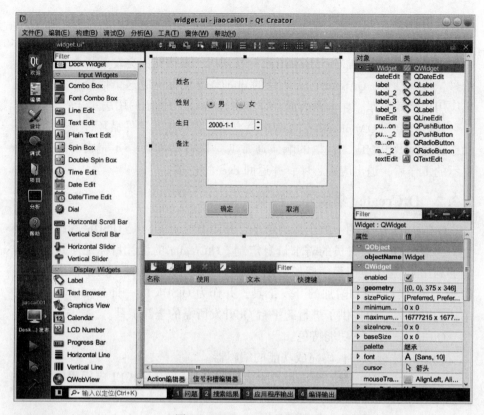

图 9-4 QtDesigner 的界面

以创建带有菜单、工具栏、气球帮助以及其他标准功能的"主窗口"样式的应用程序。QtDesigner 提供了多种窗体模板,开发人员可以创建自己的模板,确保某一应用程序或某一系列应用程序界面的一致性,还可以创建自己的自定义窗体,这些窗体可以轻松与 QtDesigner 集成。

QtDesigner 支持采用基于窗体的方式来开发应用程序。窗体是由用户界面(.ui)文件来表示的,这种文件既可以转换成 C++并编译成一个应用程序,也可以在运行时加以处理,从而生成动态用户界面。

QtDesigner 主要由窗口部件盒、对象查看器、属性编辑器、资源浏览器、动作编辑器和信号/槽编辑器组成,它们都是锚接窗口,通常排列在窗体的两侧,也可以定制它们的位置。

QtDesigner 主要部件的外观及使用方法如下:

1. 窗口部件盒(WidgetBox)

窗口部件盒是 QtDesigner 为使用者提供的窗口部件集合,根据安装的 Qt

包的版本和种类的不同,窗口部件盒中部件的种类也不尽相同,通常有 Layouts、Spacers、Buttons、Item Views(Model-Based)、Item Widgets(Item-Based)、Containers、Input Widgets、Display Widgets 等大类,如图 9-5 所示。在窗口部件盒中用左键选中某一个部件,将它拖动到窗体屏幕上去,并释放鼠标左键,就可以在界面上添加该部件。

2. 属性编辑器(PropertyEditor)

属性编辑器是另一个非常重要的组件,当界面上的窗体放置好后,就需要对各个组件的属性进行设置,如图 9-6 所示。属性编辑器的使用非常简单,点击界面上的某一个部件,然后在属性编辑器中设置属性即可。

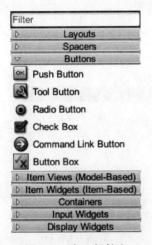

图 9-5 窗口部件盒

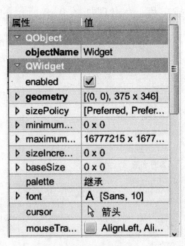

图 9-6 属性编辑器

3. 对象查看器(ObjectInspector)

对象查看器用来查看和设置窗体中的各个对象及其属性,如图 9-7 所示。

图 9-7 对象查看器

对象查看器通常与属性编辑器配合使用，一般是在设置好界面元素后，在对象查看器中查阅各个元素的分布以及总体的布局情况，然后选中其中某个窗口部件，切换到属性编辑器中编辑它的属性。

QtDesigner还有几个重要的部件如资源浏览器、动作编辑器、信号/槽编辑器等，将在下面各节中结合实例为大家介绍。

9.2.4　QtGUI 设计基本流程

Qt 在 IDE 环境下设计窗体十分简单，一般遵循如下的步骤。

第1步，启动 QtCreater，选择要创建的应用类型。点击［文件］→［新建文件或工程］，出现如图 9-8 所示的新建对话框。

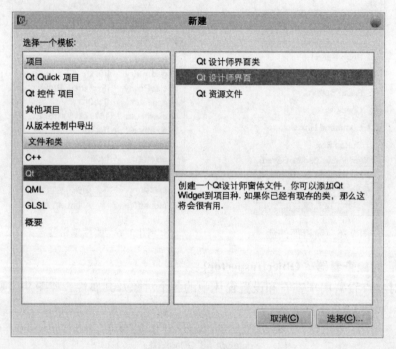

图 9-8　新建对话框

从模板中选择 Qt→Qt 设计师界面，出现如图 9-9 所示的新建窗体对话框。

Qt4.5 默认为使用者提供了 5 大类模板（templates\forms）供选择，其中包括对话框、主窗口和普通窗口部件等几种应用类型模板。这里以最后一项 Widget 为例，选中它，再点击"下一步""下一步""完成"按钮，一个空白的 Widget 就创建好了，如图 9-10 所示。

第 9 章 Qt 图形界面开发

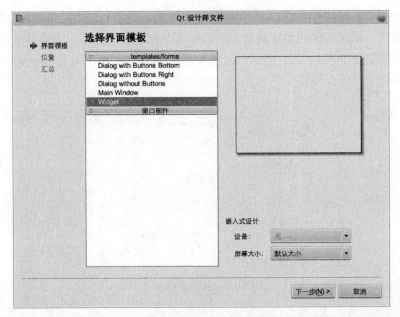

图 9-9 新建窗体对话框

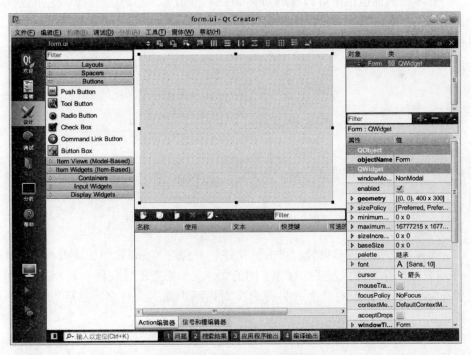

图 9-10 创建 Widget 类型界面

第2步，将控件从窗口部件盒拖到窗体上，然后使用标准编辑工具来选择、剪切、粘贴窗体并重新调整大小。以图9-11为例说明，从窗口部件盒里面，拖动出2个Label、2个LineEdit、1个PushButton和1个HorizontalSpacer，大致排列一下放在窗体上。

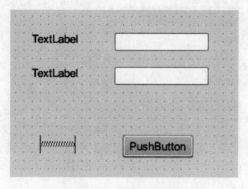

图9-11　添加窗口部件

第3步，使用属性编辑器来更改窗体和每个控件的属性。

基本的属性包括窗口部件的objectName、text以及大小位置等。这里仅仅举出objectName和text这两个最为常用的属性，其他的属性设置与此类似。这样设置完成后的界面如图9-12所示。

图9-12　设置好部件属性的窗体

第4步，保存窗口设置，点击［文件］→［保存"form.ui"］，或者按下Ctrl+S组合键保存文件，若要保存为不同的文件名，则点击［文件］→［" form.ui"另存为…］，在弹出的"文件另存为"对话框中输入文件名，然后点击保存按钮。

第5步，设置界面布局。与MSVisualStudio中不同，QtDesigner在设计界面时，不必刻意手工调整窗体的大小和精确位置，只需选中窗体，并对它们运用布局。例如,可以选中一些按钮控件,并通过选择【水平布局】选项将它们水平并列排放,采用这种方法,可以使设计更快速,设计完成后,控件会根据最终用户需要的窗体大小正确缩放。在 Qt4.5 中,常见的窗体布局有 6 种,表 9-1 列出了这些布局的种类和功用。

表 9-1 常见的布局类型

布局类型	作用
水平布局	按规则水平排列布局内的窗口部件
垂直布局	按规则垂直排列布局内的窗口部件
分裂器水平布局	按规则水平排列布局内的窗口部件,并将整体作为一个水平分裂器
分裂器垂直布局	按规则垂直排列布局内的窗口部件,并将整体作为一个垂直分裂器
栅格布局	按二维栅格的方式排列布局内的窗口部件
窗体布局中布局	将布局内的窗体部件分成两列,通常用于有输出输出的 GUI 场合

同时按下 Ctrl 和 A 键,选中窗体上的所有部件,在它们上面点击鼠标右键,在上下文菜单上依次选择［工具］→［页面编辑器］→［栅格布局］,就选中了栅格布局,这时界面情形如图 9-13 所示,更加美观。

第 6 步,设置窗口部件的标签顺序。

标签顺序在 Windows 平台上通常称作焦点顺序或者 Tab 顺序,就是按下 Tab 键时,窗口焦点在这些部件间的移动顺序。

标签顺序设置方法是点击工具栏上的带有数字图标的按钮,或者依次点击主菜单的［编辑］→［编辑 Tab 顺序］,进入标签设置模式,如图 9-14 所示,窗体中各个具有获得焦点能力的部件上会出现一个蓝色的小框,框内的数字表示该部件的标签顺序,即焦点顺序。通过单击蓝色小框来修改标签顺序,被点中的小框将变为红色,完成设置后按下 F3 键,切换回到编辑窗口部件模式。

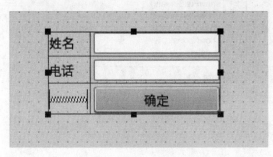

图 9-13 采用栅格布局后的效果

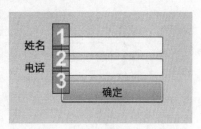

图 9-14 设置窗口部件的标签(Tab)顺序

第7步，设置信号与槽

点击［编辑］→［编辑信号/槽］，进入编辑信号/槽模式，如图 9-15 所示。

图 9-15　创建信号/槽

单击"确定"按钮，然后拖动鼠标，可以发现有一根红色的类似接地线形状的标志线被拖出，松开鼠标，弹出信号/槽连接配置窗口，注意选中左下角的【显示从 Qwidget 继承的信号和槽】按钮，界面上将列出所有可以使用的信号和槽，如图 9-16 所示。

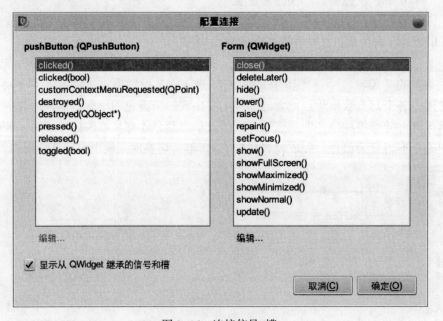

图 9-16　连接信号/槽

在这个连接配置窗口的左侧列出了"确定"按钮的所有信号,右侧列出了 myForm 这个 Widget 的所有槽,选择按钮的 clicked( )信号和 Form 的 close( )槽,单击"确定"按钮,完成设置,如图 9-17 所示。

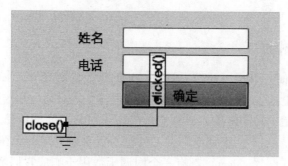

图 9-17 完成信号/槽的连接

到此,有关 Designer 的操作就结束了,它将生成一个 form.ui 文件。

9.3 Qt 核心机制与原理

信号与槽、元对象系统、事件模型是 Qt 机制的核心,如果想要掌握 Qt 编程,就需要对它们有比较深入的了解。本节重点介绍了信号与槽的基本概念和用法、元对象系统、Qt 的事件模型,以及它们在实际使用过程中应注意的一些问题。

9.3.1 Qt 对标准 C++的扩展

标准 C++对象模型为面向对象编程提供了有效的实时支持,但是它的静态特性在一些领域中表现得不够灵活。事实上,GUI 应用程序往往对实时性和灵活性都有着很高的要求。Qt 通过其改进的对象模型在保持 C++执行速度的同时提供了所需要的灵活性。

Qt 相对于标准 C++增添的特性主要有以下体现:
(1)支持对象间通信信号与槽机制。
(2)支持可查询和可设计的动态对象属性机制。
(3)事件和事件过滤器。
(4)国际化支持。
(5)支持多任务的定时器。
(6)支持按层检索的对象树。

(7) 受保护指针。

(8) 动态类型转换。

这些内容是 Qt 核心机制的重要组成部分，在下面的小节中将进行有选择的介绍。

9.3.2 信号和槽

信号（signal）和槽（slot）机制是 Qt 的核心机制之一，也是 Qt 与其他编程框架在实现上的主要区别。要掌握 Qt 编程就必须对信号和槽有所了解。

信号和槽是一种高级接口，它们被应用于对象之间的通信，它们是 Qt 的核心特性，也是 Qt 不同于其他同类工具包的重要地方之一。在其他 GUI 工具包中，窗口小部件（widget）都有一个回调函数用于响应它们触发的动作，这个回调函数通常是一个指向某个函数的指针。而在 Qt 中，则用信号和槽取代了上述机制。

从 QObject 或其子类（如 Qwidget）派生的类都能够使用信号和槽机制。这种机制本身是在 QObject 中实现的，并不只局限于图形用户界面编程中。当对象的状态得到改变时，它可以某种方式将信号发射出去，但它并不了解是谁在接收这个信号。槽被用于接收信号，事实上槽是普通的对象成员函数，槽也并不了解是否有任何信号与自己相连接。而且，对象并不了解具体的通信机制。

1. 信号（signal）

当对象的状态发生改变时，信号被某一个对象发射（emit）。只有定义过这个信号的类或者其派生类能够发射这个信号。当一个信号被发射时，与其相关联的槽将被执行，就像一个正常的函数调用一样。信号—槽机制独立于任何 GUI 事件循环。只有当所有的槽正确返回以后，发射函数（emit）才返回。

如果存在多个槽与某个信号相关联，那么，当这个信号被发射时，这些槽将会一个接一个地被执行，但是它们执行的顺序是不确定的，并且不能指定它们执行的顺序。

信号的声明必须在头文件中进行，不能定义在实现文件中。Qt 用 signals 关键字标识信号声明区，随后即可声明自己的信号。例如，下面定义了几个信号：

```
signals:
    void yourSignal();
    void yourSignal(int x);
```

在上面的语句中，signals 是 Qt 的关键字。接下来的一行 void yourSignal( );定义了信号 yourSignal，这个信号没有携带参数；接下来的一行 void yourSignal(int x); 定义了信号 yourSignal(int x)，但是它携带一个整形参数，这种情形类似于重载。

信号和槽函数的声明一般位于头文件中，同时在类声明的开始位置必须加上 Q_OBJECT 语句，这条语句是不可缺少的，它将告诉编译器在编译之前必须先应用 moc 工具进行扩展。关键字 signals 指出随后开始信号的声明，这里 signals 用的是复数形式而非单数，siganls 没有 public、private、protected 等属性，这点不同于 slots。另外，signals、slots 关键字是 QT 自己定义的，不是 C++ 中的关键字。

信号的声明类似于函数的声明而非变量的声明，如果要向槽中传递参数的话，在括号中指定每个形式参数的类型，参数的个数可以多于一个。从形式上讲，信号的声明与普通的 C++ 函数是一样的，但是信号没有定义函数实现。另外，信号的返回类型都是 void，而 C++ 函数的返回值可以有丰富的类型。signal 代码会由 moc 自动生成，moc 将其转化为标准的 C++ 语句，C++ 预处理器会认为自己处理的是标准 C++ 源文件，所以不需要在自己的 C++ 实现文件中手工实现 signal。

2. 槽（slot）

槽是普通的 C++ 成员函数，可以被正常调用，不同之处是它们可以与信号（signal）相关联，当与其关联的信号被发射时，这个槽就会被调用，槽可以有参数，但槽的参数不能有默认值。

槽也和普通成员函数一样有访问权限，槽的访问权限决定了谁可以和它相连，槽也分为三种类型，即 public slots、private slots 和 protected slots。

public slots：在这个代码区段内声明的槽意味着任何对象都可将信号与之相连接。这对于组件编程来说非常有用，生成的对象之间互相并不知道，把它们的信号和槽连接起来，这样信息就可以正确的传递。

protected slots：在这个代码区段内声明的槽意味着当前类及其子类可以将信号与之相关联。这些槽只是类的实现的一部分，而不是它和外界的接口。

private slots：在这个代码区段内声明的槽意味着只有类自己可以将信号与之相关联。这就是说这些槽和这个类是非常紧密的，甚至它的子类都没有获得连接权利这样的信任。

通常，使用 public 和 private 声明槽是比较常见的，建议尽量不要使用 protected 关键字来修饰槽的属性。此外，槽也能够声明为虚函数。

槽的声明也是在头文件中进行的。例如，下面声明了几个槽：

```
public slots:
    void yourSlot();
    void yourSlot(int x);
```

注意，关键字 slots 指出随后开始槽的声明，这里 slots 用的也是复数形式。

3. 信号与槽的关联

槽和普通的 C++ 成员函数几乎是一样的，可以是虚函数，可以被重载，可以是共有的、保护的或私有的，并且也可以被其他 C++ 成员函数直接调用，它们的参数可以是任意类型。唯一不同的是，槽还可以和信号连接在一起，在这种情况下，每当发射这个信号的时候，就会自动调用这个槽。图 9-18 形象地表示了信号与槽的各种连接方式。

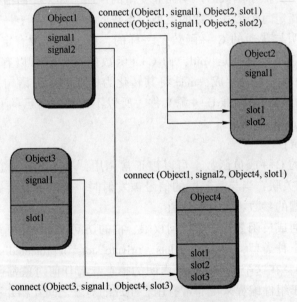

图 9-18 信号与槽连接示意图

connect() 语句看起来会是如下的样子：

connect(sender, SIGNAL(signal), receiver, SLOT(slot));

这里的 sender 和 receiver 是指向 QObject 的指针，signal 和 slot 是不带参数的函数名。实际上，SIGNAL() 宏和 SLOT() 会把它们的参数转换成相应的字符串。

到目前为止，在已经看到的实例中，已经把不同的信号和不同的槽连接在了一起。但这里还需要考虑一些其他的可能性。

(1) 一个信号可以连接多个槽。

connect(slider,SIGNAL(valueChanged(int)),spinBox,SLOT(setValue(int)));
connect(slider,SIGNAL(valueChanged(int)),this,SLOT(updateStatusBarIndicator(int)));

在发射这个信号的时候,会以不确定的顺序一个接一个地调用这些槽。

(2) 多个信号可以连接同一个槽。

connect(slider,SIGNAL(valueChanged(int)),label,SLOT(setValue(int)));
connect(texteidt,SIGNAL(valueChanged(int)),label,SLOT(setValue(int)));

无论发射的是哪一个信号,都会调用这个槽。

(3) 一个信号可以与另外一个信号相连接。

connect(lineEdit,SIGNAL(textChanged(constQstring&)),this,
　　　　SIGNAL(updateRecord(constQstring&)));

当发射第一个信号时,也会发射第二个信号。除此之外,信号与信号之间的连接和信号与槽之间的连接是难以区分的。

(4) 连接可以被移除。

disconnect(lcd,SIGNAL(overflow()),this,SLOT(handleMathError()));

这种情况较少用到,因为当删除对象时,Qt 会自动移除和这个对象相关的所有连接。

(5) 要把信号成功连接到槽(或者连接到另外一个信号),它们的参数必须具有相同的顺序和相同的类型。

connect(ftp,SIGNAL(rawCommandReply(int,constQString&)),this,
　　　　SLOT(processReply(int,constQString&)));

(6) 如果信号的参数比它所连接的槽的参数多,那么多余的参数将会被简单的忽略掉。

connect(ftp,SIGNAL(rawCommandReply(int,constQstring&)),this,
　　　　SLOT(checkErrorCode(int)));

如果参数类型不匹配,或者如果信号或槽不存在,则当应用程序使用调试模式构建后,Qt 会在运行时发出警告。与之相类似的是,如果在信号和槽的名字中包含了参数名,Qt 也会发出警告。

信号和槽机制本身是在 QObject 中实现的,并不只局限于图形用户界面编程中。这种机制可以用于任何 QObject 的子类中。当指定信号 signal 时必须使用 Qt 的宏 SIGNAL( )，当指定槽函数时必须使用宏 SLOT( )。如果发射者与接收者属于同一个对象的话，那么在 connect 调用中接收者参数可以省略。

例如，下面定义了两个对象：标签对象 label 和滚动条对象 scroll，并将 valueChanged( ) 信号与标签对象的 setNum( ) 相关联，另外信号还携带了一个整形参数，这样标签总是显示滚动条所处位置的值。

```
QLabel  * label = new QLabel;
QScrollBar  * scroll = new QScrollBar;
QObject::connect(scroll,SIGNAL(valueChanged(int)),label,SLOT(setNum(int)));
```

（7）信号和槽连接示例。

以下是 QObject 子类的示例：

```
class BankAccount : public QObject
{
Q_OBJECT
public:
    BankAccount( ) { curBalance = 0; }
    int balance( ) const { return curBalance; }
public slots:
    void setBalance(int newBalance);
signals:
    void balanceChanged(int newBalance);
private:
    int currentBalance;
};
```

与多数 C++类的风格类似，BankAccount 类拥有构造函数、balance( ) "读取"函数和 setBalance( ) "设置"函数。它还拥有 balanceChanged( ) 信号，账户余额更改时将发出此信号。发出信号时，与它相连的槽将被执行。

setBalance 函数是在公共槽区中声明的，因此它是一个槽。槽既可以作为成员函数，与其他任何函数一样调用，也可以与信号相连。以下是 setBalance( ) 槽的实现过程：

```
void BankAccount::setBalance(int newBalance)
{
    if(newBalance! = currentBalance)
    {
        currentBalance = newBalance;
```

```
        emit balanceChanged(currentBalance);
    }
}
```

语句 emit balanceChanged(currentBalance);将发出 balanceChanged()信号，并使用当前新余额作为其参数。关键字 emit 类似于"signals"和"slots"，由 Qt 提供，并由 C++预处理器转换成标准 C++语句。

以下示例说明如何连接两个 BankAccount 对象：

```
BankAccount x,y;
connect(&x,SIGNAL(balanceChanged(int)),&y,SLOT(setBalance(int)));
x.setBalance(2450);
```

当 x 中的余额设置为 2450 时，系统将发出 balanceChanged()信号。y 中的 setBalance()槽收到此信号后，将 y 中的余额设置为 2450。一个对象的信号可以与多个不同槽相连，多个信号也可以与特定对象中的某一个槽相连。参数类型相同的信号和槽可以互相连接。槽的参数个数可以少于信号的参数个数，这时多余的参数将被忽略。

（8）需要注意的问题。信号与槽机制灵活性好，但也有其局限性。

① 信号与槽的效率是非常高的，但是同真正的回调函数比较，由于增加了灵活性，因此在速度上还是有所损失，对执行效率要求高的实时系统中，还是要尽可能地少用这种机制。

② 信号与槽机制与普通函数的调用一样，如果使用不当的话，在程序执行时也有可能产生死循环。因此，在定义槽函数时一定要注意避免间接形成无限循环，如在槽函数中不能再次发射其能接收到的同样信号。

③如果一个信号与多个槽相关联的话，那么当这个信号被发射时，与之相关的槽被激活的顺序将是随机的，并且不能指定该顺序。

④ 宏定义不能用在 signal 和 slot 的参数中。

⑤ 构造函数不能用在 signals 或者 slots 声明区域内。

⑥ 函数指针不能作为信号或槽的参数。

⑦ 信号与槽不能有默认参数。

⑧ 信号与槽不能携带模板类参数。

9.3.3 元对象系统

Qt 的元对象系统是一个基于标准 C++的扩展，能够使 C++更好地适应真正的组件 GUI 编程。它为 Qt 提供了支持对象间通信的信号与槽机制、实时类型信息和动态属性系统等方面的功能。

元对象系统在 Qt 中主要有以下三部分构成：QObject 类、Q_OBJECT 宏和元对象编译器 moc。

1. 元对象系统机制

Qt 的主要成就之一是使用了一种机制对 C++进行了扩展，并且使用这种机制创建了独立的软件组件。这些组件可以绑定在一起，但任何一个组件对于它所要连接组件的情况事先都不了解。

这种机制称为元对象系统（meta-objectsystem），它提供了关键的两项技术：信号-槽以及内省（introspection）。内省功能对于实现信号和槽是必需的，并且允许应用程序的开发人员在运行时获得有关 QObject 子类的"元信息"（meta-information），包括一个含有对象的类名以及它所支持的信号和槽的列表。这一机制也支持属性和文本翻译（用于国际化），并且它也为 QtScirpt 模块奠定了基础。

标准 C++没有对 Qt 的元对象系统所需要的动态元信息提供支持。Qt 通过提供一个独立的 moc 工具解决了这个问题，moc 解析 Q_OBJECT 类的定义，并且通过 C++函数提供可供使用的信息。由于 moc 使用纯 C++来实现它的所有功能，所以 Qt 的元对象系统可以在任意 C++编译器上工作。这一机制是这样工作的：

（1）Q_OBJECT 宏声明了在每一个 QObject 子类中必须实现的一些内省函数，如 metaObject()、QMetaObject::className()、tr()、qt_metacall()，以及其他一些函数。

（2）Qt 的 moc 工具生成了用于由 Q_OBJECT 声明的所有函数和所有信号的实现。

（3）像 connect()和 disconnect()这样的 QObject 的成员函数使用这些内省函数来完成它们的工作。

由于所有这些工作都是由 qmake 和 QObject 类自动处理的，所以很少需要再去考虑这些事情，如果想进一步了解，可以阅读有关 QMetaObject 类的文档和由 moc 生成的 C++源代码文件。

2. 元对象工具（moc）

Qt 的信号和槽机制是采用标准 C++来实现的。该实现使用 C++预处理器和 Qt 所包括的 moc（元对象编译器）。元对象编译器读取应用程序的头文件，并生成必要的代码，以支持信号和槽机制。

qmake 生成的 Makefiles 将自动调用 moc，所有需要使用 moc 的编译规则都会给自动的包含到 Makefile 文件中。开发人员无需直接使用 moc 编辑、甚至无需查看生成的代码。

除了处理信号和槽以外，moc 还支持 Qt 的翻译机制、属性系统及其扩展的运行时类型信息。例如，Q_PROPERTY()宏定义类的属性信息，而 Q_ENUMS()宏则定义在一个类中的枚举类型列表。Q_FLAGS()宏定义在一个类中的 flag 枚举类型列表，Q_CLASSINFO()宏则允许在一个类的 meta 信息中插入 name/value 对。它还使 C++程序进行运行时自检成为可能，并可在所有支持的平台上工作。

元对象编译器 moc（metaobjectcompiler）对 C++文件中的类声明进行分析并产生用于初始化元对象的 C++代码，元对象包含全部信号和槽的名字以及指向这些函数的指针。

moc 读 C++源文件，如果发现有 Q_OBJECT 宏声明的类，它就会生成另外一个 C++源文件，这个新生成的文件中包含有该类的元对象代码。例如，假设一个头文件 mysignal.h，在这个文件中包含信号或槽的声明，那么在编译之前 moc 工具就会根据该文件自动生成一个名为 mysignal.moc.h 的 C++源文件并将其提交给编译器；类似地，对应于 mysignal.cpp 文件 moc 工具将自动生成一个名为 mysignal.moc.cpp 文件提交给编译器。

3. 需要注意的问题

元对象代码是 signal/slot 机制运行所必须的。用 moc 产生的 C++源文件必须与类实现文件一起进行编译和连接，或者用#include 语句将其包含到类的源文件中。moc 并不扩展#include 或者#define 宏定义，它只是简单地跳过所遇到的任何预处理指令。

9.3.4　Qt 的事件模型

1. 事件的概念

应用程序对象将系统消息接收为 Qt 事件。应用程序可以按照不同的粒度对事件加以监控、过滤并做出响应。

在 Qt 中，事件是指从 QEvent 继承的对象。Qt 将事件发送给每个 QObject 对象，这样对象便可对事件做出响应。也就是说，Qt 的事件处理机制主要是基于 QEvent 类来实现的，QEvent 类是其他事件类的基类。当一个事件产生时，Qt 会构造一个 QEvent 子类的实例来表述该事件，然后将该事件发送到相应的对象上进行处理。编程人员可以对应用程序级别与对象级别中的事件进行监控和过滤。

2. 事件的创建

大多数事件是由窗口系统生成的，它们负责向应用程序通知相关的用户操作，如按键、鼠标单击或者重新调整窗口大小，也可以从编程角度来模拟这类事件。在 Qt 中大约有 50 多种事件类型，最常见的事件类型是报告鼠标活动、按键、重绘请求以及窗口处理操作。编程人员也可以添加自己的活动行为，类似于内建事件的事件类型。每一 QEvent 子类均提供事件类型的相关附加信息，因此每个事件处理器均可利用此信息采取相应处理。

3. 事件的交付

Qt 通过调用虚函数 QObject::event() 来交付事件。QObject::event() 会将大多数常见的事件类型转发给专门的处理函数，例如：QWidget::mouseReleaseEvent() 和 QWidget::keyPressEvent()。开发人员在编写自己的控件时，或者对现有控件进行定制时，可以轻松地重新实现这些处理函数。有些事件会立即发送，而另一些事件则需要排队等候，当控制权返回至 Qt 事件循环时才会开始分发。Qt 使用排队来优化特定类型的事件。例如，Qt 会将多个 paint 事件压缩成一个事件，以便达到最高速度。

通常，一个对象需要查看另一对象的事件，以便可以对事件做出响应或阻塞事件。这可以通过调用被监控对象的 QObject::installEventFilter() 函数来实现。实施监控对象的 QObject::eventFilter() 虚函数会在受监控的对象在接收事件之前被调用。

另外，如果在应用程序的 QApplication 唯一实例中安装一个过滤器，则也可以过滤应用程序的全部事件。系统先调用这类过滤器，然后再调用任何窗体特定的过滤器。开发人员甚至还可以重新实现事件调度程序 QApplication::notify()，对整个事件交付过程进行全面控制。

4. 事件循环模型

Qt 的主事件循环能够从事件队列中获取本地窗口系统事件，然后判断事件类型，并将事件分发给特定的接收对象。主事件循环通过调用 QCoreApplication::exec() 启动，随着 QCoreApplication::exit() 结束，本地的事件循环可用利用 QEventLoop 构建。作为事件分发器的 QAbstractEventDispatcher 管理着 Qt 的事件队列，事件分发器从窗口系统或其他事件源接收事件，然后将他们发送给 QCoreApplication 或 QApplication 的实例进行处理或继续分发。QAbstractEventDispatcher 为事件分发提供了良好的保护措施。

一般来说，事件是由触发当前的窗口系统产生的，但也可以通过使用 QCoreApplication::sendEvent() 和 QCoreApplication::postEvent() 来手工产生事件。需要说明的是，QCoreApplication::sendEvent() 会立即发送事件，QCoreApplication::postEvent() 则会将事件放在事件队列中分发。如果需要在一个对象初始化完成之际就开始处理某种事件，可以将事件通过 QCoreApplication::

postEvent()发送。

通过接收对象的event()函数可以返回由接收对象的事件句柄返回的事件,对于某些特定类型的事件如鼠标和键盘事件,如果接收对象不能处理,事件将会被传播到接收对象的父对象。需要说明的是接收对象的event()函数并不直接处理事件,而是根据被分发过来的事件类型调用相应的事件句柄进行处理。

5. 自定义事件

一般有下列5种方式可以用来处理和过滤事件,每种方式都有其使用条件和使用范围。

(1) 重载paintEvent()、mousePressEvent()等事件处理器,重新实现像mousePressEvent()、keyPressEvent()和paintEvent()这样的eventhandler,这目前处理event所采用的最常见的方法,也比较容易掌握。

(2) 重载QcoreApplication::notify()函数。这种方式能够对事件处理进行完全控制。当需要在事件处理器之前得到所有事件的话,就可以采用这个方法,但是因为只有一个notify()函数,所以每次只能有一个子类被激活。这与事件过滤器不同,因为后者可以有任意数目并且同时存在。

(3) 在QCoreApplication::instance()也即在qApp上安装事件过滤器。这样就可处理所有部件上的所有事件,这和重载QCoreApplication::notify()函数的效果是类似的。一旦一个eventfilter被注册到qApp(唯一的QApplication对象),程序里发到其他对象的事件在发到其他eventfilter之前,都要首先发到这个eventFilter上,不难看出,这个方法在调试应用程序时也是非常有用的。

(4) 重载QObject::event()函数。通过重新实现的event()函数,可以在事件到达特定部件的事件过滤器(eventhandler)前处理Tab事件。需要注意的是,当重新实现某个子类的event()的时候,需要调用基类的event()来处理不准备显式处理的情况。

(5) 在选定对象上安装事件过滤器该对象需要继承自QObject,这样就可以处理除了Tab和Shift-Tab以外的所有事件。当该对象用installEventFilter()注册之后,所有发到该对象的事件都会先经过监测它的eventfilter。如果该object同时安装了多个eventfilter,那么这些filter会按照"后进先出"的规则依次被激活,即顺序是从最后安装的开始,到第一个被安装的为止。

6. 事件与信号的区别

(1) 使用场合和时机不同。一般情况下,在"使用"窗口部件时,经常需要使用信号,并且会遵循信号与槽的机制;而在"实现"窗口部件时,就不得不考虑如何处理事件了。举个例子,当使用 QPushButton 时,对于它的 clicked()信号往往更为关注,而很少关心促成发射该信号的底层的鼠标或者键盘事件。但是,如果要实现一个类似于 QPushButton 的类,就需要编写一定的处理鼠标和键盘事件的代码,而且在必要的时候,仍然需要发射和接收 clicked()信号。

(2) 使用的机制和原理不同。事件类似于 Windows 里的消息,它的发出者一般是窗口系统。相对信号和槽机制,它比较"底层",它同时支持异步和同步的通信机制,一个事件产生时将被放到事件队列里,然后就可以继续执行该事件"后面"的代码。事件的机制是非阻塞的。信号和槽机制相对而言比较"高层",它的发出者一般是对象。从本质上看,它类似于传统的回调机制,是不支持异步调用的。

举个例子,在 QApplication 中有两个投送事件的方法:postEvent()和 sendEvent(),它们分别对应 Windows 中的 PostMessage()和 SendMessage(),就是异步调用和同步调用,一个等待处理完后返回,一个只发送而不管处理完与否就返回。在应用中,涉及底层通信时,往往使用事件的时候比较多,但有时也会用到信号和槽。

(3) 信号与槽在多线程时支持异步调用。在单线程应用时,可以把信号与槽看成是一种对象间的同步通信机制,这是因为在这种情况下,信号的释放过程是阻塞的,一定要等到槽函数返回后这个过程才结束,也就是不支持异步调用。

从 Qt4 开始,信号和槽机制被扩展为可以支持跨线程的连接,通过这种改变,信号与槽也可以支持异步调用了,这方面的内容涉及多线程的很多知识,读者感兴趣的话,可以参阅《C++ GUI Qt4 编程》中的相关内容。

9.4 Qt 对话框应用程序

绝大多数图形用户界面应用程序都带有一个由菜单栏、工具栏构成的主窗口以及一些对主窗口进行补充的对话框。当然,也可以创建对话框应用程序,它可以通过执行合适的动作来直接响应用户的选择(例如,一个计算器应用程序)。对话框为用户提供了许多选项和多种选择,允许用户把选项设置为其喜欢的变量值并从中做出选择,为用户和应用程序之间提供了一种交互方式。

9.4.1 QDialog 类

QDialog 类是对话框窗口的基类。对话框窗口是一个顶级窗口,通常用作短期任务，或者是与用户的简短会话等场合。对话框可以分为模态对话框和非模态对话框。使用 QDialog 或其子类创建的对话框窗口通常都有一个返回值，有时候还包含一些默认的按钮。一般情况下，对话框窗口在其右下角都有一个用于控制其大小的伸缩手柄，在 Qt 应用程序中，这一般可以通过调用 setSizeGripEnabled() 方法来实现。

QDialog 是所有对话框类的基类，它继承自 QWidget，它的子类有 QAbstractPrintDialog、QColorDialog、QErrorMessage、QFileDialog、QFontDialog、QInputDialog、QMessageBox、QPageSetupDialog、QPrintPreviewDialog、QProgressDialog、QWizard。

表 9-2 列举了 QDialog 子类的用途。

表 9-2 QDialog 子类说明子类名用途

QDialog 子类	用途
QAbstractPrintDialog	提供打印机配置对话框的基本实现对话框
QColorDialog	提供指定窗体颜色的对话框
QErrorMessage	提供"错误提示"对话框
QFileDialog	提供选择文件或目录的对话框
QFontDialog	提供指定窗体的文字字体对话框
QInputDialog	提供标准输入对话框，可以方便的输入各种值
QMessageBox	提供一个模态对话框用于提示用户信息或要求用户回答问题
QPageSetupDialog	提供一个用于打印机页面设置的对话框
QPrintPreviewDialog	提供一个预览和调整打印机页面布局的对话框
QProgressDialog	提供一个长进程操作的进度回馈对话框
QWizard	提供一个"向导程序"的框架

在实际应用中，经常会用到 QColorDialog、QFileDialog、QInputDialog 等。

9.4.2 子类化 QDialog

创建基于对话框的应用程序主要是使用子类化 QDialog 的方法。本节采用这个方法创建一个稍微复杂的实例——可扩展对话框。

可扩展对话框通常只显示简单的外观，有一个切换按钮，可以让用户在对话框的简单外观和扩展外观之间来回切换。可扩展对话框通常用于试图同时满足普通用户和高级用户需要的应用程序中，这种应用程序通常会隐藏那些高级选项，除非用户明确要求看到它们。

下面展示 example9-2。实现了一个对话框，一个用于电子制表软件应用程序的排序对话框,在这个对话框中,用户可以选择一列或多列进行排序。在这个简单外观中,允许用户输入一个单一的排序键,而在扩展外观下,还额外提供了两个排序键。"Detail"按钮允许用户在简单外观和扩展外观之间切换,该实例的运行效果如图 9-19 所示。

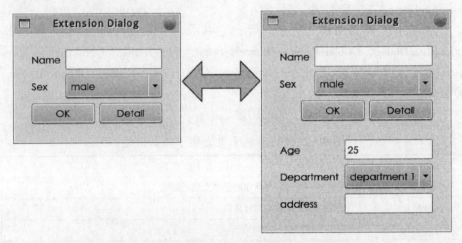

图 9-19 简单外观和扩展外观之间切换实例效果图

1. 工程的创建

首先,打开 qtcreater,选择新建 qt 窗口应用工程,出现图 9-20 所示对话框。选择工程路径后,在名称中输入工程名称"example9-2"。选择下一步。

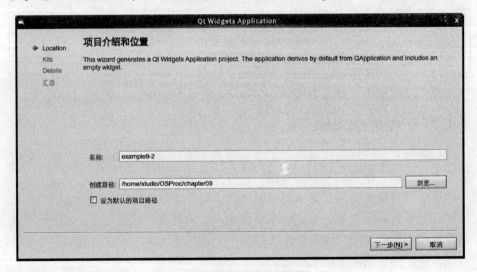

图 9-20 新建工程对话框之一

选择下一步后,出现图 9-21 所示对话框。输入类名 ExtensionDlg,选择基类 QDialog,勾选"创建界面",出现默认的头文件、源文和界面文件,选择下一步。

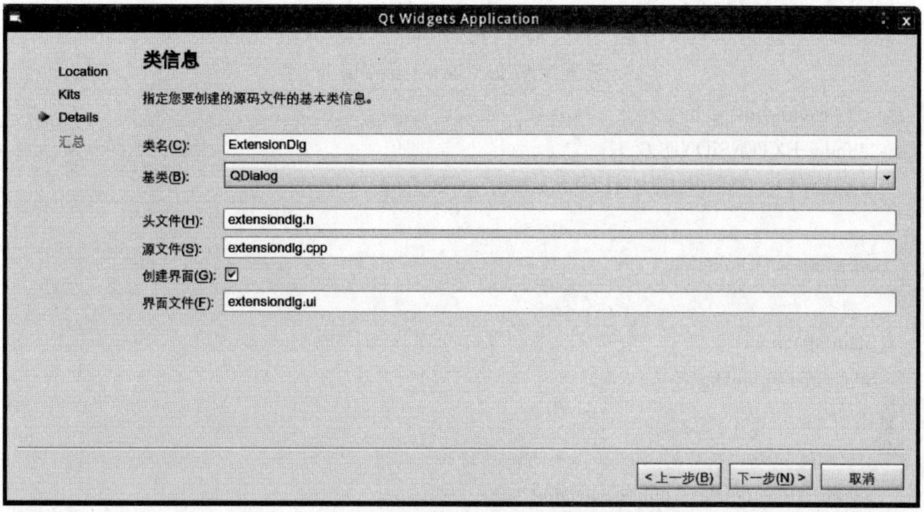

图 9-21 新建工程对话框之二

选择下一步后,出现图 9-22 所示对话框,列出了所有原生的源文件。

该实例名为 example9-2,共有以下原生源文件:工程文件 example9-2.pro,主程序文件 main.cpp,对话框类 ExtensionDlg 的头文件 extensionDlg.h,实现文件 extensionDlg.cpp,界面文件 extensiondlg.ui。

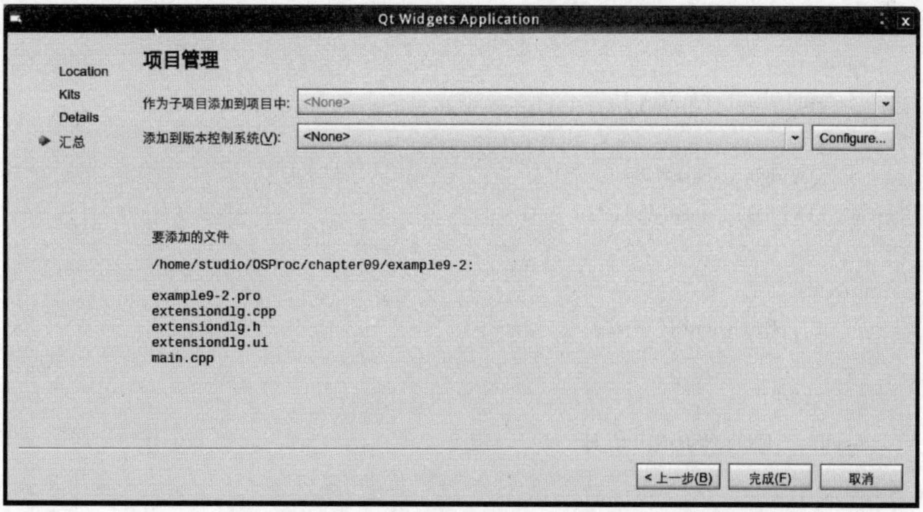

图 9-22 新建工程对话框之三

选择"完成"。

2. 工程中各源文件的说明

先看一下对话框类 ExtensionDlg 的头文件的内容。

源程序 9-2a　extensionDlg.h

```
/* extensionDlg.h */
#ifndef EXTENSIONDLG_H
#define EXTENSIONDLG_H

#include <QDialog>

namespace Ui {
class ExtensionDlg;
}

class ExtensionDlg : public QDialog
{
    Q_OBJECT

public:
    explicit ExtensionDlg(QWidget *parent = 0);
    ~ExtensionDlg();
    void initBasicInfo();
    void initDetailInfo();
public slots:
    void slot2Extension();
private:
    QWidget * baseWidget;
    QWidget * detailWidget;

private:
    Ui::ExtensionDlg *ui;
};

#endif // EXTENSIONDLG_H
```

程序中：

第一，引入 QtGui 模块的头文件；

第二,声明自定义对话框类 ExtensionDlg,继承自 QDialog。在类的声明中,加入 Q_OBJECT 宏,这个宏在 Qt 中很重要,如果类中需要信号/槽等 Qt 核心机制,必须加入该宏。

第三,声明了构造函数和初始化基础信息和扩展信息的函数。

第四,声明了公有槽 slot2Extension(),它在用户点击"Detail"按钮时被触发。

第五,声明了两个私有成员变量 baseWidget 和 detailWidget,它们都是 QWidget 的实例,分别代表伸缩前后的对话框窗体。

ExtensionDlg 的实现文件如下:

源程序 9-2b　extensionDlg.cpp

```
/* extensionDlg.cpp */
#include "extensiondlg.h"
#include "ui_extensiondlg.h"
#include <QtGui>

ExtensionDlg::ExtensionDlg(QWidget *parent) :
    QDialog(parent),
    ui(new Ui::ExtensionDlg)
{
    ui->setupUi(this);
    setWindowTitle(tr("ExtensionDialog"));
    initBasicInfo();
    initDetailInfo();
    QVBoxLayout *layout = new QVBoxLayout;
    layout->addWidget(baseWidget);
    layout->addWidget(detailWidget);
    layout->setSizeConstraint(QLayout::SetFixedSize);
    layout->setSpacing(6);
    setLayout(layout);
}

ExtensionDlg::~ExtensionDlg()
{
    delete ui;
}
```

```cpp
void ExtensionDlg::initBasicInfo()
{
    baseWidget = new QWidget;
    QLabel * nameLabel = new QLabel(tr("Name"));
    QLineEdit * nameEdit = new QLineEdit;
    QLabel * sexLabel = new QLabel(tr("Sex"));
    QComboBox * sexComboBox = new QComboBox;
    sexComboBox->addItem(tr("male"));
    sexComboBox->addItem(tr("female"));
    QPushButton * okButton = new QPushButton(tr("OK"));
    QPushButton * detailButton = new QPushButton(tr("Detail"));
    connect(detailButton, SIGNAL(clicked()), this, SLOT(slot2Extension()));
    QDialogButtonBox * btnBox = new QDialogButtonBox(Qt::Horizontal);
    btnBox->addButton(okButton, QDialogButtonBox::ActionRole);
    btnBox->addButton(detailButton, QDialogButtonBox::ActionRole);
    QFormLayout * formLayout = new QFormLayout;
    formLayout->addRow(nameLabel, nameEdit);
    formLayout->addRow(sexLabel, sexComboBox);
    QVBoxLayout * vboxLayout = new QVBoxLayout;
    vboxLayout->addLayout(formLayout);
    vboxLayout->addWidget(btnBox);
    baseWidget->setLayout(vboxLayout);
}

void ExtensionDlg::initDetailInfo()
{
    detailWidget = new QWidget;
    QLabel * ageLabel = new QLabel(tr("Age"));
    QLineEdit * ageEdit = new QLineEdit;
    ageEdit->setText(tr("25"));
    QLabel * deptLabel = new QLabel(tr("Department"));
    QComboBox * deptComboBox = new QComboBox;
    deptComboBox->addItem(tr("department1"));
    deptComboBox->addItem(tr("department2"));
    deptComboBox->addItem(tr("department3"));
    deptComboBox->addItem(tr("department4"));
    QLabel * addressLabel = new QLabel(tr("address"));
```

```cpp
    QLineEdit * addressEdit=new QLineEdit;
    QFormLayout * formLayout=new QFormLayout;
    formLayout->addRow(ageLabel,ageEdit);
    formLayout->addRow(deptLabel,deptComboBox);
    formLayout->addRow(addressLabel,addressEdit);
    detailWidget->setLayout(formLayout);
    detailWidget->hide();
}

void ExtensionDlg::slot2Extension()
{
    if(detailWidget->isHidden())
    {
        detailWidget->show();
    }
    else
    {
        detailWidget->hide();
    }
}
```

构造函数 ExtensionDlg::ExtensionDlg( ) 中，调用 initBasicInfo( ) 函数，初始化基本信息船窗体；调用 initDetailInfo( ) 函数，初始化扩展信息窗体；使用 QVBoxLayout 进行布局管理，然后加载布局 setLayout(layout)；

使用 QVBoxLayout 进行布局管理是 Qt 中的常用手段，必须熟练掌握。其中 setSizeConstraint( ) 函数用于设置窗体的缩放模式，其默认取值是 QLayout::SetDefaultConstraint。这里取参数值为 Qlayout::SetFixedSize 是为了使窗体的大小固定，不可经过鼠标拖动而改变大小；如果不这样设置，当用户再次点击 Detail 按钮时，对话框将不能恢复到初始状态。setSpacing( ) 函数用于设置位于布局之中的窗口部件之间的间隔大小。

函数 void ExtensionDlg::initBasicInfo( ) 实现了对话框基本内容的初始化。关键语句是 connect(detailButton,SIGNAL(clicked( )),this,SLOT(slot2Extension( ))），它使用信号/槽机制连接了 detailButton 的单击信号和窗口类 ExtensionDlg 的 slot2Extension( ) 函数，这就使得整个对话框变得可伸缩；函数中还调用了 QDialogButtonBox 类的用法，用于创建一个符合当前窗口部件样式的一组按钮，并且它们被排列在某种布局之中；最后定义了窗体的顶级布局，并将其两个元素 formLayout 和 btnBox 依次加入其中，实际上，布局也是一种窗口部件，理解这一点在 Qt 编程中很重要。

函数 void ExtensionDlg::initDetailInfo() 函数实现了更细致的初始化工作。其实现过程与 initBasicInfo() 函数大同小异。

函数 void ExtensionDlg::slot2Extension() 是自定义的槽函数，在点击"Detail"按钮时，将被触发。它的内容很简单，就是判断扩展窗口是否被隐藏，如果被隐藏，就显示它；否则，就隐藏它。isHidden() 函数用于判断窗体的显示窗体的显隐状态。

ExtensionDlg 的主程序如下：

源程序 9-2c　main.cpp

```cpp
/* main.cpp */
#include "extensiondlg.h"
#include <QApplication>

int main(int argc, char *argv[])
{
    QApplication a(argc, argv);
    ExtensionDlg w;
    w.show();

    return a.exec();
}
```

下面介绍 pro 项目工程文件。ExtensionDlg 的项目工程文件 example9-2.pro 如下：

源程序 9-2d　example9-2.pro

```
#-------------------------------------------------
#
# Project created by QtCreator 2017-12-25T16:07:22
#
#-------------------------------------------------

QT       += core gui

greaterThan(QT_MAJOR_VERSION, 4): QT += widgets
```

```
TARGET   = example9-2
TEMPLATE = app


SOURCES += main.cpp\
         extensiondlg.cpp

HEADERS  += extensiondlg.h

FORMS    += extensiondlg.ui
```

TEMPLATE 表示程序的类型是 app。

TARGET 指定可执行文件或库的基本文件名,其中不包含任何的扩展、前缀或版本号,默认的就是当前的目录名。

INCLUDE PATH 指定 C++编译器搜索全局头文件的路径。

HEADERS 指定工程的 C++头文件 (.h),多个头文件的情况下,用空格隔开。

SOURCES 指定工程的 C++实现文件 (.cpp),多个文件的情况下,用空格隔开。

FORMS 指定工程的界面说明文件 (.ui),多个文件的情况下,用空格隔开。

9.4.3 常见内建 (builtin) 对话框的使用

内建对话框又被称为标准对话框。Qt 提供了一整套内置的窗口部件和常用对话框,如文件选择、字体选择、颜色选择、消息提示对话框等,它们为应用程序提供了与本地平台一致的观感,可以满足大多数情况下的使用需求。Qt 对这些标准对话框都定义了相应的类,使用者可以很方便地使用它们。标准对话框在软件设计过程中使经常需要使用的,必须熟练掌握。

下面首先介绍 QInputDialog、QColorDialog、QFontDialog、QMessageBox 这几种标准对话框的使用要领,然后再通过一个实例做示范。

1. 标准输入框 (QInputDialog)

本小节讲解如何使用标准输入框。在 Qt 中,构建标准输入框通常使用 QinputDialog 类。QInputDialog 类提供了一种简单方便的对话框来获得用户的单个输入信息。目前 Qt 提供了 4 种数据类型的输入,可以是一个字符串、一个

int 类型数据、一个 double 类型数据或者一个下拉列表框的条目。此外,一般情况下在输入框的附近应该放置一个标签窗口部件,告诉用户需要输入什么样的值。一个标准输入框的样子如图 9-19 所示。

经常使用的方法有 4 个: getText( )、getInt( )、getDouble( ) 和 getItem( ),它们都是 QInputDialog 类的静态方法,使用起来也非常简便。

示例 example9-3 演示了典型的输入对话框。

新建工程 example9-3,默认设置即可。工程内建的源文件 main.cpp 代码如下:

源程序 example9-3 (main.cpp)

```
#include "mainwindow.h"
#include <QApplication>
#include <QtGui>
#include <stdio.h>
#include <string.h>

#include <QTextCodec>

int main(int argc, char *argv[])
{
    QApplication a(argc, argv);

    QTextCodec *codec = QTextCodec::codecForName("UTF-8");//设置 UTF8 字体
    QTextCodec::setCodecForTr(codec);
    QTextCodec::setCodecForLocale(codec);
    QTextCodec::setCodecForCStrings(codec);

    //不显示主窗口
    //MainWindow w;
    //w.show();

    bool ok;
    QString text=QInputDialog::getText(NULL,QObject::tr("输入对话框"),
        QObject::tr("输入文本"),QLineEdit::Normal,
        QDir::home().dirName(),&ok);
    if(ok&&!text.isEmpty())
    {
```

```
        //处理 text;
    }

    return a.exec();
}
```

这段代码将弹出一个对话框请用户输入"输入文本"的值，如图 9-23 所示。如果用户按下"OK"按钮，则 ok 的值将为 true，反之将为 false。

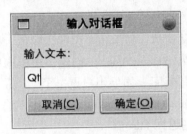

图 9-23 典型输入对话框

2. 标准颜色对话框（QColorDialog）

标准颜色选择对话框被用来为应用程序指定颜色。例如，在一个绘图应用程序中选择画刷的颜色等。一个典型的标准颜色对话框如图 9-24 所示。

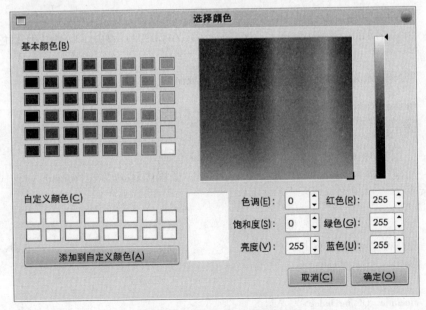

图 9-24 典型的标准颜色对话框

通常使用 QColorDialog 类的静态方法 getColor() 来创建标准颜色选择对话框，在其中除了为用户提供了颜色选择面板外，还可以允许用户选择不同的透明度的颜色。在使用 QColorDialog 类之前，需要引入其头文件声明：

#include<QColorDialog>

getColor()方法有两种原型，第一种如下：

QColor QColorDialog::getColor(const QColor& initial, QWidget * parent,const QString& title, ColorDialogOptions options=0)[static]

该方法以 parent 为父窗体，以 initial 为默认颜色，以 title 为窗口标题（如果不指定的话，将显示为"SelectColor"）创建一个模态的颜色对话框，允许用户选择一个字体，并将其返回。如果用户点击了"Cancel"按钮，则返回一个非正常值。这可以通过 boolQColor::isValid()const 方法来校验，如果字体正常则返回值为 ture；反之则返回 false。

另外，通过配置不同的 options 参数能够对颜色对话框的观感进行定制。options 的取值来自枚举值 QColorDialog::ColorDialogOption，它也是 Qt4.5 以后引入的，其含义如下：

QColorDialog::ShowAlphaChannel = 0x00000001：允许用户选择颜色的 alpha 值

QColorDialog::NoButtons = 0x00000002：不显示 OK 和 Cancel 按钮

QColorDialog::DontUseNativeDialog = 0x00000004：使用 Qt 的标准颜色对话框。

实际中最为常用的是第一种原型的重载版本：

QColor QColorDialog::getColor(const QColor& initial = Qt::white, QWidget * parent = 0) [static]

示例 example9-4 演示了创建标准颜色对话框。

新建工程 example9-4，默认设置即可。工程内建的源文件 main.cpp 代码如下：

源程序 example9-4 （main.cpp）

```
#include "mainwindow.h"
#include <QApplication>

#include <QColorDialog>
```

```
int main(int argc, char * argv[])
{
    QApplication a(argc, argv);
    MainWindow w;

    QColor color=QColorDialog::getColor(Qt::green,&w);
    if(color.isValid())
    {
        //w.setText(color.name());
        w.setPalette(QPalette(color));
        w.setAutoFillBackground(true);
    }

    w.show();

    return a.exec();
}
```

3. 标准字体对话框（QFontDialog）

标准字体对话框为用户选择字体提供了便捷的途径。其常见的情形如图9-25所示。

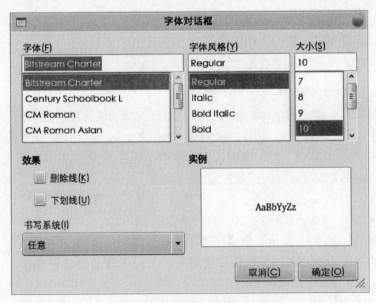

图9-25 标准字体对话框

通常有两种方式创建字体对话框,一种是使用 QFontDialog 类的构造函数,一种是使用 QFontDialog 类的静态方法 getFont()。在使用 QFontDialog 类之前,应加入其头文件声明:

#include<QFontDialog>

(1) 构造函数第一种原型。

QFontDialog::QFontDialog(QWidget * parent=0)

创建一个标准的字体对话框。其中 parent 参数默认即是上下文环境中的父窗口。这之后可以使用 setCurrentFont() 方法来指定初始的字体。该方法是 Qt4.5 以后引进的,示例代码如下:

QFontDialog fontDlg;
fontDlg.setCurrentFont(QFont("Times",12));

(2) 构造函数第二种原型。

QFontDialog::QFontDialog(const QFont& initial, QWidget * parent=0)

使用 parent 作为父窗体,使用 initial 作为默认选择的字体来创建一个标准的字体对话框。该方法是 Qt4.5 以后引进的。一个示例代码如下:

QFontDialog fontDlg(QFont("Times",12),this);

(3) 使用静态方法 getFont()。
它有 6 种原型,最为常用的是:

QFont QFontDialog::getFont(bool * ok, const QFont& initial, QWidget * parent,
    const QString& title, FontDialogOptions options) [static]

它创建一个模态的字体选择框,并把用户选择的字体作为返回值。如果用户点击了"OK"按钮,被用户选择的字体就会被返回。如果用户按下了"Cancel"按钮,那么 initial 将被返回。参数 parent 指定了字体对话框的父窗口,title 是该字体对话框的标题栏显示的内容,initial 是对话框建立时初始选择的字体。如果 ok 是非空的,当用户选择"OK"按钮时,它将被置为 true,当用户选择了"Cancel"按钮时,它将被置为 false。

示例 example9-5 演示了创建标准字体对话框。

新建工程 example9-5,默认设置即可。工程内建的源文件 main.cpp 代码如下:

第9章 Qt 图形界面开发

源程序 example9-5 (main.cpp)

```cpp
#include "mainwindow.h"
#include <QApplication>
#include <QFontDialog>

int main(int argc, char * argv[])
{
    QApplication a(argc, argv);
    MainWindow w;

    bool ok;
    QFont font = QFontDialog::getFont(&ok, QFont("Times", 12), &w);
    if(ok)
    {
        //font is set to the font the user selected
    }
    else
    {
        //the user canceled the dialog; font is set to the initial
        //value, in this case Times, 12.
    }

    w.show();

    return a.exec();
}
```

这段代码调用 getFont() 方法时，对 title 和 options 参数使用了默认值。

也可以使用下面的代码直接在某个窗口部件内部使用字体对话框。当用户按下"OK"按钮时，被选中的字体将被使用，当用户按下"Cancel"按钮时，将仍然使用原来的字体。

myWidget.setFont(QFontDialog::getFont(0, myWidget.font()));

在字体对话框运行期间，不要删除 parent 指定的父窗口。

下面一种原型也会经常用到，它同样也是 QFontDialog 类的静态方法：

QFont QFontDialog::getFont(bool * ok, QWidget * parent = 0) [static]

它以parent为父窗体创建一个模态的字体对话框，并且返回一个字体。如果用户点击了"OK"按钮，则被选中的字体将被返回，并且ok参数将被置成true；如果用户点击了"Cancel"按钮，则Qt默认字体将被返回，ok参数将被置成false。

另一种创建标准字体对话框的示例example9-6，main.cpp代码如下：

源程序example9-6（main.cpp）

```cpp
#include "mainwindow.h"
#include <QApplication>
#include <QFontDialog>

int main(int argc, char *argv[])
{
    QApplication a(argc, argv);
    MainWindow w;

    bool ok;
    QFont font = QFontDialog::getFont(&ok, &w);
    if(ok)
    {
        //font is set to the font the user selected
    }
    else
    {
        //the user canceled the dialog;font is set to the default
        //application font,QApplication::font()
    }

    w.show();

    return a.exec();
}
```

4. 标准消息对话框（QMessageBox）

在程序开发中，经常会遇到各种各样的消息框来给用户一些提示或提醒，Qt提供了QMessageBox类来实现此项功能。在使用QMessageBox类之前，应加入其头文件声明：

#include <QMessageBox>

Question 消息框、Information 消息框、Warning 消息框和 Critical 消息框的用法大同小异，这些消息框一般都包含一条提示信息、一个图标以及若干个按钮，它们的作用都是给用户提供一些提醒或一些简单的询问。

通常有两种方法可以用来创建标准消息对话框。一种是采用"基于属性的"API，一种是使用 QMessageBox 的静态方法。这两种方法各有所长，使用静态方法是比较容易的，但是缺乏灵活性，并且针对用户给出的提示信息不够丰富，并且不能自定义消息对话框里面的按钮提示信息。因此，"基于属性的"API 的方法更值得推荐。

（1）基于属性的 API 方法。这种方法的要领如下：

第 1 步，创建一个 QMessageBox 的实例。

第 2 步，设置必要的属性信息，通常只需设置 messagetext 属性即可。

第 3 步，调用 exec( )方法显示这个消息框。

下面是一段示例代码：

QMessageBox msgBox;
msgBox.setText(tr("The document has been modified."));
msgBox.exec();

这将创建一个提示框，如图 9-26 所示。上面只有一个"OK"按钮，用户必须点击它才能使该对话框消失，从而结束对话，并且消除模态对话框对交互的阻塞。

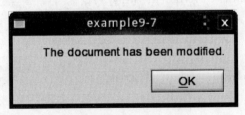

图 9-26　显示一个提示框

（2）使用 QMessageBox 类的静态方法。这种方法使用起来比较简单，一句程序就可以实现，如示例 example9-7，main.cpp 代码如下：

源程序 example9-7　（main.cpp）

#include "mainwindow.h"
#include <QApplication>

```cpp
#include <QMessageBox>
#include <QWidget>

int main(int argc, char *argv[])
{
    QApplication a(argc, argv);
    //MainWindow w;
    //w.show();
    QMessageBox msgBox;
    msgBox.setText(QObject::tr("The document has been modified."));
    msgBox.exec();

    QMessageBox::StandardButton reply;
    reply=QMessageBox::critical(NULL,QObject::tr("QMessageBox::critical()"),
        QObject::tr("Please choose a button"),
        QMessageBox::Abort|QMessageBox::Retry|QMessageBox::Ignore);
    if(reply==QMessageBox::Abort)
    {
        //criticalLabel->setText(tr("Abort"));
    }
    else if(reply==QMessageBox::Retry)
    {
        //criticalLabel->setText(tr("Retry"));
    }
    else
    {
        //criticalLabel->setText(tr("Ignore"));
    }

    return a.exec();
}
```

首先，声明一个 QMessageBox::StandardButton 类型变量，QMessageBox::StandardButton 是一个枚举量，它包含了 QMessageBox 类默认提供的按钮提示信息，如 OK、Help、Yes、No、Abort、Retry、Ignore 等。

其次，调用 QMessageBox 的静态方法 QMessageBox::critical() 创建一个 critical 类型的消息对话框，上面一些提示信息和三个按钮。

最后，根据用户选择的按钮不同而把返回值赋给对应的标签部件的文本显示。运行结果如图 9-26、图 9-27 所示。

图 9-27　显示 critical 类型的标准提示框

9.4.4　模态对话框与非模态对话框

所谓模态对话框就是在其没有被关闭之前，用户不能与同一个应用程序的其他窗口进行交互，直到该对话框关闭。对于非模态对话框，当被打开时，用户既可选择和该对话框进行交互，也可以选择同应用程序的其他窗口交互。

在 Qt 中，显示一个对话框一般有两种方式，一种是使用 exec() 方法，它总是以模态来显示对话框；另一种是使用 show() 方法，它使得对话框既可以模态显示，也可以非模态显示，决定它是模态还是非模态的是对话框的 modal 属性。

Qt 中模态与非模态对话框选择是通过其属性 modal 来确定的。modal 属性定义如下：

modal:bool

默认情况下，对话框的该属性值是 false，这时通过 show() 方法显示的对话框就是非模态的。而如果将该属性值设置为 true，就设置成了模态对话框，其作用于把 QWidget::windowModality 属性设置为 Qt::ApplicationModal。而使用 exec() 方法显示对话框的话，将忽略 modal 属性值的设置并把对话框设置为模态对话框。一般使用 setModal() 方法来设置对话框的 modal 属性。

设置对话框为模态和非模态的方法如下：

（1）如果要设置为模态对话框，最简单的就是使用 exec() 方法，示例代码如下：

MyDialogmyDlg;
myDlg.exec();

也可以使用 show( )方法，示例代码如下：

MyDialogmyDlg;
myDlg. setModal(true) ;
myDlg. show( ) ;

（2）如果要设置为非模态对话框，必须使用 show( )方法，示例代码如下：

MyDialogmyDlg;
myDlg. setModal(false) ;   //或者 myDlg. setModal( ) ;
myDlg. show( ) ;

若需要一个对话框以非模态的形式显示，但又需要它总在所有窗口的最前面，这时可以通过如下代码设置：

MyDialogmyDlg;
myDlg. setModal(false) ;   //或者 myDlg. setModal( ) ;
myDlg. show( ) ;
myDlg. setWindowFlags(Qt::WindowStaysOnTopHint) ;

非模态对话框的编程与模态对话框类似，这里就不做示例程序了。

9.5 Qt 主窗口应用程序

主窗口应用程序包括菜单栏、工具栏、状态栏、动作、中心部件、锚接部件等的创建和使用。

9.5.1 主窗口框架

Qt 的 QMainWindow 类提供了一个应用程序主窗口，包括一个菜单栏（MenuBar）、多个工具栏（ToolBars）、多个锚接部件（DockWidgets）、一个状态栏（StatusBar）以及一个中心部件（CentralWidget），常见的一种界面布局如图 9-28 所示。

绝大多数现代 GUI 应用程序都会提供一些菜单、上下文菜单和工具栏。Qt 通过引入"动作"（action）这一概念来简化有关菜单和工具栏的编程。一个动作就是一个可以添加到任意数量的菜单和工具栏上的项。

1. 菜单栏

菜单是一系列命令的列表。菜单可以让用户浏览应用程序并且处理一些事务，上下文菜单和工具栏则提供了对那些经常使用的功能进行快速访问的方法,它们能够提高软件的使用效率。为了实现菜单、工具栏按钮、键盘快捷方式等命令的一致性,Qt 使用动作(Action)来表示这些命令。Qt 的菜单就是由一系列的 QAction 动作对象构成的列表。而菜单栏则是包容菜单的容器,它通常位于主窗口的顶部,标题栏的下面。一个主窗口通常只有一个菜单栏。

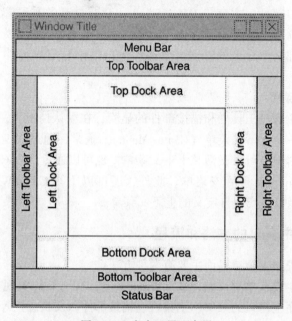

图 9-28　主窗口界面布局

2. 工具栏

工具栏是由一系列的类似于按钮的动作排列而成的面板,它通常由一些经常使用的命令(动作)组成。工具栏的位置处在菜单栏下面、状态栏的上面,工具栏可以停靠在主窗口的上、下、左、右这 4 个不同的位置。一个主窗口可以有多个工具栏。

3. 状态栏

状态栏通常是显示 GUI 应用程序的一些状态信息,它位于主窗口的最底部。可以在状态栏上添加、使用 Qt 窗口部件。一个主窗口只有一个状态栏。

4. 锚接部件

对于一个标准的 Qt 主窗口而言,锚接部件不是必需的。锚接部件一般是作为一个容器来使用,以包容其他窗口部件来实现某些功能,如 Qt 设计器的属性编辑器、对象监视器等都是由锚接部件包容其他的 Qt 窗口部件来实现的。它处在工具栏的内部,可以作为一个窗口自由地浮动在主窗口的上面,也可以像工具栏一样停靠在主窗口的左、右、上、下4个方向上。一个主窗口可以包含多个锚接部件。

5. 中心窗口部件

中心窗口部件处在锚接部件的内部，它位于主窗口的中心，一个主窗口只有一个中心窗口部件。主窗口 QMainWindow 具有自己的布局管理器，因此在 QMainWindow 窗口上设置布局管理器或者创建一个父窗口部件为 QMainWindow 的布局管理器都是不允许的，但可以在主窗口的中心窗口部件上设置布局管理器。

6. 上下文菜单

为了控制主窗口工具栏和锚接部件的显隐，在默认情况下，QMainWindow 主窗口提供了一个上下文菜单（ContextMenu）。通常，通过在工具栏或锚接部件上单击鼠标右键就可以激活该上下文菜单；也可以通过函数 CMainWindow::createPopupMenu()来激活该菜单。此外，还可以重写 CMainWindow::createPopupMenu()函数，实现自定义的上下文菜单。

9.5.2　创建主窗口的方法和流程

创建应用程序主窗口界面主要有两种方法：

全部代码生成，单继承自 QMainWindow 类，在子类的实现文件中使用代码创建应用程序主窗口的菜单、工具栏、锚接部件以及状态栏等并设置它们的属性；使用单继承 Qt 窗口部件类的方法生成中心部件并添加到主窗口中。

使用 Qt 设计师绘制应用程序主窗口，在 Qt 设计师中添加菜单（以及子菜单和动作）、工具栏（以及动作）、锚接部件（以及子窗口部件）、状态栏（目前，Qt 设计师没有提供状态栏的设计编辑功能，比如无法将窗口部件直接拖放到主窗口的状态栏上）等并设置它们的属性，以及关联一些基本的信号和槽；然后采用前面介绍的"单一继承方式"或"多继承方式"实现应用程序主窗口的代码。这种方法需要和手写代码方法相结合。

一般用第 2 种方法创建应用程序主窗口比较快，并且具有直观易懂的优势。无论采用哪种方法，创建主窗口应用程序一般遵循如下步骤：

（1）创建主菜单。
（2）创建子菜单。
（3）创建动作。
（4）创建工具栏。
（5）动作和菜单项以及工具栏按钮的关联。
（6）创建锚接窗口（不是必需的）。

(7) 创建中心窗口部件。
(8) 创建状态栏。

依据采用手写代码和使用 QtDesigner 的不同，上述步骤有些不是必需的。下面先看看如何使用手写代码创建主窗口程序。

9.5.3 代码创建主窗口

example9-8 可实现一个基本的主窗口程序，包含一个菜单条、一个工具栏、中央可编辑窗体及状态栏。实现的效果如图 9-29 所示。

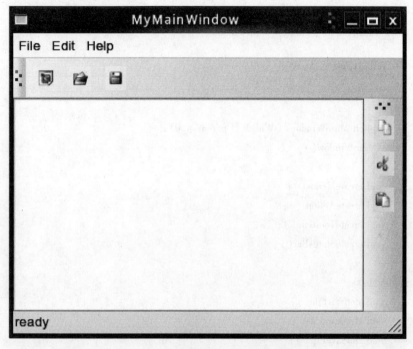

图 9-29 示例 example9-8 运行界面

新建工程 example9-8，默认设置即可。下面对主要源文件进行说明。

1. 头文件

主窗口头文件代码如下：

源程序 9-8a mainwindow.h

```
/* mainwindow.h */
#ifndef MAINWINDOW_H
#define MAINWINDOW_H
```

```cpp
#include <QMainWindow>
class QAction;
class QMenu;
class QToolBar;
class QTextEdit;

namespace Ui {
class MainWindow;
}

class MainWindow : public QMainWindow
{
    Q_OBJECT

public:
    explicit MainWindow(QWidget *parent = 0);
    ~MainWindow();

    void createMenus();
    void createActions();
    void createToolBars();
    void createStatusBar();

public slots:
    void slotNewFile();
    void slotOpenFile();
    void slotSaveFile();
    void slotCopy();
    void slotCut();
    void slotPaste();
    void slotAbout();

private:
    QTextCodec * codec;
    QMenu * menuFile;
    QMenu * menuEdit;
    QMenu * menuAbout;
```

```
    QToolBar * toolBarFile;
    QToolBar * toolBarEdit;
    QAction * actionOpenFile;
    QAction * actionNewFile;
    QAction * actionSaveFile;
    QAction * actionExit;
    QAction * actionCopy;
    QAction * actionCut;
    QAction * actionPaste;
    QAction * actionAbout;
    QTextEdit * text;

private:
    void loadFile(QString fileName);

private:
    Ui::MainWindow * ui;
};

#endif // MAINWINDOW_H
```

头文件中：

第一，声明了 MainWindow 类派生自 QMainWindow。

第二，定义了各种成员函数。createActions()函数用于创建程序中用到的动作（Action），createMenus()函数用于创建菜单（Menu），createToolBars()函数用于创建工具栏（ToolBar），CreateStatusBar()函数用于创建状态栏（StatusBar）。接着声明了用到的槽函数，如"新建文件""打开文件"等。

第三，声明了实现主窗口所需的各个元素，包括菜单项、工具条以及各个动作等。

第四，声明了类的槽，这里把它们定义为公有的，并且返回值均为 void。需要注意的是，槽同样可以被当做普通函数被调用，这时它的返回值与调用一个普通的 C++ 函数产生的返回值没有区别。而当槽作为一个信号的响应函数而被执行时，它的返回值会被程序忽略。也就是说，不使用信号，也可以正常调用槽函数来完成一些事情。

第五，声明了用于实现主窗口所需的各种元素，主要包括菜单项、工具条、状态条以及各种动作等，它们是类的成员变量，通常被声明为私有的。

2. 实现文件

下面分析一下主窗口类的实现文件。

（1）构造函数。

源程序 9-8b　mainwindow.cpp（构造函数）

```
/* mainwindow.cpp */
#include "ui_mainwindow.h"
#include "mainwindow.h"
#include <QtGui>
//主窗口实现
MainWindow::MainWindow(QWidget *parent):
    QMainWindow(parent),
    ui(new Ui::MainWindow)
{
    ui->setupUi(this);

    setWindowTitle(tr("MyMainWindow"));
    text=new QTextEdit(this);
    setCentralWidget(text);
    createActions();
    createMenus();
    createToolBars();
    createStatusBar();
}
```

这里引入了 QtGui 模块。在 qmake 工程中，默认情况下已经包含 QtCore 和 QtGui 模块，因此无需配置就可以使用这两个模块中的类。如果不想使用 QtGui 模块，而仅仅使用 QtCore，就可以在 qmake 工程文件中通过使用"QT-=gui"来取消 QtGui 模块的包含。而对于 Qt 的其他模块，在使用之前必须在 qmake 工程文件中通过 QT 选项进行配置。

一般可以在应用程序中通过#include <QtGui/QtGui>来包含整个 QtGui 模块的所有类的头文件，其中第一个 QtGui 是模块名，第二个 QtGui 是 QtGui 模块（文件夹）下的预定义头文件；还有一种方法是使用#include<QtGui>，这时 QtGui 表示模块下的预定义头文件。也可以单独包含某个类的头文件，如在这个主窗口类中引入的 #include < QMainWindow >，或者 #include < QtGui/QMainWindow>。

构造函数中，设置了主窗口的标题（setWindowTitle），实例化 QTextEdit

的对象text，设置主窗口的中心窗口部件为text；最后依次创建了动作、主菜单、工具栏和状态栏。

（2）创建动作。菜单与工具栏都与QAction类密切相关，工具栏上的功能按钮与菜单中的选项条目相对应，完成相同的功能，使用相同的快捷键与图标。QAction类为用户提供了一个统一的命令接口，无论是从菜单触发还是从工具栏触发，或快捷键触发，都调用同样的操作接口，达到同样的目的。以下是各个动作void MainWindow::createActions()的实现代码：

源程序9-8c   mainwindow.cpp（创建动作）

```cpp
void MainWindow::createActions()
{
    //openfileaction"打开"动作
    actionOpenFile=new QAction(QIcon(":/images/open.png"),tr("Open"),this);
    actionOpenFile->setShortcut(tr("Ctrl+O"));
    actionOpenFile->setStatusTip(tr("openafile"));
    connect(actionOpenFile,SIGNAL(triggered()),this,SLOT(slotOpenFile()));
    //newfileaction"新建"动作
    actionNewFile=new QAction(QIcon(":/images/new.png"),tr("New"),this);
    actionNewFile->setShortcut(tr("Ctrl+N"));
    actionNewFile->setStatusTip(tr("newfile"));
    connect(actionNewFile,SIGNAL(triggered()),this,SLOT(slotNewFile()));
    //savefileaction"保存"动作
    actionSaveFile=new QAction(QPixmap(":/images/save.png"),tr("Save"),this);
    actionSaveFile->setShortcut(tr("Ctrl+S"));
    actionSaveFile->setStatusTip(tr("savefile"));
    connect(actionSaveFile,SIGNAL(activated()),this,SLOT(slotSaveFile()));
    //exitaction"退出"动作
    actionExit=new QAction(tr("Exit"),this);
    actionExit->setShortcut(tr("Ctrl+Q"));
    actionExit->setStatusTip(tr("exit"));
    connect(actionExit,SIGNAL(triggered()),this,SLOT(close()));
    //cutaction"剪切"动作
    actionCut=new QAction(QIcon(":/images/cut.png"),tr("Cut"),this);
    actionCut->setShortcut(tr("Ctrl+X"));
    actionCut->setStatusTip(tr("cuttoclipboard"));
    connect(actionCut,SIGNAL(triggered()),text,SLOT(cut()));
    //copyaction"复制"动作
```

```cpp
actionCopy=new QAction(QIcon(":/images/copy.png"),tr("Copy"),this);
actionCopy->setShortcut(tr("Ctrl+C"));
actionCopy->setStatusTip(tr("copytoclipboard"));
connect(actionCopy,SIGNAL(triggered()),text,SLOT(copy()));
//pasteaction"粘贴"动作
actionPaste=new QAction(QIcon(":/images/paste.png"),tr("Paste"),this);
actionPaste->setShortcut(tr("Ctrl+V"));
actionPaste->setStatusTip(tr("pasteclipboardtoselection"));
connect(actionPaste,SIGNAL(triggered()),text,SLOT(paste()));
//aboutaction"关于"动作
actionAbout=new QAction(tr("About"),this);
actionAbout->setStatusTip(tr("About"));
connect(actionAbout,SIGNAL(triggered()),this,SLOT(slotAbout()));
}
```

在创建"打开文件"动作时，依次指定此动作使用的图标、名称以及父窗口；使用 setShortcut() 方法设置该动作的快捷键为 Ctrl+O；使用 setStatusTip() 方法设置动作的提示串 "openafile"；最后用 connect 将打开动作与响应的槽函数 slotOpenFile() 连接起来。

创建"剪切""复制"和"粘贴"动作的过程与"打开文件"类似；在创建"关于"动作时，不需要创建其快捷方式和提示串。

这里使用了资源文件。

(3) 创建资源文件。在 Qt 工程中，使用 .qrc 文件来对资源文件进行配置。为便于管理，通常在工程目录下为资源文件建立一个单独的文件夹。

第 1 步，建立 images 目录。

在工程文件夹下面新建一个名为 imgaes 的目录，并将程序工程中需要使用的资源文件（如图标文件、图像文件等）放入该文件夹下面。

第 2 步，建立 .qrc。

在工程的主目录下面建立一个文本文件，将其保存为 mainwindow.qrc，代码如下：

源程序 9-8d　mainwindow.qrc

```xml
<RCC>
<qresource>
<file>images/copy.png</file>
<file>images/cut.png</file>
<file>images/new.png</file>
```

```
<file>images/open.png</file>
<file>images/paste.png</file>
<file>images/save.png</file>
</qresource>
</RCC>
```

可以看出，qrc 文件格式类似 xml 格式，需要在成对的标签中放置资源文件。

第3步，使工程文件能够识别资源文件。

在工程文件（example9-8.pro）中加入下面的语句，使 qmake 能够找到资源文件：

RESOURCES+=/mainwindow.qrc

（4）创建菜单栏。创建完各个动作后，就可以把它们与菜单项联系起来。下面是菜单栏的实现函数 createMenus()。

源程序 9-8e　mainwindow.cpp（创建菜单）

```cpp
#include<QApplication>
void MainWindow::createMenus()
{
    //文件菜单
    menuFile=menuBar()->addMenu(tr("File"));
    menuFile->addAction(actionNewFile);
    menuFile->addAction(actionOpenFile);
    menuFile->addAction(actionSaveFile);
    menuFile->addAction(actionExit);
    //编辑菜单
    menuEdit=menuBar()->addMenu(tr("Edit"));
    menuEdit->addAction(actionCopy);
    menuEdit->addAction(actionCut);
    menuEdit->addAction(actionPaste);
    //帮助菜单
    menuAbout=menuBar()->addMenu(tr("Help"));
    menuAbout->addAction(actionAbout);
}
```

创建菜单时，使用 menuBar() 函数得到主窗口的菜单栏指针，再调用菜单栏对象的 addMenu() 函数，把一个新菜单 menuFile 插入到菜单栏中。

然后调用 QMenu 的 addAction() 函数在菜单中逐条加入菜单栏条目。

(5) 创建工具栏。下面是创建工具栏的函数 createToolBars() 的实现。

源程序 9-8f　mainwindow.cpp(创建工具栏)

```cpp
void MainWindow::createToolBars()
{
    //文件工具栏
    toolBarFile=addToolBar(tr("File"));
    toolBarFile->setMovable(false);
    toolBarFile->setAllowedAreas(Qt::AllToolBarAreas);
    toolBarFile->addAction(actionNewFile);
    toolBarFile->addAction(actionOpenFile);
    toolBarFile->addAction(actionSaveFile);
    //编辑工具栏
    toolBarEdit=addToolBar(tr("Edit"));
    addToolBar(Qt::RightToolBarArea,toolBarEdit);
    toolBarEdit->setMovable(true);
    toolBarEdit->setAllowedAreas(Qt::RightToolBarArea);
    toolBarEdit->setFloatable(true);
    //QSize size(16,15);
    //toolBarEdit->setIconSize(size);
    toolBarEdit->addAction(actionCopy);
    toolBarEdit->addAction(actionCut);
    toolBarEdit->addAction(actionPaste);
}
```

使用 addToolBar() 函数获得主窗口的工具条对象，每新增一个工具条调用一次 addToolBar() 函数，就可以在主窗口中新增一个工具条。使用 addAction() 函数在工具条中插入动作。

工具栏是可移动和停靠的窗口，它可停靠的区域由 Qt::ToolBarArea 所决定，默认值是 Qt::AllToolBarAreas，出现在主窗口的顶部工具栏区域。

setAllowAreas() 函数用来指定工具条可停靠的区域，如：

toolBarEdit->setAllowAreas(Qt::TopToolBarArea|Qt::LeftToolBarArea);

它限定了"编辑"工具条只可以出现在主窗口的顶部或左侧。

setMovable() 函数用于设定工具条的可移动性，如：

toolBarEdit->setMovable(false);

该句指定文件工具条不可移动，只出现于主窗口的顶部。

(6) 创建状态栏。创建状态栏代码如下:

源程序 9-8g　mainwindow.cpp(创建状态栏)
```cpp
void MainWindow::createStatusBar()
{
    QLabel * tipLabel=new QLabel(tr("ready"));
    tipLabel->setAlignment(Qt::AlignHCenter);
    tipLabel->setMinimumSize(tipLabel->sizeHint());
    statusBar()->addWidget(tipLabel);
}
```

QMainWindow::statusBar()函数返回一个指向状态栏的指针。在第一次调用 statusBar()函数的时候会创建一个状态栏。状态栏指示器一般是一些简单的 QLabel,可以在任何需要的时候改变它们的文本。当把这些 QLabel 添加到状态栏的时候,它们会自动被重定义父对象,以便让它们成为状态栏的子对象。

(7) 实现自定义槽函数。

源程序 9-8h　mainwindow.cpp(自定义槽函数)
```cpp
void MainWindow::slotNewFile()
{
    MainWindow * newWin=new MainWindow();
    newWin->show();
}


void MainWindow::slotSaveFile()
{


}
void MainWindow::slotOpenFile()
{
    QString fileName=QFileDialog::getOpenFileName(this);
    if(!fileName.isEmpty())
    {
        if(text->document()->isEmpty())
        {
            loadFile(fileName);
        }
```

```
        else
        {
            MainWindow * newWin = new MainWindow;
            newWin->show();
            newWin->loadFile(fileName);
        }
    }
}

void MainWindow::loadFile(QString fileName)
{
    QFile file(fileName);
    if(file.open(QIODevice::ReadOnly|QIODevice::Text))
    {
        QTextStream textStream(&file);
        while(!textStream.atEnd())
        {
            text->append(textStream.readLine());
        }
    }
}

void MainWindow::slotCopy()
{

}

void MainWindow::slotCut()
{

}

void MainWindow::slotPaste()
{

}
```

```
void MainWindow::slotAbout()
{

}
```

void MainWindow::slotNewFile()，新建一个空白文件。

void MainWindow::slotOpenFile()，打开一个文件。利用标准文件对话框 QFileDialog 打开一个已存在的文件，若当前中央窗体中已有打开的文件，则在一个新的窗口中打开选定的文件；若当前中央窗体是空白的，则在当前窗体中打开。

void MainWindow::loadFile(QString fileName) 主要是利用 QFile 和 QTextStream 读取文件内容。

本例的重点是如何搭建一个基本的 QMainWindow 主窗口，因此对于菜单或工具栏的功能只给出了框架而没有具体实现。这些功能可在此基本主窗口程序的基础之上逐步完善。

9.5.4 中心窗口部件

从前面的例子中可以看到，Qt 程序中的主窗口通常具有一个中心窗口部件。从理论上来讲，任何继承自 QWidget 的类的派生类的实例，都可以作为中心窗口部件使用。

1. 几种常见情形

QMainWindow 的中心区域可以被任意种类的窗口部件所占用。下面给出的是所有可能情形的概述。

（1）使用标准的 Qt 窗口部件（StandardWidget）。像 QWidget、Qlabel 以及 QTextEdit 等这样的标准窗口部件都可以用作中心窗口部件。

（2）使用自定义窗口部件（User-Define-Widget）。很多情况下，应用程序需要在自定义窗口部件中显示数据，可以把自定义的窗口部件作为中心窗口部件。例如，绘图编辑器程序程序就可以使用类似名为 PhotoEditor 的自定义窗口部件作为自己的中心窗口部件。

（3）使用一个带布局管理器的普通 Widget。有时候，应用程序的中央区域会被许多窗口部件所占用，这时就可以通过使用一个作为所有这些其他窗口部件父对象的 QWidget，以及通过使用布局管理器管理这些子窗口部件的大小和位置来完成这一特殊情况。

（4）使用切分窗口（QSplitter）。多窗口展示的另一种方式是切分窗口。使用 QSplitter。把 QSplitter 作为一个容器，在其中容纳其他的窗口部件，这时的中心窗口部件就是一个 QSplitter。QSplitter 会在水平方向或者竖直方向上排列它的子窗口部件，用户可以利用切分条（splitterhandle）控制它们的尺寸大小。切分窗口可以包含所有类型的窗口部件，包括其他切分窗口。

（5）使用多文档界面工作空间（QMdiArea）。如果应用程序使用的是多文档界面，那么它的中心区域就会被 QMdiArea 窗口部件所占据，并且每个多文档界面窗口都是它的一个子窗口界面。

（6）使用工作空间部件（QWorkspace）。这种情况通常用于多文档应用程序中，这时应用程序主窗口的中心部件是一个 QWorkspace 部件或者它的子类化部件。

2. 创建和使用

一个 Qt 主窗口应用程序必须有一个中心窗口部件（CentralWidget）。当采用 QtDesigner 创建主窗口时，默认情况下，系统已经创建了一个中心窗口部件，它是子类化 QWidget 的。结合代码可以方便的设置中心窗口部件，原型如下：

Void QMainWindow::setCentralWidget(QWidget * widget)

它将把 widget 设置为主窗口的中心窗口部件。

创建中心窗口部件完整的代码示例如下：

QTextEdit * text;
text = new QTextEdit(this);
setCentralWidget(text);

Qt 应用程序的主窗口管理着中心窗口部件。每次程序调用 setCentralWidget() 方法时，先前存在的中心窗口部件将被新的所替换，而且主窗口会销毁原来的部件，无需用户处理。

通过调用主窗口类的 centralWidget() 方法，可以实现在程序中获得并使用、设置中心窗口部件的要求。函数原型如下：

QWidget * QMainWindow::centralWidget() const

该函数返回主窗口的中心窗口部件，如果中心窗口部件不存在，它将返回 0。

第10章 综合例程

10.1 概 述

本章以一个 GUI 程序为例，介绍在麒麟操作系统开发图形应用程序的设计思想和开发技术。

该例程取自航天测控领域的综合显示软件，提取其绘制星下点的功能单独作为一个例程。在航天测控领域，经常需要绘制航天器的飞行轨迹，或称星下点曲线，即航天器在地面上的投影，为飞行控制人员提供航天器的飞行状况、工作区域、观测范围等信息。本例程即完成星下点曲线的绘制工作，它的工作流程是：首先通过网络通信获取到星下点的经纬度，然后将其绘制到地图上，并由一个定时器控制每秒进行刷新。

该例程基于 Qt 实现，一是因为 Qt 方便快捷的图形界面设计，二是因为它的跨平台能力。此例程用到了 Qt 的自定义 Widget、事件处理、信号/槽、文件读写、网络收发以及多线程方面的开发技术。例程由多个源文件组成，由于篇幅限制，章节中只贴出关键代码和说明。

10.2 程序设计思想

10.2.1 系统结构

系统结构由主线程和数据接收线程构成。

主线程负责主界面操作，主要包括星下点曲线的定时绘制以及与用户的互动操作，如扩大、缩小、刷新、记盘等。

数据接收线程负责从网络上接收数据。对航天器的直接观测数据来自于各测控设备，如无线电、光学设备等，这些数据由各测控设备在网络上向中心计算机系统发送，经中心计算机处理后加工为弹道、星下点、瞬时站址等信息。

由于这些数据频率高、体量大，因此由一个专门的线程来接收并存储起来。系统结构图如图 10-1 所示。

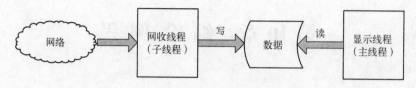

图 10-1　系统结构图

10.2.2　界面设计

主界面采用 QMainWindow 布局，中心控件是一个基于 QWidget 派生的控件，在此控件上绘制地图、曲线以及其他图形要素，例程截图如图 10-2 所示。

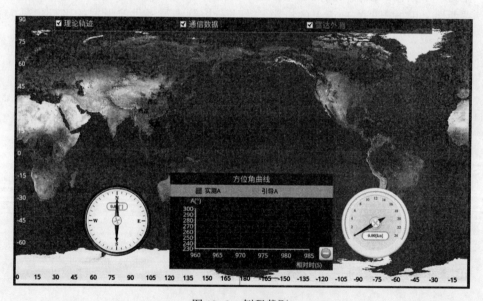

图 10-2　例程截图

用户可以使用鼠标和键盘对图像进行操作，点击最上方的曲线标题，可以显示/隐藏曲线；双击图像，可以实现全屏/还原；选中某一区域，可以进行局部放大；另外在菜单中，还可以实现清除、记盘、退出等功能。

10.3 设计说明

10.3.1 main 函数

main 函数是应用程序的主函数，代码如下：

源程序 example10-1 main.cpp

```cpp
/* main.cpp */
int main(int argc, char *argv[])
{
    QTextCodec *codec = QTextCodec::codecForName("UTF-8");
    QTextCodec::setCodecForTr(codec);
    QTextCodec::setCodecForLocale(codec);
    QTextCodec::setCodecForCStrings(codec);

    QApplication a(argc, argv);
    MainWindow w;
    w.show();

    return a.exec();
}
```

在创建应用程序实例之前，先使用 QTextCodec 类规定了字符编码，本例程统一使用 UTF-8 编码，以避免汉字的显示出现乱码。

创建主窗口并调用方法 show() 显示窗口，然后调用 a.exec() 进入事件循环，等待用户交互以及进行内部信号槽处理。

10.3.2 主窗口

主窗口采用 Qt 自带的 QMainWindow 类，在创建应用程序时即可指定。开发者可以在 Qt Creator 的界面编辑模式下对 mainwindow.ui 进行直观设计。本例程为其添加了 4 个动作（QAction），作为菜单项以及工具栏快捷按钮，这 4 个动作分别是"清除""保存""消息""退出"。对 UI 文件编辑完毕后，为 QMainWindow 类添加成员及函数如下：

源程序 example10-1 mainwindow.h

```cpp
/* mainwindow.h */
```

```cpp
class MainWindow : public QMainWindow
{
    Q_OBJECT

public:
    Trace * trace;
    NetThread * pThread;
    QStringList infolist;

public:
    explicit MainWindow( QWidget * parent = 0);
    ~MainWindow();

    void initTrace();
    void initThread();

private slots:
    void on_act_clear_triggered();
    void on_act_file_triggered();
    void on_act_msg_triggered();
    void on_act_quit_triggered();

    void onThreadInfo( QString msg);

private:
    Ui::MainWindow * ui;
};
```

在三个成员变量中，Trace 即为本例程主要用到的星下点控件类；NetThread 为网收线程类；QStringList 作为一个存储运行信息的字符串列表。

在成员函数中，除构造和析构函数外，initTrace()负责初始化星下点控件类，initThread()负责初始化网收线程类。为了响应用户交互和线程消息，mainwindow 使用了 5 个槽函数，分别响应前面提到的 4 个动作信号以及 1 个由线程发出的消息。

主窗口类的实现代码如下：

源程序　example10-1 mainwindow.cpp

```cpp
/* mainwindow.cpp */
```

```cpp
MainWindow::MainWindow(QWidget *parent) :
    QMainWindow(parent),
    ui(new Ui::MainWindow)
{
    ui->setupUi(this);
    initTrace();
    initThread();
    showMaximized();
}

MainWindow::~MainWindow()
{
    delete ui;
}

void MainWindow::initTrace()
{
    trace = new Trace(this);
    setCentralWidget(trace);

    Curve* curve1 = new Curve("理论轨迹",Qt::yellow);
    curve1->setTherofile("./理论轨迹.txt");
    trace->addCurve(curve1);

    Curve* curve2 = new Curve("火箭轨迹",Qt::red);
    trace->addCurve(curve2);

    Curve* curve3 = new Curve("卫星轨迹",Qt::green);
    trace->addCurve(curve3);
}

void MainWindow::initThread()
{
    pThread = new NetThread(this);
    connect(pThread,SIGNAL(info(QString)),this,SLOT(onThreadInfo(QString)));
    pThread->start();
}
```

```cpp
void MainWindow::on_act_clear_triggered()
{
    trace->clear();
    infolist.clear();
}

void MainWindow::on_act_file_triggered()
{
    trace->save();
}

void MainWindow::on_act_msg_triggered()
{
    QListWidget * list = new QListWidget();
    list->setWindowTitle("网络信息");
    list->setGeometry(QRect(width()/2-200, height()/2-100,400,200));
    list->addItems(infolist);
    list->show();
}

void MainWindow::on_act_quit_triggered()
{
    if(pThread->isRunning()){
        pThread->setExit(true);
        pThread->wait();
    }
    close();
}

void MainWindow::onThreadInfo(QString msg)
{
    infolist << msg;
}
```

构造函数 MainWindow()：调用 initTrace 和 initThread 之后，将窗口调到最大化，完成构造工作。

析构函数 ~MainWindow()：释放 UI 占用内存即可。

初始化控件函数 initTrace()：创建星下点控件 Trace 对象并将其作为中心

控件 centralWidget，为它添加 3 条曲线，分别是理论轨迹、火箭轨迹和卫星轨迹。其中，理论轨迹通过读取文件方式生成，另外 2 条曲线数据则来自网收线程，需要动态生成和绘制。

初始化线程函数 initThread()：创建网收线程实例，将其产生的信号 info 同 MainWindows 类的槽 onThreadInfo 连接起来，然后启动线程。

槽函数 on_act_clear_triggered()：点击"清除"按钮时，调用 Trace 自身的 clear 函数清除已接收数据，同时清空 infoList 中缓存的消息内容。

槽函数 on_act_file_triggered()：点击"保存"按钮时，调用 Trace 自身的 clear 函数清除已接收数据，同时清空 infoList 中缓存的消息内容。

槽函数 on_act_msg_triggered()：点击"消息"按钮时，用一个 QListWidget 对象将 infoList 中的字符串信息全部显示出来。

槽函数 on_act_quit_triggered()：点击"退出"按钮时，为线程置退出标志，等待其退出，然后关闭窗口自身，应用程序结束。

槽函数 onThreadInfo()：收到网收线程的消息时缓存。

10.3.3 网收线程

在 Qt 应用程序中使用线程主要的工作是子类化 QThread，并且重新实现它的 run() 函数。线程体声明如下：

源程序　example10-1 netthread.h

```
/* netthread.h */

//网络数据格式
struct NetData{
    int ID;
    double X;
    double Y;
};

//网收线程类
class NetThread : public QThread
{
    Q_OBJECT
public:
    bool bExit;
```

```cpp
        void setExit( bool flag=true );              //设置退出标志

        QUdpSocket * socket;
        bool initSocket( );                           //初始化 socket
    public:
        explicit NetThread( QObject * parent = 0 );
        void run( );                                  //线程主函数

    signals:
        void info( QString );                         //出错信息

    public slots:
        void onReceiveData( );                        //收到网络数据后的处理函数
};
```

首先用一个结构体 NetData 定义网收数据，该结构包含一个整型的 ID（用于区分不同目标，本实例中为火箭和卫星）和两个 Double 型变量 X、Y，分别表示星下点的经纬度。本例程简略了计算过程，直接认为星下点位置是从网络上接收的。

NetThread 类有两个成员变量：一个布尔变量 bExit 用以从外部终止线程。一个 QUdpSocket 类成员用于实现在麒麟环境下的网络通信。在本例程中，网络通信采用 UDP 组播方式。

成员函数 setExit( )用于控制线程退出；initSocket( )对 QUdpSocket 类成员进行组播前的准备工作；run( )为重载的线程主函数。

该类定义了一个信号 Info( )，用于通报线程初始化和运行时信息。

该类还声明了一个槽函数：onRecvData( )，用于处理来自 QUdpSocket 成员的通信数据。

线程体实现代码如下：

源程序　example10-1 netthread.cpp

```cpp
/* netthread.cpp */
NetThread::NetThread( QObject * parent) : QThread( parent)
{
    bExit = false;
}


//设置退出标志
```

```cpp
void NetThread::setExit(bool flag)
{
    bExit = flag;
    if(bExit)
        this->exit(0);
}

//初始化 socket
bool NetThread::initSocket()
{
    socket = new QUdpSocket();
    QHostAddress group = QHostAddress("225.2.22.22");
    int port = 8319;
    if(socket->bind(QHostAddress::Any, port, QUdpSocket::ReuseAddressHint) == false)
    {
        emit info("Socket 绑定端口失败: "+socket->errorString());
        return false;
    }
    socket->setSocketOption(QAbstractSocket::MulticastLoopbackOption,0);

    QNetworkInterface interface;
    QList<QHostAddress> ipAddressesList = QNetworkInterface::allAddresses();
    for (int i = 0; i < ipAddressesList.size(); ++i)
    {
        if(ipAddressesList.at(i).toIPv4Address() &&ipAddressesList.at(i)!= HostAddress::LocalHost )
        {
            interface = QNetworkInterface::interfaceFromIndex(i);
            break;
        }
    }
    if(!interface.isValid())
    {
        emitinfo("网卡设置不正确");
        return false;
    }
```

```cpp
        if( socket->joinMulticastGroup( group, interface) = = false)
        {
            emit info( "加入组播失败:"+socket->errorString( ) );
            return false;
        }
        QString msg = "加入组播成功! 网卡:" + interface.name( ) +" 组播地址:" +
group.toString( )
                +"端口:"+QString::number( port);
        emit info( msg);

        connect( socket, SIGNAL( readyRead( ) ), this, SLOT( onReceiveData( ) ) );
        return true;
}


//线程主函数
void NetThread::run( )
{
    if( !initSocket( ) )
    {
        QMessageBox::warning(0, "网络错误", "初始化网络错误,请查看相关信息" );
        return;
    }

    exec( );
}


//收到网络数据后的处理函数
void NetThread::onReceiveData( )
{
    while( socket->hasPendingDatagrams( ) )
    {
        if( bExit)
            break;
        QByteArray packet;
        packet.resize( socket->pendingDatagramSize( ) );
        socket->readDatagram( packet.data( ), packet.size( ) );
```

```
        if((uint)(packet.length()) < sizeof(NetData))//长度合法性检查
            emit info(QDateTime::currentDateTime().time().toString("hh:mm:ss")\
                +"数据包长度过小,怀疑为错误数据,丢弃");
        NetData tmp;
        memcpy(&tmp,packet.data(),sizeof(tmp));
        if(tmp.ID==1 || tmp.ID==2)
            Trace::curveList.at(tmp.ID)->addPoint(QPointF(tmp.X,tmp.Y));
    }
}
```

函数 initSocket() 的主要工作是创建 socket 对象、将其绑定到 8319 端口上、挑选合适的网络硬件接口并加入组播地址。如果这个初始化过程中某个步骤出现异常,线程会通过 info() 消息发出通知(前面已经将这个消息同主窗口的 onThreadInfo() 槽连接起来)。socket 对象初始化成功后,一旦网卡上收到数据,socket 会自动发出 readyRead() 信号,这个信号是由 QUdpSocket 基类自带的,程序将这个信号是同槽函数 onRecvData() 连接起来,以便在对网络数据进行分发处理。

类函数 run() 为重载后的线程主函数,它调用 initSocket() 实现上述 socket 的初始化,并通过调用 exec() 启动线程的事件循环。注意只有启动事件循环后,在线程空间中创建的 socket 对象才会在收到网络数据时发出 readyRead() 信号,从而调用 onRecvData() 处理通信数据包。

函数 onRecvData() 是一个循环,负责循环处理网络缓冲区中的每一个数据包。它首先检查线程退出标志 bExit,发现线程要退出时则中断循环,防止因通信频率太快而线程无法退出。函数会对通信数据长度合法性进行检查,防止收到畸形数据时发生处理错误。网络通信所用的数据结构为前述的 NetData 结构,函数能够直接通过 ID 字段判断该数据属于哪条曲线。曲线为 Trace 类的 static 类型静态成员,可以作为全局变量使用,因此函数直接取 X、Y 值填入星下点曲线的点集中。

10.3.4 曲线

曲线类并不是一个控件实体,而是一个对曲线进行抽象描述并存储点集的数据模型,具体绘制工作交给星下点控件去完成。曲线类声明如下:

源程序 example10-1 curve.h

```cpp
/* curve.h */
class Curve
{
public:
    bool bShown;                              //是否隐藏
    QString title;                            //名称
    QColor color;                             //颜色
    int weight;                               //粗细:1~5
    enum PtTypes
    {
        Dots,
        Lines
    } style;                                  //绘制点还是线
    QString theroFile;                        //理论文件(理论曲线用)
    QVector<QPointF> mPoints;                 //点集向量
public:
    explicit Curve(QString name, QColor c);   //构造函数
    ~Curve();                                 //析构函数

    void setTitle(QString str){title = str;}  //设置曲线名称
    void setTherofile(QString str);           //设置理论文件
    void addPoint(const QPointF &pt);         //添加一个点
    void addPoints(QVector<QPointF> list);    //添加多个点
    QPointF lastPoint();                      //获得曲线最后一个点

    bool read();                              //从文件中读取数据(适合生成理论曲线)
    void save();                              //保存到文件
    void clear();                             //清空曲线数据
    bool isEmpty();                           //曲线是否有数据
};
```

大部分成员都是为了描述这个曲线的外观属性，如是否显示、名称、颜色、粗细、线型等；如果一条曲线的点集不是通过网络传输，而是事先存在一个文件中，则由名为 theroFile 的成员表示理论文件名；类成员 mPoints 则为一个 QVector 向量，用来存储构成曲线的所有的点。

曲线类成员函数实现比较简单，代码如下：

源程序 example10-1 curve.cpp

```cpp
/* curve.cpp */
Curve::Curve(QString name, QColor c)
{
    title = name;
    color = c;
    bShown = true;
    weight = 2;
    style = Dots;
}


void Curve::setTherofile(QString str)
{
    theroFile = str;
    read();
}


//添加一个点
void Curve::addPoint(const QPointF &pt)
{
    mPoints.append( pt );
}


//添加多个点
void Curve::addPoints(QVector<QPointF> list)
{
    mPoints += list;
}


//获得曲线最后一个点
QPointF Curve::lastPoint()
{
    if(mPoints.isEmpty())
        return QPointF();
    else
    return mPoints.last();
}
```

```cpp
//从文件中生成曲线,要求文件格式为:每一行为一个点(x,y)
bool Curve::read()
{
    mPoints.clear();
    if(!QFile::exists(theroFile))
    {
        QMessageBox::warning(0,"读取错误",theroFile+" 文件不存在");
        return false;
    }
    QFile file(theroFile);
    if(!file.open(QFile::ReadOnly | QFile::Text))
    {
        QString errorStr = QString("无法读取理论文件 %1 : %2,请确认文件存在!").arg(file.fileName()).arg(file.errorString());
        QMessageBox::warning(0,"打开文件错误",errorStr);
        return false;
    }
    QByteArray line;
    while(!file.atEnd())
    {
        line = file.readLine(200).simplified();
        QList<QByteArray> list = line.split(',');
        if(list.count()!=2)
            continue;
        double x = list.at(0).toDouble();
        double y = list.at(1).toDouble();
        mPoints << QPointF(x,y);
    }
    file.close();
    return true;
}

//保存到文件
void Curve::save()
{
    QFile file(title+".txt");
    if(!file.open(QIODevice::WriteOnly|QIODevice::Truncate))
```

```
        {
            QString errorStr = QString("无法保存曲线 %1：%2"). arg(file. fileName()).
arg(file. errorString());
            QMessageBox::warning(0,"写入文件错误",errorStr);
            return;
        }
        QTextStream stream(&file);
        foreach(QPointF pt, mPoints)
            stream << pt. x() << "," << pt. y() << endl;
}

//清空曲线数据
void Curve::clear()
{
    mPoints. clear();
}

//曲线是否有数据
bool Curve::isEmpty()
{
    return mPoints. isEmpty();
}
```

各函数功能分别为：addPoint()向曲线中添加一个点；addPoints()添加多个点；lastPoint()获取最后一个点；read()从文件中读取点集到 mPoints 中从而生成理论曲线；save()则将点集存储到文件中；函数 clear()将所有点清除；isEmpty()用来判断曲线是否为空。

在函数 read()和 save()中，使用了 Qt 提供的文件操作类以及函数，可以看出 Qt 文件类是十分简便的。QFile 类提供了非常简便的文件操作接口，如打开、关闭、读写、行操作等。Qt 也提供了 QTextStream 类，方便以文本流形式对文件进行序列化读写。

10.3.5 星下点控件

星下点控件类名为 Trace，这个控件的需求包括：它要能够绘制出世界地图，标注出经纬度，能够绘制出各个测站；能够按照给定的矢量点绘制出多条曲线；用户可以点击曲线标题实现曲线的隐藏和出现；能够像橡皮筋一样，由用户拖拽出矩形框并按比例扩大缩小，与此对应的背景地图、曲线也随之扩大缩小。

根据以上需求，可以基本勾勒出这个类的设计要素：以 QWidget 作为基类，重载其 paintEvent() 事件以改变控件外观，通过 QPainter 绘图函数绘制出其背景图片、经纬度、测站、曲线；以 QCheckBox 控件作为子控件，建立与曲线的信号槽连接从而控制曲线的隐藏和显示；建立曲线上点与控件位置的映射关系，并设计一个数组类型或者堆栈类型的成员存储当前的缩放级别。

星下点控件类声明如下：

源程序　example10-1 trace.h

```
/*trace.h*/
//坐标轴状态类
class PlotState
{
public:
    double minX;
    double maxX;
    double minY;
    double maxY;
    int numXTicks;
    int numYTicks;

public:
    PlotState();
    void adjust();
    double spanX() const { return maxX - minX; }
    double spanY() const { return maxY - minY; }
private:
    static void adjustAxis(double &min, double &max, int &numTicks);
};

//星下点控件类
class Trace : public QWidget
{
    Q_OBJECT
public:
    enum { Margin = 50 };
    QToolButton *zoomInButton;          //扩大按钮
```

```cpp
        QToolButton *zoomOutButton;             //缩小按钮

        QString title;                          //标题
        QString backfile;                       //背景图片文件名
        QPixmap m_pix;                          //背景图片

        QPixmap shipPix;                        //船图片
        QString shipName;                       //船名
        QPointF shipPosition;                   //船位置

        QPixmap stationPix;                     //地面站点图片
        QList<QString> stationNameList;         //地面站点名
        QList<QPointF> stationPositionList;     //地面站点位置

        QVector<PlotState> zoomStack;           //PlotState 数组区域
        int curZoom;                            //当前缩放层次
        bool rubberBandIsShown;                 //是否正在用鼠标画矩形以便放大
        QRect rubberBandRect;                   //放大区
        QPixmap pixmap;                         //绘图缓冲区
        bool showPoint;                         //是否需要显示鼠标点击位置的经纬度
        QPointF mousePoint;                     //鼠标点击位置

        static QList<Curve *> curveList;        //曲线列表

public:
        explicit Trace(QWidget *parent = 0);
        ~Trace();

        void drawPixmap();
        void drawBackgrount(QPainter * painter);
        void drawGrid(QPainter * painter);
        void drawCurves(QPainter * painter);
        void drawStations(QPainter * painter);
        void drawShips(QPainter * painter);

        void updateRubberBandRegion();
        void updateLegends();
```

```cpp
        void setPlotState(const PlotState &state);
        void addCurve(Curve * cur);
        void delCurve(QString curName);
        void adjustLegends();
        Curve * findCurve(QString curvename);

        QSize minimumSizeHint() const;          //重写 QWidget::minimumSizeHint()
        QSize sizeHint() const;                 //重写 QWidget::sizeHint()

        void setPix(QString filename);          //设置背景图片
        void setShipPosition(QPointF pt);       //设置各船位置

    protected:                                  //重写的事件处理函数
        void paintEvent(QPaintEvent * event);
        void resizeEvent(QResizeEvent * event);
        void mousePressEvent(QMouseEvent * event);
        void mouseMoveEvent(QMouseEvent * event);
        void mouseReleaseEvent(QMouseEvent * event);
        void leaveEvent(QEvent *);

        void timerEvent(QTimerEvent *);

    public slots:
        void zoomIn();                          //放大曲线
        void zoomOut();                         //缩小曲线
        void onCheck(bool flag);                //点击曲线名称时的处理函数
        void clear();                           //清空
        void save();                            //保存


};
```

我们首先设计了一个 PlotState 类,这是一个用来表示直角坐标系状态的数学结构(X、Y 坐标就是星下点中的经纬度坐标),其中 minX、maxX 表示 X 轴的取值范围;minY、maxY 表示 Y 轴的取值范围;numXTicks 表示对 X 轴等距离分割数;numYTicks 表示对 Y 轴等距离分割数。有个这个结构,可以方便地实现对地理经纬度映射到直角坐标系,并根据 X 轴和 Y 轴的取值变化进行等比例缩放。PlotState 的成员函数 spanX() 和 spanY() 用来取得 X 轴和 Y 轴的范围；adjust( )和 adjustAxis( )函数对变动后的坐标轴进行微调。

星下点控件类含有较多成员变量以及成员函数，在上面代码注释中已经进行了说明。它的显示元素包括标题、背景图片、测量船图片、地面站图片以及几条曲线，这几个都以成员变量的形式体现。它的绘制函数由 drawPixmap( )、drawBackGround( )、drawGrid( )、drawCurves( )、drawStations( )、drawShips( )几个函数实现，用来绘制各种显示元素。

星下点的绘制函数是实现自定义控件的重点，下面逐一讲解。

首先是 drawPixm( )函数，代码如下：

源程序　example10-1 trace.cpp—Trace::drawPixmap( )

```
/* trace.cpp */
void Trace::drawPixmap( )
{
    if(zoomStack.count( )<1 || curZoom>=zoomStack.count( ))
        return;

    pixmap = QPixmap(size( ));
    pixmap.fill(this, 0, 0);
    QPainter painter(&pixmap);
    painter.initFrom(this);
    painter.setRenderHint(QPainter::Antialiasing);

    drawBackgrount(&painter);
    drawGrid(&painter);
    drawShips(&painter);
    drawStations(&painter);
    drawCurves(&painter);
    update( );
}
```

drawPixmap( )函数完成所有绘制工作，它首先初始化一个 QPixmap 对象，将它作为绘图缓冲区，所有图形显示元素都绘制到这个缓冲区上（最后在通过调用 update( )而引发 paintEvent( )事件时，这个缓冲区会被复制到控件窗口上）。

Qt 的二维绘图工作是由 QPainter 类完成的，它提供了很多绘点、线、椭圆、矩形的函数。星下点的具体绘制工作都是通过这些绘图函数完成的。

其次是 drawBackGround( )函数，它实现将背景图片等比例铺展到控件窗口上，代码如下：

源程序　example10-1 trace.cpp—Trace::drawBackgrount(QPainter * painter)

```
/* trace.cpp */
void Trace::drawBackgrount(QPainter * painter)
{
    if(zoomStack.count()<1 || curZoom>=zoomStack.count())
        return;
    QRectF target = QRectF(0,0,width(),height());
    PlotState state = zoomStack[curZoom];
    double dx = m_pix.width() / zoomStack[0].spanX();
    double dy = m_pix.height() / zoomStack[0].spanY();
    double x = (state.minX-zoomStack[0].minX) * dx;
    double y = (zoomStack[0].maxY-state.maxY) * dy;
    double w = state.spanX() * dx;
    double h = state.spanY() * dy;
    QRectF source(x,y,w,h);
    if(!source.isValid())
        return;
    painter->drawPixmap(target, m_pix, source);
}
```

drawBackGround()函数的工作原理是：通过从 zoomStack 栈中取出当前的坐标轴取值，同原始坐标轴进行比例计算，而后将原图片绘制到缩放后的矩形框中，注意绘制图片使用的是 QPainter 类的 drawPixmap()函数。

drawGrid()函数完成对 X 轴、Y 轴即经纬度的绘制，代码如下：

源程序　example10-1 trace.cpp—Trace::drawGrid(QPainter * painter)

```
/* trace.cpp */
void Trace::drawGrid(QPainter * painter)
{
    QRect rect = this->rect();
    if (!rect.isValid())
        return;
    //绘制网格
    painter->save();
    QPen pen(QColor(0,0,0));
    PlotState state = zoomStack[curZoom];
```

```cpp
        pen.setColor(Qt::darkGray);
        pen.setColor(QColor(170,255,255));
        pen.setStyle(Qt::DotLine);
        painter->setPen(pen);
        painter->setOpacity(0.5);
        for(int i = 1; i <= state.numXTicks; i++)
        {
            int x = rect.left() + (i * (rect.width() - 1)/state.numXTicks);
            painter->drawLine(x, rect.top(), x, rect.bottom());
        }
        for(int j = 1; j <= state.numYTicks; j++)
        {
            int y =rect.bottom() - (j * (rect.height() - 1)/state.numYTicks);
            painter->drawLine(rect.left(), y, rect.right(), y);
        }
    //然后绘制经纬度
        pen.setStyle(Qt::SolidLine);
    //pen.setColor(QColor(250,77,20));
        pen.setColor(Qt::green);
        pen.setWidth(2);
        painter->setPen(pen);
        painter->setOpacity(1);
        QFont ft("微软雅黑",10,QFont::Bold);
        painter->setFont(ft);
        for(int i = 0; i <= state.numXTicks; i++)
        {
            int x = rect.left() + (i * (rect.width() - 1)/state.numXTicks);
            double label = state.minX + (i * state.spanX()/state.numXTicks);
            if(label>180)    label = label-360;
            painter->drawText(x, rect.bottom()-20, 100, 15, Qt::AlignLeft | Qt::AlignVCenter, QString::number(label));
            if(i==state.numXTicks)
                painter->drawText(x-20, rect.bottom()-20, 100, 15, Qt::AlignLeft | Qt::AlignHCenter, QString::number(label));
        }
        for(int j = 0; j <= state.numYTicks; j++)
        {
```

```
            int y = rect.bottom() - (j * (rect.height() - 1)/state.numYTicks);
            double label = state.minY + (j * state.spanY()/state.numYTicks);
            painter->drawText(2, y, 100, 20, Qt::AlignLeft | Qt::AlignTop, QString::number(label));
        }
        painter->restore();
    }
```

drawGrid()函数的作用是在窗口上绘制出经度线和纬度线，它按照plotState结构中设置的经纬度范围和分割，用QPainter类的drawLine()函数在窗口上绘制横线和竖线，并计算每条线所对应的值，将该值也通过QPainter类的drawText()函数通过文本形式绘制出来。

drawShips()和drawStations()函数的功能以及原理都类似，就是根据地理经纬度坐标，换算成窗口坐标后，通过QPainter类的drawPixmap()功能将测量船和地面站绘制出来，另外也利用drawText()功能将其名称绘制出来，代码如下：

源程序　example10-1 trace.cpp—Trace::drawShips(QPainter * painter)

```
/* trace.cpp */
void Trace::drawShips(QPainter * painter)
{
    //首先取出栈中当前映射区
    PlotState state = zoomStack[curZoom];


    painter->save();
    QFont ft("微软雅黑",9,QFont::Normal);
    painter->setFont(ft);
    QPointF position = shipPosition;

    double dx = position.x() - state.minX;
    double dy = position.y() - state.minY;
    double x = dx * (width() - 1) / state.spanX();
    double y = height() - (dy * (height() - 1) / state.spanY());

    //绘制小船
    painter->setOpacity(1);
    painter->setPen(Qt::white);
    QRectF target(x-20,y-20,40,40);
```

```
        QRectF source = shipPix.rect();
        painter->drawPixmap(target,shipPix,source);
        painter->drawText(QPointF(x-8,y+15),shipName);

        painter->restore();
}
```

源程序　example10-1 trace.cpp—Trace::drawStations(QPainter * painter)
```
/* trace.cpp */
void Trace::drawStations(QPainter * painter)
{
    //首先取出栈中当前映射区
    PlotState state = zoomStack[curZoom];

    //逐个画地面站
    painter->save();
    painter->setPen(Qt::black);
    QFont ft("微软雅黑",9,QFont::Normal);
    painter->setFont(ft);
    for( int i=0; i<stationPositionList.count(); i++)
    {
        QPointF position = stationPositionList.at(i);
        double dx = position.x() - state.minX;
        double dy = position.y() - state.minY;
        double x = dx * (width() - 1) / state.spanX();
        double y = height() - (dy * (height() - 1) / state.spanY());
        //绘制地面站
        QRectF target(x-10,y-10,20,15);
        QRectF source = stationPix.rect();
        painter->drawPixmap(target, stationPix, source);
        painter->drawText(QPointF(x-8,y+10), stationNameList.at(i));
    }
    painter->restore();
}
```

　　类似地，drawCurves()函数也是将 Curve 类中的点集逐一取出，换算成窗口坐标后，利用 QPainter 的 drawPoints()功能一次性将所有点绘制完毕。

源程序　example10-1 trace.cpp—Trace::drawCurves(QPainter * painter)

```cpp
/* trace.cpp */
void Trace::drawCurves(QPainter * painter)
{
    PlotState state = zoomStack[curZoom];
    QRect rec t= this->rect();
    if(!rect.isValid())
        return;
    painter->setClipRect(rect.adjusted(+1, +1, -1, -1));

    QPen pen;
    foreach(Curve * curve, curveList)
    {
        if(!curve->bShown)
            continue;
        int num = curve->mPoints.count();
        if(num==0)
            continue;
        QPolygonF polyline;
        for (int j = 0; j < num; j++)
        {
            double dx = curve->mPoints.at(j).x() - state.minX;
            double dy = curve->mPoints.at(j).y() - state.minY;
            double x = rect.left() + (dx * (rect.width() - 1) / state.spanX());
            double y = rect.bottom() - (dy * (rect.height() - 1) / state.spanY());
            polyline << QPointF(x, y);
        }
        pen.setWidth(curve->weight);
        pen.setColor(curve->color);
        painter->setPen(pen);
        painter->drawPoints(polyline);
    }
}
```

为了实现人机交互，我们重写了QWidget基类的几个事件处理函数，包括重绘事件paintEvent()、鼠标按下事件mousePressEvent()、鼠标移动事件mouseMoveEvent()、鼠标释放事件mouseReleaseEvent()、鼠标离开事件

leaveEvent( )等。另外,我们在构造函数中启动了一个1s定时器,目的是让星下点每秒刷新一次,以实现曲线动态更新,因此也需要重写timerEvent( )事件。

paintEvent( )函数在每次窗口刷新时都会自动调用,代码如下:

源程序 example10-1 trace.cpp—Trace::paintEvent(QPaintEvent *)

```
/* trace.cpp */
void Trace::paintEvent(QPaintEvent * /* event */)
{
    QStylePainter painter(this);
    painter.drawPixmap(0, 0, pixmap);            //绘图缓冲区

    if (rubberBandIsShown)
    {
        painter.setPen(Qt::magenta);             //矩形框的颜色
        painter.drawRect(rubberBandRect.normalized().adjusted(0, 0, -1, -1));
    }

    if(showPoint)                                //鼠标点击点的坐标
    {
        QPen pen1(QColor(Qt::green));
        painter.setPen(pen1);
        QFont fnt("Times",12,QFont::Bold);
        painter.setFont(fnt);
        QRect rect = this->rect();
        PlotState state = zoomStack[curZoom];
        double x = state.minX + state.spanX() * (mousePoint.x()-rect.left())/rect.width();
        double y = state.minY + state.spanY() * (rect.bottom()-mousePoint.y())/rect.height();
        if(x>180) x = x-360;
        QString str;
        str = QString().sprintf("(%.2f, %.2f)",x,y);
        QRect r(mousePoint.x()-100,mousePoint.y()-30,200,30);
        painter.drawText(r,Qt::AlignCenter,str);
    }
```

```cpp
PlotState state = zoomStack[curZoom];
QRect rect = this->rect();
QPen pen;
foreach(Curve * curve, curveList)
{
    if(!curve->bShown || !curve->theroFile.isEmpty() || curve->mPoints.isEmpty())
        continue;

    QPointF pt = curve->mPoints.last();
    double dx = pt.x() - state.minX;
    double dy = pt.y() - state.minY;
    double x = rect.left() + (dx * (rect.width() - 1) / state.spanX());
    double y = rect.bottom() - (dy * (rect.height() - 1) / state.spanY());
    QPointF p = QPointF(x, y);

    QPointF p1(p.x()-10, p.y());
    QPointF p2(p.x()+10, p.y());
    QPointF p3(p.x(), p.y()-10);
    QPointF p4(p.x(), p.y()+10);
    pen.setColor(curve->color);
    painter.setPen(pen);
    painter.drawLine(p1, p2);
    painter.drawLine(p3, p4);
}
}
```

paintEvent()的工作机制是：首先，利用QPainter的drawPixmap()函数，把绘图缓冲区复制到窗口上；其次，通过rubblerBandIsShown变量判断此时用户是否正在用鼠标拉出矩形框以便进行缩放，是的话使用drawRect()函数绘制这个矩形框；再次，通过showPoint变量判断鼠标是否正在被按下，是的话将此点的经纬度计算并显示出来；最后，为了提高动图效果，将每条曲线的最后一个点画成一个临时的十字形（在显示效果上，这个十字将随着曲线更新而逐点移动）。

上述函数需要用到两个指示变量：rubblerBandIsShown和showPoint，这两个变量在鼠标被按下时会被激活。鼠标按下时的处理函数为mousePressEvent()，代码如下：

源程序　example10-1 trace.cpp—Trace::mousePressEvent(QMouseEvent *event)
/* trace.cpp */
void Trace::mousePressEvent(QMouseEvent *event)
{
　　if(event->button()==Qt::LeftButton)
　　{
　　　　rubberBandIsShown = true;
　　　　rubberBandRect.setTopLeft(event->pos());
　　　　rubberBandRect.setBottomRight(event->pos());
　　　　setCursor(Qt::CrossCursor);

　　　　showPoint = true;
　　　　mousePoint = event->posF();
　　　　update();
　　}
}

用户每次点击鼠标左键时，程序都会记录这个点的坐标，从而为拉出矩形框以及显示出这个点的经纬度做准备。

用户按下鼠标并开始拉出矩形框时，mouseMoveEvent()开始工作，它实时更改矩形框的大小，代码如下：

源程序　example10-1 trace.cpp—Trace::mouseMoveEvent(QMouseEvent *event)
/* trace.cpp */
void Trace::mouseMoveEvent(QMouseEvent *event)
{
　　if (rubberBandIsShown)
　　{
　　　　updateRubberBandRegion();
　　　　rubberBandRect.setBottomRight(event->pos());
　　　　updateRubberBandRegion();

　　　　showPoint = false;
　　　　update();
　　}
}

用户松开鼠标时,mouseReleaseEvent( )捕捉到这一事件并开始处理,代码如下:

源程序　example10-1 trace.cpp—Trace::mouseReleaseEvent(QMouseEvent *event)

```
/* trace.cpp */
void Trace::mouseReleaseEvent(QMouseEvent *event)
{
    if(zoomStack.count( )<1 || curZoom>=zoomStack.count( ))
        return;

    if (((event->button( ) == Qt::LeftButton) && rubberBandIsShown)
    {
        rubberBandIsShown = false;
        updateRubberBandRegion( );
        unsetCursor( );
        QRect rect = rubberBandRect.normalized( );
        if (rect.width( ) < 4 || rect.height( ) < 4)
            return;

        PlotState prevSettings = zoomStack[curZoom];
        PlotState settings;
        double dx = prevSettings.spanX( ) / (width( ));
        double dy = prevSettings.spanY( ) / (height( ));
        settings.minX = prevSettings.minX + dx * rect.left( );
        settings.maxX = prevSettings.minX + dx * rect.right( );
        settings.minY = prevSettings.maxY - dy * rect.bottom( );
        settings.maxY = prevSettings.maxY - dy * rect.top( );
        settings.adjust( );
        zoomStack.resize(curZoom + 1);
        zoomStack.append(settings);

        zoomIn( );
    }
    else if (event->button( ) == Qt::RightButton)
    {
        showPoint = false;
        update( );
        zoomOut( );
```

}
}

如果松开的是鼠标左键，函数将 rubblerBandIsShown 变量置为 false，根据拉出的矩形框大小，同窗口大小进行对比，计算出矩形框的实际范围，将矩形框的经纬度范围加入数组 zoomStack，然后调用 zoomIn( )函数进行放大；如果松开的是鼠标右键，则将 showPoint 变量置为 false，同时调用 zoomOut( )函数进行缩小。

zoomIn( )和 zoomOut( )函数负责放大/缩小，代码如下：

源程序　example10-1 trace.cpp—Trace::zoomIn( )

```
/* trace.cpp */
void Trace::zoomIn( )
{
    if( zoomStack.count( )<1 || curZoom>=zoomStack.count( ))
        return;

    if ( curZoom < zoomStack.count( ) - 1)
    {
        ++curZoom;
        zoomInButton->setEnabled( curZoom < zoomStack.count( ) - 1);
        zoomOutButton->setEnabled( true);
        zoomOutButton->show( );
        drawPixmap( );
    }
}
```

源程序　example10-1 trace.cpp—Trace::zoomOut( )

```
/* trace.cpp */

void Trace::zoomOut( )
{
    if ( curZoom > 0)
    {
        --curZoom;
        zoomOutButton->setEnabled( curZoom > 0);
        zoomInButton->setEnabled( true);
        zoomInButton->show( );
```

```
        drawPixmap( );
    }
}
```

每次需要放大时，zoomIn 将数组游标加 1，调用 drawPixmap( )重绘；需要缩小时，zoomIn( )将游标减 1，也调用 drawPixmap( )进行重绘。

至此，本章代码基本讲解完毕。有兴趣的读者可以自己写一个网络发送端，将星下点数据发送到例程中指定的组播地址和端口，从而观察到曲线的动态刷新效果。

附录 A 命令行工具

麒麟操作系统 V3 的命令行工具十分丰富，这里对一些重要的命令行工具进行分类说明。

A.1 系统信息

1. cat 命令

cat /proc/cpuinfo 显示 CPU info 的信息

cat /proc/interrupts 显示中断

cat /proc/meminfo 校验内存使用

cat /proc/swaps 显示哪些 swap 被使用

cat /proc/version 显示内核的版本

cat /proc/net/dev 显示网络适配器及统计

cat /proc/mounts 显示已加载的文件系统

2. 时间命令

date 显示系统日期

cal 2018 显示 2018 年的日历表

date 041217002018.00 设置日期和时间 - 月日时分年．秒（2018 年 4 月 12 日 17：00：00）

clock -w 将时间修改保存到 BIOS

3. 关闭系统

shutdown -h now 关闭系统（1）

init 0 关闭系统（2）

telinit 0 关闭系统（3）

shutdown -h hours：minutes & 按预定时间关闭系统

shutdown -c 取消按预定时间关闭系统

shutdown -r now 重启（1）

reboot 重启（2）

logout 注销

A.2 文件和目录

1. 进入目录

cd /home 进入 '/ home' 目录

cd .. 返回上一级目录

cd ../.. 返回上两级目录

cd 进入个人的主目录

cd ~user1 进入个人的主目录

cd -返回上次所在的目录

pwd 显示工作路径

2. 列表查看

ls 查看目录中的文件

ls -F 查看目录中的文件

ls -l 显示文件和目录的详细资料

ls -a 显示隐藏文件

ls *[0-9]* 显示包含数字的文件名和目录名

tree 显示文件和目录由根目录开始的树形结构（1）

lstree 显示文件和目录由根目录开始的树形结构（2）

3. 创建目录

mkdir dir1 创建一个称为 'dir1' 的目录

mkdir dir1 dir2 同时创建两个目录

mkdir -p /tmp/dir1/dir2 创建一个目录树

4. 删除目录

rm -f file1 删除一个称为 'file1' 的文件

rmdir dir1 删除一个称为 'dir1' 的目录

rm -rf dir1 删除一个称为 'dir1' 的目录并同时删除其内容

rm -rf dir1 dir2 同时删除两个目录及它们的内容

mv dir1 new_dir 重命名/移动 一个目录

5. 文件复制

cp file1 file2 复制一个文件

cp dir/ * . 复制一个目录下的所有文件到当前工作目录

cp -a /tmp/dir1 . 复制一个目录到当前工作目录

cp -a dir1 dir2 复制一个目录

A.3 文件搜索

1. find

find / -name file1 从 '/' 开始进入根文件系统搜索文件和目录

find / -user user1 搜索属于用户 'user1' 的文件和目录

find /home/user1 -name *.bin 在目录 '/ home/user1' 中搜索带有'.bin' 结尾的文件

find /usr/bin -type f -atime +100 搜索在过去 100 天内未被使用过的执行文件

find /usr/bin -type f -mtime -10 搜索在 10 天内被创建或者修改过的文件

find / -name *.rpm -exec chmod 755 '{}' \; 搜索以 '.rpm' 结尾的文件并定义其权限

find / -xdev -name *.rpm 搜索以 '.rpm' 结尾的文件，忽略光驱、键盘等可移动设备

2. 定位文件

locate *.ps 寻找以 '.ps' 结尾的文件 - 先运行 'updatedb' 命令

whereis halt 显示一个二进制文件、源码或 man 的位置

which halt 显示一个二进制文件或可执行文件的完整路径

A.4 挂载文件系统

mount /dev/hda2 /mnt/hda2 挂载一个称为 hda2 的盘 - 确定目录 '/ mnt/hda2' 已经存在

umount /dev/hda2 卸载一个称为 hda2 的盘 - 先从挂载点 '/ mnt/hda2' 退出

fuser -km /mnt/hda2 当设备繁忙时强制卸载

umount -n /mnt/hda2 运行卸载操作而不写入 /etc/mtab 文件- 当文件为只读或当磁盘写满时非常有用

mount /dev/fd0 /mnt/floppy 挂载一个软盘

mount /dev/cdrom /mnt/cdrom 挂载一个 cdrom 或 dvdrom

mount /dev/hdc /mnt/cdrecorder 挂载一个 cdrw 或 dvdrom

mount /dev/hdb /mnt/cdrecorder 挂载一个 cdrw 或 dvdrom

mount -o loop file.iso /mnt/cdrom 挂载一个文件或 ISO 镜像文件

mount -t vfat /dev/hda5 /mnt/hda5 挂载一个 Windows FAT32 文件系统

mount /dev/sda1 /mnt/usbdisk 挂载一个 usb 捷盘或闪存设备

mount -t smbfs -o username=user，password=pass //WinClient/share /mnt/share 挂载一个 windows 网络共享

A.5 磁盘操作

df -h 显示已经挂载的分区列表

ls -lSr | more 以尺寸大小排列文件和目录

du -sh dir1 估算目录 'dir1' 已经使用的磁盘空间

du -sk * | sort -rn 以容量大小为依据依次显示文件和目录的大小

rpm -q -a --qf '%10{SIZE}t%{NAME}n' | sort -k1,1n 以大小为依据依次显示已安装的 rpm 包所使用的空间（fedora, redhat 类系统）

dpkg-query -W -f='${Installed-Size;10}t${Package}n' | sort -k1,1n 以大小为依据显示已安装的 deb 包所使用的空间（ubuntu, debian 类系统）

A.6 用户和群组

groupadd group_name 创建一个新用户组

groupdel group_name 删除一个用户组

groupmod -n new_group_name old_group_name 重命名一个用户组

useradd -c "Name Surname " -g admin -d /home/user1 -s /bin/bash user1 创建一个属于 "admin" 用户组的用户

useradd user1 创建一个新用户

userdel -r user1 删除一个用户（'-r' 排除主目录）

usermod -c "User FTP" -g system -d /ftp/user1 -s /bin/nologin user1 修改用户属性

passwd 修改口令

passwd user1 修改一个用户的口令（只允许 root 执行）

chage -E 2005-12-31 user1 设置用户口令的失效期限

pwck 检查 '/etc/passwd' 的文件格式和语法修正以及存在的用户

grpck 检查 '/etc/passwd' 的文件格式和语法修正以及存在的群组

newgrp group_name 登陆进一个新的群组以改变新创建文件的预设群组

A.7 文件权限

ls -lh 显示权限

ls /tmp | pr -T5 -W$COLUMNS 将终端划分成 5 栏显示

chmod ugo+rwx directory1 设置目录的所有人（u）、群组（g）以及其他人（o）以读（r）、写（w）和执行（x）的权限

chmod go-rwx directory1 删除群组（g）与其他人（o）对目录的读写执行权限

chown user1 file1 改变一个文件的所有人属性

chown -R user1 directory1 改变一个目录的所有人属性并同时改变改目录下所有文件的属性

chgrp group1 file1 改变文件的群组

chown user1：group1 file1 改变一个文件的所有人和群组属性

A.8 打包和压缩文件

bunzip2 file1.bz2 解压一个称为 'file1.bz2'的文件

bzip2 file1 压缩一个称为 'file1' 的文件

gunzip file1.gz 解压一个称为 'file1.gz'的文件

gzip file1 压缩一个称为 'file1'的文件

gzip -9 file1 最大程度压缩

rar a file1.rar test_file 创建一个称为 'file1.rar' 的包

rar a file1.rar file1 file2 dir1 同时压缩 'file1', 'file2' 以及目录 'dir1'

rar x file1.rar 解压 rar 包

unrar x file1.rar 解压 rar 包

tar -cvf archive.tar file1 创建一个非压缩的 tarball

tar -cvf archive.tar file1 file2 dir1 创建一个包含 'file1', 'file2' 以及 'dir1'的档案文件

tar -tf archive.tar 显示一个包中的内容

tar -xvf archive.tar 释放一个包

tar -xvf archive.tar -C /tmp 将压缩包释放到 /tmp 目录下

tar -cvfj archive.tar.bz2 dir1 创建一个 bzip2 格式的压缩包

tar -xvfj archive.tar.bz2 解压一个 bzip2 格式的压缩包

tar -cvfz archive.tar.gz dir1 创建一个 gzip 格式的压缩包

tar -xvfz archive.tar.gz 解压一个 gzip 格式的压缩包

zip file1.zip file1 创建一个 zip 格式的压缩包

zip -r file1.zip file1 file2 dir1 将几个文件和目录同时压缩成一个 zip 格式的压缩包

unzip file1.zip 解压一个 zip 格式压缩包

A.9　RPM 安装包

rpm -ivh package.rpm 安装一个 rpm 包

rpm -ivh --nodeeps package.rpm 安装一个 rpm 包而忽略依赖关系警告

rpm -U package.rpm 更新一个 rpm 包但不改变其配置文件

rpm -F package.rpm 更新一个确定已经安装的 rpm 包

rpm -e package_name.rpm 删除一个 rpm 包

rpm -qa 显示系统中所有已经安装的 rpm 包

rpm -qa | grep httpd 显示所有名称中包含 "httpd" 字样的 rpm 包

rpm -qi package_name 获取一个已安装包的特殊信息

rpm -qg "System Environment/Daemons" 显示一个组件的 rpm 包

rpm -ql package_name 显示一个已经安装的 rpm 包提供的文件列表

rpm -qc package_name 显示一个已经安装的 rpm 包提供的配置文件列表

rpm -q package_name --whatrequires 显示与一个 rpm 包存在依赖关系的列表

rpm -q package_name --whatprovides 显示一个 rpm 包所占的体积

rpm -q package_name --scripts 显示在安装/删除期间所执行的脚本

rpm -qpackage_name --changelog 显示一个 rpm 包的修改历史

rpm -qf /etc/httpd/conf/httpd.conf 确认所给的文件由哪个 rpm 包所提供

rpm -qp package.rpm -l 显示由一个尚未安装的 rpm 包提供的文件列表

rpm --import /media/cdrom/RPM-GPG-KEY 导入公钥数字证书

rpm --checksig package.rpm 确认一个 rpm 包的完整性

rpm -qa gpg-pubkey 确认已安装的所有 rpm 包的完整性

rpm -V package_name 检查文件尺寸、许可、类型、所有者、群组、MD5 检查以及最后修改时间

rpm -Va 检查系统中所有已安装的 rpm 包- 小心使用

rpm -Vp package.rpm 确认一个 rpm 包还未安装

rpm2cpio package.rpm | cpio --extract --make-directories *bin* 从一个 rpm 包运行可执行文件

rpm -ivh /usr/src/redhat/RPMS/`arch`/package.rpm 从一个 rpm 源码安装一个构建好的包

rpmbuild --rebuild package_name.src.rpm 从一个 rpm 源码构建一个 rpm 包

A.10 文本处理

cat file1 file2... | command <> file1_in.txt_or_file1_out.txt general syntax for text manipulation using PIPE, STDIN and STDOUT

cat file1 | command(sed, grep, awk, grep, etc...) > result.txt 合并一个文件的详细说明文本，并将简介写入一个新文件中

cat file1 | command(sed, grep, awk, grep, etc...) >> result.txt 合并一个文件的详细说明文本，并将简介写入一个已有的文件中：

grep Aug /var/log/messages 在文件 '/var/log/messages'中查找关键词"Aug"

grep ^Aug /var/log/messages 在文件 '/var/log/messages'中查找以"Aug"开始的词汇

grep [0-9] /var/log/messages 选择 '/var/log/messages' 文件中所有包含数字的行

grep Aug -R /var/log/* 在目录 '/var/log' 及随后的目录中搜索字符串"Aug"

sed 's/stringa1/stringa2/g' example.txt 将 example.txt 文件中的 "string1" 替换成 "string2"

sed '/^$/d' example.txt 从 example.txt 文件中删除所有空白行

sed '/ *#/d; /^$/d' example.txt 从 example.txt 文件中删除所有注释和空白行

echo 'esempio' | tr '[:lower:]' '[:upper:]' 合并上下单元格内容

sed -e '1d' result.txt 从文件 example.txt 中删除第一行

sed -n '/stringa1/p' 查看只包含词汇 "string1" 的行

sed -e 's/ *$//' example.txt 删除每一行最后的空白字符

sed -e 's/stringa1//g' example.txt 从文档中只删除词汇 "string1" 并保留剩余全部

sed -n '1,5p;5q' example.txt 查看从第一行到第5行内容

sed -n '5p;5q' example.txt 查看第 5 行
sed -e 's/00 * /0/g' example.txt 用单个零替换多个零
cat -n file1 标示文件的行数
cat example.txt | awk 'NR%2==1'删除 example.txt 文件中的所有偶数行
echo a b c | awk '{print $1}'查看一行第一栏
echo a b c | awk '{print $1,$3}'查看一行的第一和第三栏
paste file1 file2 合并两个文件或两栏的内容
paste -d '+' file1 file2 合并两个文件或两栏的内容，中间用"+"区分
sort file1 file2 排序两个文件的内容
sort file1 file2 | uniq 取出两个文件的并集（重复的行只保留一份）
sort file1 file2 | uniq -u 删除交集，留下其他的行
sort file1 file2 | uniq -d 取出两个文件的交集（只留下同时存在于两个文件中的文件）
comm -1 file1 file2 比较两个文件的内容只删除 'file1' 所包含的内容
comm -2 file1 file2 比较两个文件的内容只删除 'file2' 所包含的内容
comm -3 file1 file2 比较两个文件的内容只删除两个文件共有的部分

A.11 网络设置

ifconfig eth0 显示一个以太网卡的配置
ifup eth0 启用一个 'eth0' 网络设备
ifdown eth0 禁用一个 'eth0' 网络设备
ifconfig eth0 192.168.1.1 netmask 255.255.255.0 控制 IP 地址
ifconfig eth0 promisc 设置 'eth0' 成混杂模式以嗅探数据包（sniffing）
dhclient eth0 以 dhcp 模式启用 'eth0'

A.12 更全面的列表

命令行工具所提供的功能非常丰富，部分功能由 POSIX 规范，部分功能由 LSB 进行规范。麒麟操作系统 V3 对其都提供了支持。更全面的列表如表 A-1 和表 A-2 所列。

附录 A 命令行工具

表 A-1 系统提供的遵循 LSB 规范的命令行工具列表

命令名	提供功能	规范标准
[	条件表达式	POSIX 2003
ar	可以用来创建、修改库，也可以从库中提出单个模块	LSB 4.1 rc1
at	可以设置特定时刻执行特定的程序	LSB 4.1 rc1
awk	在文件或字符串中基于指定规则浏览和抽取信息	LSB 4.1 rc1
basename	去除文件名的目录部分和后缀部分，显示文件或目录的基本名称	POSIX2003
batch	执行批处理指令	LSB 4.1 rc1
bc	一个系统自带的计算器	LSB 4.1 rc1
cat	输出文件内容	POSIX 2003
chfn	设置 finger 信息，信息是存放在/etc/passwd 文件内，可由 finger 来显示信息	LSB 4.1 rc1
chgrp	改变文件或目录所属群组	POSIX 2003
chmod	设置文件或目录的权限	POSIX 2003
chown	改变文件的拥有者和群组	POSIX 2003
chsh	改变使用者的 shell 设置	LSB 4.1 rc1
cksum	文件的 CRC 校验	POSIX 2003
cmp	比较文件差异	POSIX 2003
col	过滤控制字符	LSB 4.1 rc1
comm	比较两个已排过序的文件	POSIX 2003
cp	复制文件或者目录	POSIX 2003
cpio	压缩解压文件	LSB 4.1 rc1
crontab	在固定时间或固定间隔执行程序	LSB 4.1 rc1
csplit	分割文件	POSIX 2003
cut	剪切文件	LSB 4.1 rc1、POSIX 2003
date	显示或设置系统时间	POSIX 2003
dd	把指定的输入文件复制到指定的输出文件中，并且在复制过程中可以进行格式转换	POSIX 2003
df	查看磁盘信息	LSB 4.1 rc1
diff	比较（如果比较文件则以逐行的方式，比较文本文件的异同处；如果比较目录，则比较目录中相同文件名的文件，但不会比较其中子目录）	POSIX 2003
dirname	显示文件或者目录所在的路径	POSIX 2003
dmesg	显示系统启动信息	LSB 4.1 rc1

续表

命令名	提供功能	规范标准
du	显示目录或者文件所占磁盘空间	LSB 4.1 rc1
echo	显示文本行	LSB 4.1 rc1
ed	文本编辑器	POSIX 2003
egrep	在文件内查找指定的字符串	LSB 4.1 rc1
env	查看当前所有的环境变量	POSIX 2003
expand	自动将 tab 转换空格	POSIX 2003
expr	对字符串进行各种处理，包括计算字符串长度等	POSIX 2003
false	不做任何事情，表示失败	POSIX 2003
fgrep	匹配字符串	LSB 4.1 rc1
file	辨识文件类型	LSB 4.1 rc1
find	查找目录或者文件	LSB 4.1 rc1、POSIX 2003
fold	限制文件列宽	POSIX 2003
fuser	根据文件或文件结构识别进程	LSB 4.1 rc1
gencat	生成一个格式化的消息分类（通常为 *.cat），该文件是从消息文本源文件（通常为 *.msg）中生成	POSIX 2003
getconf	将系统配置变量值写入标准输出	POSIX 2003
gettext	通过在消息列表中查找，将自然语言的消息翻译成用户的本地语言	LSB 4.1 rc1
grep	使用正则表达式搜索文本，并把匹配的行打印出来	LSB 4.1 rc1
groupadd	创建一个新的群组	LSB 4.1 rc1
groupdel	删除一个群组	LSB 4.1 rc1
groupmod	改变系统群组的属性	LSB 4.1 rc1
groups	查看当前用户所属的组	LSB 4.1 rc1
gunzip	解压缩文件	LSB 4.1 rc1
gzip	压缩文件	LSB 4.1 rc1
head	可以仅查看某文件的前几行	POSIX 2003
hostname	显示或者设置当前系统的主机名	LSB 4.1 rc1
iconv	字符集转换	POSIX 2003
id	显示用户的 ID 以及所属群组的 ID	POSIX 2003
install	安装	LSB 4.1 rc1
install_initd	在安装 init 脚本后激活该脚本	LSB 4.1 rc1
ipcrm	删除消息队列、信号集或者共享内存的标识	LSB 4.1 rc1

续表

命令名	提供功能	规范标准
ipcs	显示消息队列、信号集或者共享内存的标识	LSB 4.1 rc1
join	将两个文件中与指定栏位的内容相同的行连接起来	POSIX 2003
kill	杀死执行中的进程	POSIX 2003
killall	杀死同名的所有进程	LSB 4.1 rc1
ln	链接文件或目录	POSIX 2003
locale	查找文件	POSIX 2003
localedef	转化语言环境和字符集描述（charmap）源文件以生成语言环境数据库	POSIX 2003
logger	shell 命令（接口），可以通过该接口使用 syslog 的系统日志模块，还可以从命令行直接向系统日志文件写入一行信息	POSIX 2003
logname	显示目前用户的名称	POSIX 2003
lp	打印文件	POSIX 2003
lpr	将标准输入放入打印缓冲队列，最后由 lpd 打印	LSB 4.1 rc1
ls	查看文件或目录属性	LSB 4.1 rc1
lsb_release	Lsb 发行版本信息	LSB 4.1 rc1
m4	宏处理器，将输入复制到输出，同时将宏展开	LSB 4.1 rc1
mailx	处理邮件收发	POSIX 2003
make	按规则执行批量程序	POSIX 2003
man	显示在线帮助手册	POSIX 2003
md5sum	生成文件的 MD5 散列值	LSB 4.1 rc1
mkdir	建立目录	POSIX 2003
mkfifo	创建管道	POSIX 2003
mknod	建立块专用或字符专用文件	LSB 4.1 rc1
mktemp	建立一个暂存文件，供 shell script 使用	LSB 4.1 rc1
more	显示文件信息	LSB 4.1 rc1
mount	挂载文件系统	LSB 4.1 rc1
msgfmt	产生二进制消息目录的程序。这个命令主要用来本地化	LSB 4.1 rc1
mv	移动或者改名现有的文件或目录	POSIX 2003
newgrp	如果一个用户属于多个用户组，则可以通过该命令切换到其他组下面	LSB 4.1 rc1
nice	设置程序运行的优先级	POSIX 2003

续表

命令名	提供功能	规范标准
nl	显示文件的行号	POSIX 2003
nohup	让某个程序在后台运行	POSIX 2003
od	以八进制或其他格式显示文件	LSB 4.1 rc1
passwd	设置账户登录密码	LSB 4.1 rc1
paste	合并文件的列	POSIX 2003
patch	根据原文件和补丁文件生成新的目标文件	LSB 4.1 rc1
pathchk	检查文件名的合法性和可移植性	POSIX 2003
pax	将文件复制到磁盘	POSIX 2003
pidof	查找指定进程的进程 ID	LSB 4.1 rc1
pr	将文件分成适当大小的页送给打印机	POSIX 2003
printf	文本格式输出	POSIX 2003
ps	显示进程状态	POSIX 2003
pwd	显示当前工作目录的绝对路径	POSIX 2003
remove_initd	清除 install_initd 所安装的启动脚本	LSB 4.1 rc1
renice	修改一个正在运行进程的优先权	LSB 4.1 rc1
rm	删除文件或目录	POSIX 2003
rmdir	删除空的子目录	POSIX 2003
sed	文本文件过滤和转换的流编辑器	LSB 4.1 rc1
sendmail	可收发邮件的邮件传输代理	LSB 4.1 rc1
seq	输出数字串	LSB 4.1 rc1
sh	执行一个 shell 脚本	LSB 4.1 rc1
shutdown	系统关机指令	LSB 4.1 rc1
sleep	将目前的动作延迟一段时间	POSIX 2003
sort	用来排序文件、对已排序的文件进行合并，并检查文件以确定它们是否已排序	POSIX 2003
split	切割文件	POSIX 2003
strings	输出文件中的可打印字符	POSIX 2003
strip	从文件中删除符号和节	POSIX 2003
stty	改变并显示终端行设置	POSIX 2003
su	变更当前用户身份	LSB 4.1 rc1
sync	将内存缓冲区内的数据写入磁盘	LSB4.1 rc1

续表

命令名	提供功能	规范标准
tail	显示文件最后几行的内容	POSIX 2003
tar	为文件和目录创建档案	LSB 4.1 rc1
tee	读取标准输入的数据,并将其内容输出成文件	POSIX 2003
test	检查文件和比较值	POSIX 2003
time	测量特定指令执行时所需消耗的时间	POSIX 2003
touch	改变文件或目录时间	POSIX 2003
tr	转换字符	POSIX 2003
true	程序执行成功就不返回任何值	POSIX 2003
tsort	对文件执行拓扑排序	POSIX 2003
tty	输出当前标准输入所在的终端设备名	POSIX 2003
umount	卸载文件系统	LSB 4.1 rc1
uname	显示系统信息	POSIX 2003
unexpand	将文件中的制表符转换为空格,写到标准输出	POSIX 2003
uniq	删除输出文件中重复出现的行	POSIX 2003
useradd	账号建立或更新新使用者的资讯	LSB 4.1 rc1
userdel	删除使用者账号及相关档案	LSB 4.1 rc1
usermod	修改使用者账号	LSB 4.1 rc1
wc	统计指定文件中的字节数、字数、行数,并将统计结果显示输出	POSIX 2003
xargs	构造参数列表并运行命令	LSB 4.1 rc1
zcat	将压缩文件解压到标准输出	LSB 4.1 rc1

除以上独立存在的命令行工具外,POSIX 还定义了表 A-2 中所列内嵌于 shell 中的命令。

表 A-2 内嵌于 Shell 中的命令

命令名	提供功能	规范标准
alias	显示或设置命令别名	POSIX 2003
bg	在后台继续执行被挂起的作业	POSIX 2003
cd	切换当前工作目录	POSIX 2003
command	在 shell 中执行其他命令	POSIX 2003
fc	执行历史命令	POSIX 2003

续表

命令名	提供功能	规范标准
fg	继续执行后台挂起的作业,将其作为前台当前作业	POSIX 2003
getopts	命令行参数解析	POSIX 2003
hash	记住或报告命令路径名	POSIX 2003
jobs	输出作业信息	POSIX 2003
read	接受一行输入	POSIX 2003
type	显示命令类型	POSIX 2003
ulimit	作业资源控制	POSIX 2003
umask	创建文件的权限屏蔽码	POSIX 2003
unalias	取消别名	POSIX 2003
wait	等待作业结束运行	POSIX 2003

附录 B 获取帮助文档

B.1 使用 man 手册页

麒麟操作系统自带了联机帮助文档,获取帮助信息的最便捷的方式是使用 man 手册页。在线手册包含在麒麟操作系统的内建资源中(包括内核源代码)。

Man 手册页使用"man"为关键字的命令行来查看,可以用来查看命令、函数或文件的帮助手册,也可以显示 gzip 压缩包里的帮助文件。"man"可以用来查看系统命令,也可以用来获取编程时调用函数的帮助信息,甚至还可以查看自己暂时看不懂的文件,功能十分强大。

一般情况下 man 手册页的资源主要位于/usr/share/man 目录下,使用如下命令显示:

#ls /usr/share/man
bg de es hr it man0p man2 man4 man7 man1 pl ro sl
cs el fi hu ja man1 man3 man5 man8 mann pt ru sv
da en fr id ko manlp man3p man6 man9 nl pt_BR sk

man 命令格式化并显示在线手册页。通常使用者只要在命令 man 后输入想要获取的命令的名称(例如 ls),man 就会列出一份完整的说明,其内容包括命令语法、各选项的意义以及相关命令等。

(1)语法。

man [选项] [命令名称]

(2)选项说明。

-M:指定搜索 man 手册页的路径,通常这个路径由环境变量 MANPATH 预设,如果在命令行上指定另外的路径,则覆盖 MANPATH 的设定。

-P:指定所使用的分页程序,默认使用/usr/bin/less-is,在环境变量 MANPAGER 中预设。

-a:显示所有的手册页,而不是只显示第一个。

-d：这个选项主要用于检查，如果用户加入了一个新的文件，就可以用这个选项检查是否出错，这个选项并不会列出文件内容。

-f：只显示出命令的功能而不显示其中详细的说明文件。

-p：string 设定运行的预先处理程序的顺序。

-w：不显示手册页，只显示将被格式化和显示的文件所在位置。

(3) 例：显示 ls 命令的 man 手册页。

一般来说，man 手册页内容会分为 NAME、SYNOPSIS、DESCRIPTION、OPTIONS、SEEALSO、BUGS 等部分。NAME 是该内容的一个简单说明；SYNOPSIS 是大致说明，对于命令来说是命令的语法，对于函数来说是函数的定义；DESCRIPTION 是该内容一个简明介绍；OPTIONS 是在查询命令时的命令参数的详细解释；SEEALSO 是给用户一些提示，介绍一些参考内容；BUGS 指明该命令或函数存在什么 BUG。Linux 系统下 man 手册页组成的描述说明如表所示。

(4) man 手册页内容说明。

Header 标题

NAME man 的命令/函数的功能概述

SYNOPSIS man 的命令/函数的简单描述

AVAILABILITY 可用性说明

DESCRIPTION man 的命令/函数的详细描述

OPTIONS 该命令的所有可选项的详细说明

RETURN VALUE 如果是函数，则列出函数返回值

ERRORS 如果函数调用出错，则列出所有出错的值和可能引起错误的原因

FILES 该命令/函数所用到的相关系统文件

ENVIRONMENT 和该命令/函数相关的环境变量

NOTES 表示不能够归入其他任何一种类别下的所有信息

BUGS 已知的错误和警告

HISTORY 该命令/函数的历史发展

SEE ALSO 可以参照的其他的相关命令/函数

Others 和一些具体命名/函数有关的特殊信息

另外，可以用一个数字来表示手册页的不同类型，具体含义如下：

1：一般使用者的命令

2：系统调用的命令

3：C 语言函数库的命令

4：驱动程序和系统设备的有关解释

5：配置文件的解释
6：游戏程序的命令
7：其他的软件或程序的命令
8：有关系统维护的命令

B.2 使用 helhelp 命令

（1）功能说明。

通过该命令可以查找 shell 命令的用法，只需在所查找的命令后输入"help"命令，然后就可以看到所查命令的内容。

（2）语法。

[命令] --help

（3）例：查看 init 命令帮助。

#init --help
init：ivalid option -- -
Usage：init 0123456SsQqAaBbCcUu

B.3 whereis 命令

（1）功能说明。

查找命令所在的位置。例如，我们最常用的 ls 命令是存放在/bin 目录下。

（2）语法。

whereis [选项] [命令名]

（3）选项说明。

b：只查找二进制文件。

m：查找主要文件

s：查找来源

u：查找不常用的记录文件

（4）例：查找 ls 命令所在目录。

#whereis ls
ls：/bin/ls /usr/share/man/manlp/ls.lp.gz /usr/share/man/man1/ls.l.gz

附录 C 出错信息诊断

用户们遇到的最大的困难并非出错提示信息的数量，而是如何从中找出有用的东西。例如，"Kernel Oops"是什么意思，或者"PCI can't allocate"是什么意思？Linux 的出错提示相当愚钝且很难理解，几乎起不了什么作用。这是一个遗憾，因为绝大多数问题本可以很容易地解决，而且有相当数量的涉及同样问题的出错提示一次又一次地出现。

下面挑选了几个有关文件系统、网络和软件方面出现的问题进行说明。

C.1 文件系统

文件系统是 Linux 内核的一部分，其负责对包括外部设备上的文件的读写。此部分通常是很健壮的，但突然断电或行为异常硬件有时也会引起一些问题。

ERROR Run fsck manually（手动运行 fsck）

基本的文件系统错误就有数十个不同的种类。这些错误通常在启动电脑是出现，并经常导致出现对根分区的"只读"警告。这意味着如果你的电脑能够启动，你将不能做任何事。解决方法是从 Live CD 启动，这保证了你损坏的驱动器不被启动程序触及以使文件系统修复工具能够进行必要的修改来修复问题。

你需要运行的命令是 fsck -f /dev/drive，但是你需要用你自己的根分区的设备替换掉命令中的"drive"。这取决于你的安装。例如，主驱动器上的第一个分区是 sda1。初始的错误提示中应该会包含此信息。你需要以管理员身份运行 fsck，这意味着 Ubuntu 用户需要用 Ubuntu Live CD 创建一个用户，只需先后键入以下两条命令：sudo passwd root；sudo bash。

ERROR Device is busy（设备忙）

我们许多人使用外接硬盘和 U 盘，但有时这些设备拒绝从文件系统卸载自己。你不能只简单地将其拔下，因为这样你可能会丢失本地缓存中尚未写入该设备的数据。你可以通过在命令行键入 sync 解决此问题，这将迫使任何缓存的数据立刻写入该设备，但这仍不能解决无法卸载的问题。

要解决无法卸载的问题,你需要用到 lsof 命令,该命令需要单独安装。键入"lsof 挂载点"能够列出当前正在访问设备上文件的进程,你需要杀死这些进程之后才能卸下该驱动器。

知道这个技巧将会使无法卸载 CD 或者 DVD 的情况变得很容易处理,因为所用到的技术是一样的(只是不涉及 sync 的问题,因为它们是只读设备)。这里有一个例子:

> umount /mnt/contentumount: /mnt/content: device is busy> lsof /mnt/contentCOMMAND PID USER FD TYPE DEVICE SIZE NODE NAMEsmbd 23222 root cwd DIR 8,33 4096 2 /mnt/content> kill -9 23222> umount /mnt/content

C.2 Networking(网络)

ERROR Server not found(找不到服务器)

这是经典的网络错误。你打开了电脑,等系统启动,点开了指向你最喜欢的网页的链接。然而它并没有打开,而且出现了"服务器错误"的信息。这个问题是无法接入互联网,有许多可能的原因。解决此问题的最好办法从主要连接开始查起。你的路由器连接电源了吗?你的宽带连接在你的路由器上工作吗?

如果你在使用无线网,显然你需要检查一下你装有 Linux 的机器上的无线连接。如果你在用有线的以太网,你需要检查一下看电缆周围的两个 LED 指示灯是不是都亮了。橘黄色 LED 灯亮表示有连接,而绿色的 LED 指示灯随着网络动作而闪烁。

如果这些都没有问题,那说明问题出在你的 Linux 系统中。如果你已经检查过你的发行版的网络设置面板,并且看上去一切正常,你就需要尝试一系列命令行工具了。ifconfig 命令产生许多输出,但这是确保你的网络连接已被分配 IP 的最快捷的方法。如果是有线连接就查找 eth0,如果是无线连接就查找 ath0 或者 wlan0,确保你的网络有正确的网络地址。

如果上述方法不起作用,那么试试先后输入以下命令:ifconfig eth0 down,然后是 ifconfig eth0 up。也许你还想试试 route 命令以确定只有一个确定的网关地址。如果你找到两个,键入"route del 网关地址"以删除一个。

C.3 Software(软件)

ERROR Permission denied(权限不足)

这个错误是由系统安全设置引起的，当从命令行执行程序或编辑某些文件时常会出现。Linux 锁定了某些文件和目录，这样即使账户被盗（译者 注：compromise 些处何解？请指教），该用户也无法运行系统的关键程序。这样的机制在 Linux 服务器或者那种有着数百用户的 Linux 框架中显得更加有用。尽管他在单用户系统中也很重要，但即使你避开这些预防措施以给自己足够的权限进行或打开某些关键文件，这也没什么错。

你可以在桌面或命令行来达到此目的，但你需要使用系统管理员账户以便能够改变所需要权限。在命令行，可以输入 sudo bash 命令来进入管理员账户，如果是非 Debian 用户，则只需输入 su 即可。你可以用"chown 用户名 文件名"来改变文件的所有权，加上 -R 参数将会递归改变该文件夹下所有文件的所有权。但这帮不了你电脑上其他用户的忙，因为他们仍将面对权限问题。

答案是改变文件的可执行权限。可以用 chmod 命令来改变权限。键入"chmod +x 文件名"以便给你电脑上的每个用户增加对该文件的可执行权限。类似的，"chmod +rw 文件名"将会授予所有用户对该文件的读写权限。

附录 D 系统调用

麒麟操作系统提供的系统调用按照用途可分为以下 8 个类别。

D.1 进程控制

进程控制系统调用主要包括进程的创建、执行、终止、优先级、调度、运行环境设置等方面的内容。表 D-1 列出了进程控制部分系统调用。

表 D-1 进程控制部分系统调用列表

序号	系统调用名称	系统调用功能
1	fork	创建一个新进程
2	clone	按指定条件创建子进程
3	execve	运行可执行文件
4	exit	中止进程
5	_exit	立即中止当前进程
6	getdtablesize	进程所能打开的最大文件数
7	getpgid	获取指定进程组标识号
8	setpgid	设置指定进程组标志号
9	getpgrp	获取当前进程组标识号
10	setpgrp	设置当前进程组标志号
11	getpid	获取进程标识号
12	getppid	获取父进程标识号
13	getpriority	获取调度优先级
14	setpriority	设置调度优先级
15	modify_ldt	读写进程的本地描述表
16	nanosleep	使进程睡眠指定的时间
17	nice	改变分时进程的优先级
18	pause	挂起进程，等待信号

续表

序号	系统调用名称	系统调用功能
19	personality	设置进程运行域
20	prctl	对进程进行特定操作
21	ptrace	进程跟踪
22	sched_get_priority_max	取得静态优先级的上限
23	sched_get_priority_min	取得静态优先级的下限
24	sched_getparam	取得进程的调度参数
25	sched_getscheduler	取得指定进程的调度策略
26	sched_rr_get_interval	取得按 RR 算法调度的实时进程的时间片长度
27	sched_setparam	设置进程的调度参数
28	sched_setscheduler	设置指定进程的调度策略和参数
29	sched_yield	进程主动让出处理器,并将自己等候调度队列队尾
30	vfork	创建一个子进程,以供执行新程序,常与 execve 等同时使用
31	wait	等待子进程终止
32	wait3	参见 wait
33	waitpid	等待指定子进程终止
34	wait4	参见 waitpid
35	capget	获取进程权限
36	capset	设置进程权限
37	getsid	获取会晤标识号
38	setsid	设置会晤标识号

D.2 文件系统控制

文件系统控制系统调用主要包括文件读写操作、文件管理操作等方面的内容。表 D-2 列出了文件系统控制部分系统调用。

表 D-2 文件系统控制部分系统调用列表

序号	系统调用名称	系统调用功能
		文件读写操作
1	fcntl	文件控制

续表

序号	系统调用名称	系统调用功能
	文件读写操作	
2	open	打开文件
3	creat	创建新文件
4	close	关闭文件描述字
5	read	读文件
6	write	写文件
7	readv	从文件读入数据到缓冲数组中
8	writev	将缓冲数组里的数据写入文件
9	pread	对文件随机读
10	pwrite	对文件随机写
11	lseek	移动文件指针
12	_llseek	在64位地址空间里移动文件指针
13	dup	复制已打开的文件描述字
14	dup2	按指定条件复制文件描述字
15	flock	文件加/解锁
16	poll	I/O多路转换
17	truncate	截断文件
18	ftruncate	参见 truncate
19	umask	设置文件权限掩码
20	fsync	把文件在内存中的部分写回磁盘
	文件系统操作	
21	access	确定文件的可存取性
22	chdir	改变当前工作目录
23	fchdir	参见 chdir
24	chmod	改变文件方式
25	fchmod	参见 chmod
26	chown	改变文件的属主或用户组
27	fchown	参见 chown
28	lchown	参见 chown
29	chroot	改变根目录
30	stat	取文件状态信息
31	lstat	参见 stat

续表

序号	系统调用名称	系统调用功能
文件系统操作		
32	fstat	参见 stat
33	statfs	取文件系统信息
34	fstatfs	参见 statfs
35	readdir	读取目录项
36	getdents	读取目录项
37	mkdir	创建目录
38	mknod	创建索引节点
39	rmdir	删除目录
40	rename	文件改名
41	link	创建链接
42	symlink	创建符号链接
43	unlink	删除链接
44	readlink	读符号链接的值
45	mount	安装文件系统
46	umount	卸下文件系统
47	ustat	取文件系统信息
48	utime	改变文件的访问修改时间
49	utimes	参见 utime
50	quotactl	控制磁盘配额

D.3 系统控制

系统控制系统调用主要包括对端口、时钟、系统资源等内容的访问和控制方面的内容。表 D-3 列出了系统控制部分系统调用。

表 D-3 系统控制部分系统调用列表

序号	系统调用名称	系统调用功能
1	ioctl	I/O 总控制函数
2	_sysctl	读/写系统参数
3	acct	启用或禁止进程记账
4	getrlimit	获取系统资源上限

附录 D 系统调用

续表

序号	系统调用名称	系统调用功能
5	setrlimit	设置系统资源上限
6	getrusage	获取系统资源使用情况
7	uselib	选择要使用的二进制函数库
8	ioperm	设置端口 I/O 权限
9	iopl	改变进程 I/O 权限级别
10	outb	低级端口操作
11	reboot	重新启动
12	swapon	打开交换文件和设备
13	swapoff	关闭交换文件和设备
14	bdflush	控制 bdflush 守护进程
15	sysfs	取核心支持的文件系统类型
16	sysinfo	取得系统信息
17	adjtimex	调整系统时钟
18	alarm	设置进程的闹钟
19	getitimer	获取计时器值
20	setitimer	设置计时器值
21	gettimeofday	取时间和时区
22	settimeofday	设置时间和时区
23	stime	设置系统日期和时间
24	time	取得系统时间
25	times	取进程运行时间
26	uname	获取当前系统的名称、版本和主机等信息
27	vhangup	挂起当前终端
28	nfsservctl	对 NFS 守护进程进行控制
29	vm86	进入模拟 8086 模式
30	create_module	创建可装载的模块项
31	delete_module	删除可装载的模块项
32	init_module	初始化模块
33	query_module	查询模块信息

D.4 内存管理

内存管理系统调用主要功能是对系统内存的使用和管理。表 D-4 列出了内存管理部分系统调用。

表 D-4 内存管理部分系统调用列表

序号	系统调用名称	系统调用功能
1	brk	改变数据段空间的分配
2	sbrk	参见 brk
3	mlock	内存页面加锁
4	munlock	内存页面解锁
5	mlockall	调用进程所有内存页面加锁
6	munlockall	调用进程所有内存页面解锁
7	mmap	映射虚拟内存页
8	munmap	去除内存页映射
9	mremap	重新映射虚拟内存地址
10	msync	将映射内存中的数据写回磁盘
11	mprotect	设置内存映像保护
12	getpagesize	获取页面大小
13	sync	将内存缓冲区数据写回硬盘
14	cacheflush	将指定缓冲区中的内容写回磁盘

D.5 网络管理

网络管理系统调用主要功能是提供对主机网络参数的访问和控制。表 D-5 列出了网络管理部分系统调用。

表 D-5 网络管理部分系统调用列表

序号	系统调用名称	系统调用功能
1	getdomainname	取域名
2	setdomainname	设置域名
3	gethostid	获取主机标识号

续表

序号	系统调用名称	系统调用功能
4	sethostid	设置主机标识号
5	gethostname	获取本主机名称
6	sethostname	设置主机名称

D.6 socket 控制

socket 控制系统调用主要功能是提供主机网络通信 socket 协议的实现功能。表 D-6 列出了 socket 控制部分系统调用。

表 D-6 socket 控制部分系统调用列表

序号	系统调用名称	系统调用功能
1	socketcall	socket 系统调用
2	socket	建立 socket
3	bind	绑定 socket 到端口
4	connect	连接远程主机
5	accept	响应 socket 连接请求
6	send	通过 socket 发送信息
7	sendto	发送 UDP 信息
8	sendmsg	参见 send
9	recv	通过 socket 接收信息
10	recvfrom	接收 UDP 信息
11	recvmsg	参见 recv
12	listen	监听 socket 端口
13	select	对多路同步 I/O 进行轮询
14	shutdown	关闭 socket 上的连接
15	getsockname	取得本地 socket 名字
16	getpeername	获取通信对方的 socket 名字
17	getsockopt	取端口设置
18	setsockopt	设置端口参数
19	sendfile	在文件或端口间传输数据
20	socketpair	创建一对已联接的无名 socket

D.7 用户管理

用户管理系统调用主要功能是对主机用户进行管理。表 D-7 列出了用户管理部分系统调用。

表 D-7 用户管理部分系统调用列表

序号	系统调用名称	系统调用功能
1	getuid	获取用户标识号
2	setuid	设置用户标志号
3	getgid	获取组标识号
4	setgid	设置组标志号
5	getegid	获取有效组标识号
6	setegid	设置有效组标识号
7	geteuid	获取有效用户标识号
8	seteuid	设置有效用户标识号
9	setregid	分别设置真实和有效的组标识号
10	setreuid	分别设置真实和有效的用户标识号
11	getresgid	分别获取真实的，有效的和保存过的组标识号
12	setresgid	分别设置真实的，有效的和保存过的组标识号
13	getresuid	分别获取真实的，有效的和保存过的用户标识号
14	setresuid	分别设置真实的，有效的和保存过的用户标识号
15	setfsgid	设置文件系统检查时使用的组标识号
16	setfsuid	设置文件系统检查时使用的用户标识号
17	getgroups	获取后补组标志清单
18	setgroups	设置后补组标志清单

D.8 进程间通信

进程间通信系统调用主要功能是提供主机多个运行进程之间的访问控制，包括信号、消息、管道、信号量、共享内存等方面的控制操作。表 D-8 列出了进程间通信部分系统调用。

表 D-8 进程间通信部分系统调用列表

序号	系统调用名称	系统调用功能
		信号
1	sigaction	设置对指定信号的处理方法
2	sigprocmask	根据参数对信号集中的信号执行阻塞/解除阻塞等操作
3	sigpending	为指定的被阻塞信号设置队列
4	sigsuspend	挂起进程等待特定信号
		消息
5	msgctl	消息控制操作
6	msgget	获取消息队列
7	msgsnd	发消息
8	msgrcv	取消息
		管道
9	pipe	创建管道
		信号量
10	semctl	信号量控制
11	semget	获取一组信号量
12	semop	信号量操作
		共享内存
13	shmctl	控制共享内存
14	shmget	获取共享内存
15	shmat	连接共享内存
16	shmdt	拆卸共享内存

参 考 文 献

[1] 兰雨晴. 麒麟操作系统应用与实践［M］. 电子工业出版社，2021.
[2] 鸟哥. 鸟哥的 Linux 基础学习实训教程［M］. 清华大学出版社，2018.
[3] ［美］布鲁姆，布雷斯纳汉. Linux 命令行与 shell 脚本编程大全［M］. 人民邮电出版社，2016.
[4] 鸟哥. 鸟哥的 Linux 私房菜基础学习篇（第四版）［M］. 人民邮电出版社，2018.
[5] 老男孩. 跟老男孩学 Linux 运维：核心系统命令实战［M］. 机械工业出版社，2018.
[6] 马玉军，郝军. Linux Bash 编程与脚本应用实战［M］. 清华大学出版社，2015.
[7] 丁明一. Linux Shell 核心编程指南［M］. 电子工业出版社，2019.
[8] 刘丽霞，杨宁. Linux Shell 编程与编辑器使用详解［M］. 电子工业出版社，2013.
[9] 宋敬彬. Linux 网络编程. 第 2 版［M］. 清华大学出版社，2014.
[10]（英）萨默菲尔德. Qt 高级编程［M］. 电子工业出版社，2011.
[11] 安晓辉. Qt Quick 核心编程［M］. 电子工业出版社，2015.
[12] 布兰切特，萨默菲尔德. C++ GUI Qt 4 编程［M］. 电子工业出版社，2013.
[13] 霍亚飞，程梁. Qt 5 编程入门［M］. 北京航空航天大学出版社，2015.
[14] 王柏生. 深度探索 Linux 操作系统［M］. 机械工业出版社，2013.
[15] 张天飞. 奔跑吧 Linux 内核［M］. 人民邮电出版社，2017.
[16] 任桥伟. Linux 内核修炼之道［M］. 人民邮电出版社，2010.
[17] 孟宁，娄嘉鹏，刘宇栋. 庖丁解牛 Linux 内核分析［M］. 人民邮电出版社，2018.